北京课工场教育科技有限公司 出品

新技术技能人才培养系列教程

大数据开发实战系列

SSM 轻量级框架应用实战

肖睿 肖静 董宁 / 主编

尹衍林 张娟 / 副主编

人 民 邮 电 出 版 社

北 京

图书在版编目（CIP）数据

SSM轻量级框架应用实战 / 肖睿，肖静，董宁主编
. -- 北京 : 人民邮电出版社，2018.5
新技术技能人才培养系列教程
ISBN 978-7-115-48035-4

Ⅰ. ①S… Ⅱ. ①肖… ②肖… ③董… Ⅲ. ①软件工具－程序设计－教材 Ⅳ. ①TP311.561

中国版本图书馆CIP数据核字(2018)第043929号

内 容 提 要

在互联网迅猛发展的今天，SSM 框架被越来越多地应用于企业级开发之中，其发展势头已经超过大部分 Java Web 框架，稳居榜首。本书以实用性为原则，重点讲解 SSM 框架在企业开发中常用的核心技术。内容逐层深入，而非一次铺开，先逐一讲解 MyBatis、Spring 和 Spring MVC 三大框架的精髓内容，再利用经典案例说明和实践，提炼含金量十足的开发经验。为保证学习效果，本书使用 SSM 框架技术改造经典项目，通过项目的实现加深读者对 SSM 框架技术的理解和掌握程度。

本书提供配套完善的学习资源和支持服务，包括视频教程、案例素材、学习交流社区、讨论组等，为开发者带来全方位的学习体验。

本书可以作为计算机相关专业的教材，还适合有一定 Java Web 基础，并且想从事或者已经从事企业级应用开发的人员阅读和参考，同时适合用作培训中心的培训用书和计算机相关专业人士的参考书。

◆ 主　　编　肖　睿　肖　静　董　宁
　副 主 编　尹衍林　张　娟
　责任编辑　祝智敏
　责任印制　马振武

◆ 人民邮电出版社出版发行　　北京市丰台区成寿寺路 11 号
　邮编　100164　　电子邮件　315@ptpress.com.cn
　网址　http://www.ptpress.com.cn
　保定市中画美凯印刷有限公司印刷

◆ 开本：787×1092　1/16
　印张：24　　　　　　　　2018 年 5 月第 1 版
　字数：561 千字　　　　　2024 年 8 月河北第 15 次印刷

定价：66.80 元

读者服务热线：(010)81055256　印装质量热线：(010)81055316
反盗版热线：(010)81055315
广告经营许可证：京东市监广登字 20170147 号

大数据开发实战系列

编　委　会

序　　言

丛书设计

准备好了吗？进入大数据时代！大数据已经并将继续影响人类生产生活的方方面面。2015 年 8 月 31 日，国务院正式下发《关于印发促进大数据发展行动纲要的通知》。企业资本则以 BAT 互联网公司为首，不断进行大数据创新，实现大数据的商业价值。本丛书根据企业人才的实际需求，参考以往学习难度曲线，选取“Java＋大数据”技术集作为学习路径，首先从 Java 语言入手，深入学习理解面向对象的编程思想、Java 高级特性以及数据库技术，并熟练掌握企业级应用框架——SSM、SSH，熟悉大型 Web 应用的开发，积累企业实战经验，通过实战项目对大型分布式应用有所了解和认知，为“大数据核心技术系列”的学习打下坚实基础。本丛书旨在为读者提供一站式实战型大数据应用开发学习指导，帮助读者踏上由开发入门到大数据实战的“互联网＋大数据”开发之旅！

丛书特点

1．以企业需求为设计导向

满足企业对人才的技能需求是本丛书的核心设计原则，为此课工场大数据开发教研团队，通过对数百位 BAT 一线技术专家进行访谈、上千家企业人力资源情况进行调研、上万个企业招聘岗位进行需求分析，从而实现对技术的准确定位，达到课程与企业需求的强契合度。

2．以任务驱动为讲解方式

丛书中的技能点和知识点都由任务驱动，读者在学习知识时不仅可以知其然，而且可以知其所以然，帮助读者融会贯通、举一反三。

3．以实战项目来提升技术

每本书均增设项目实战环节，以综合运用每本书的知识点，帮助读者提升项目开发能力。每个实战项目都有相应的项目思路指导、重难点讲解、实现步骤总结和知识点梳理。

4．以“互联网＋”实现终身学习

本丛书可配合使用课工场 APP 进行二维码扫描观看配套视频的理论讲解和案例操作。同时课工场（www.kgc.cn）开辟教材配套版块，提供案例代码及作业素材下载。此外，课工场也为读者提供了体系化的学习路径、丰富的在线学习资源以及活跃的学习社区，欢迎广大读者进入学习。

读者对象

1．大中专院校学生
2．编程爱好者
3．初中级程序开发人员
4．相关培训机构的老师和学员

致谢

本丛书是由课工场大数据开发教研团队编写研发，课工场（kgc.cn）是北京大学旗下专注于互联网人才培养的高端教育品牌。作为国内互联网人才教育生态系统的构建者，课工场依托北京大学优质的教育资源，重构职业教育生态体系，以学员为本，以企业为基，构建“教学大咖、技术大咖、行业大咖”三咖一体的教学矩阵，为学员提供高端、实用的学习内容！

读者服务

读者在学习过程中如遇疑难问题，可以访问课工场官方网站（www.kgc.cn），也可以发送邮件到 ke@kgc.cn，我们的客服专员将竭诚为您服务。

感谢您阅读本丛书，希望本丛书能成为您踏上大数据开发之旅的好伙伴！

“大数据开发实战系列”丛书编委会

前　　言

集成应用开发框架和基于框架技术开发 Web 应用，已是软件业界和软件复用研究领域的流行技术。本书针对超市订单管理系统，结合实例介绍了 MyBatis、Spring、Spring MVC 框架的应用，并最终搭建 SSM 应用框架，并熟练掌握在该框架上进行项目开发的技巧。

通过本书的学习，读者可以掌握如何使用 SSM 框架技术来开发结构合理、性能优异、代码健壮的应用程序。同时，通过对相关知识的学习和运用，读者可以理解框架原理、熟练掌握应用技巧，为今后的实际工作奠定扎实的技术基础。在本书中，介绍了以下几方面的内容。

第一部分（第 1 ～ 3 章）：MyBatis 框架技术，包括 ORM 持久化、MyBatis 的核心对象和核心配置文件、SQL 映射文件等技术概念，以及如何在项目中搭建 MyBatis 框架开发环境、使用 MyBatis 完成增删改查操作、熟练使用动态 SQL 等实用技能。

第二部分（第 4 ～ 7 章）：Spring 框架技术，了解 Spring 框架的概念及发展历程，学习并掌握 Spring 的核心机制——IoC 与 AOP，这些技术使得 Spring 在框架集成开发领域扮演着重要角色。我们将在项目中实际应用这些技术，并首先完成 Spring 对 MyBatis 的集成。

第三部分（第 8 ～ 11 章）：Spring MVC 框架技术，包括基于注解的控制器、视图解析器、数据绑定、静态资源的处理等，通过学习将逐步熟悉 Spring MVC 框架的请求处理流程以及体系结构，掌握 Spring MVC 的配置、JSON 数据的处理、请求拦截器以及 Spring MVC+Spring+MyBatis 的框架集成。学完本部分内容，读者将能够开发基于 MVC 设计模式、高复用、高扩展、松耦合的 Web 应用程序。

第四部分（第 12 章）：完成一个 SSM 架构的企业级项目——APP 信息管理平台，对前面章节所学的 SSM 技能进行检查、巩固和提高，并熟练使用 Git 实现项目代码的版本管理，以及采用 Bootstrap 框架进行前端实现。

贯穿全书的案例是“超市订单管理系统”，可利用各章所学技能对该案例功能进行实现或优化。全书学习结束后，将完成一个完整的项目案例“APP 信息管理平台”，在学习技能的同时获取项目的开发经验，一举两得。

本书由课工场大数据开发教研团队组织编写，参与编写的还有肖静、董宁、尹衍林、张娟等院校老师。由于时间仓促，书中不足或疏漏之处在所难免，殷切希望广大读者批评指正！

关于引用作品的版权声明

为了方便读者学习，促进知识传播，本书选用了一些知名网站的相关内容作为学习案例。为了尊重这些内容所有者的权利，特此声明，凡在书中涉及的版权、著作权、商标权等权益均属于原作品版权人、著作权人、商标权人。

为了维护原作品相关权益人的权益，现对本书选用的主要作品的出处给予说明（排名不分先后）。

序号	选用的网站作品	版权归属
1	MyBatis开发手册中的部分截图	MyBatis.org
2	MyBatis框架的Logo	MyBatis.org
3	Spring开发手册中的部分截图	Pivotal Software,Inc
4	Spring框架的Logo	Pivotal Software,Inc
5	豆瓣网截图	北京豆网科技有限公司
6	GitLab官网截图	GitLab, Inc

以上列表中并未全部列出本书所选用的作品。在此，我们衷心感谢所有原作品的相关版权权益人及所属公司对职业教育的大力支持！

目　　录

第1章

MyBatis入门

技能目标

- ❖ 理解数据持久化概念和ORM原理
- ❖ 理解MyBatis的概念、优点、特性
- ❖ 了解MyBatis与JDBC的区别与联系
- ❖ 掌握MyBatis开发环境的搭建
- ❖ 掌握核心配置文件的结构内容
- ❖ 理解核心类的作用域和生命周期

本章任务

学习本章，读者需要完成以下4个任务。记录学习过程中遇到的问题，并通过自己的努力或访问kgc.cn解决。

任务1：初识框架技术

任务2：搭建MyBatis环境

任务3：掌握MyBatis的核心对象

任务4：掌握MyBatis的核心配置文件

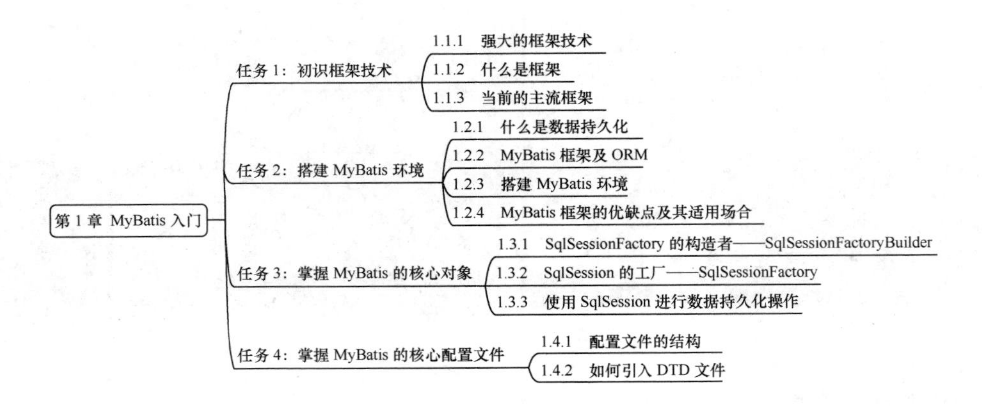

任务 1 初识框架技术

1.1.1 强大的框架技术

如何制作一份看上去具有专业水准的 PPT 文档呢？一个最简单的方法就是使用 Microsoft PowerPoint 的模板功能，如图 1.1 所示。

图 1.1 使用 PPT 模板

使用模板新建出来的文档已经有了一个 PPT 的“架子”，我们只需要把必要的信息像填空一样填写进去就可以了，如图 1.2 所示。

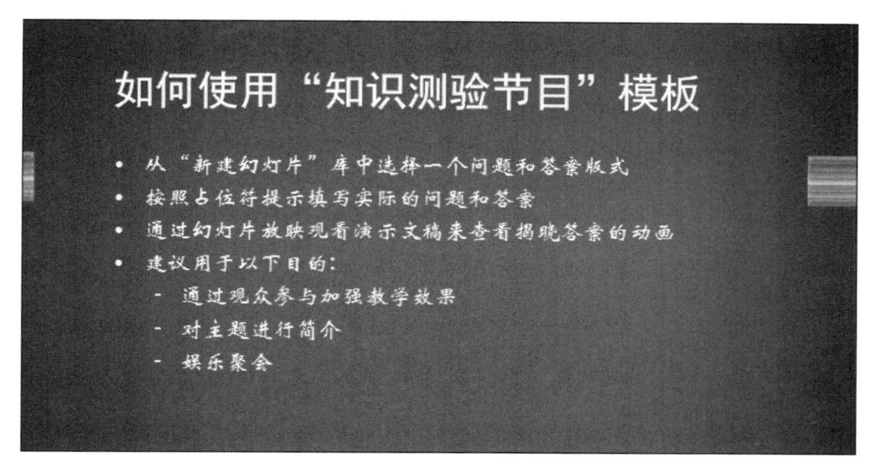

图 1.2　使用 PPT 模板创建的新文档

思考：使用 PPT 模板制作 PPT 文档有哪些好处？

使用 PPT 模板制作 PPT 文档的优点如下。

（1）不用考虑布局、排版等问题，提高了效率。

（2）可以专心于 PPT 的内容，使演讲的“质量”更有保障。

（3）新手也可以制作出很专业的幻灯片演讲稿。

使用框架构建项目也是基于这样的考虑。当确定使用哪个框架技术后，就已经有了一个“半成品”，然后在这个半成品里填上内容，工作就完成了。框架技术的优势如下。

（1）不用再考虑公共问题，框架已经帮我们做好了。

（2）可以专心于业务逻辑，保证核心业务逻辑的开发质量。

（3）结构统一，便于学习和维护。

（4）框架中集成了前人的经验，可以帮助新手写出稳定、性能优良而且结构优美的高质量程序。

1.1.2　什么是框架

框架（Framework）是一个提供了可重用的公共结构的半成品。它为我们构建新的应用程序提供了极大的便利，不但提供了可以拿来就用的工具，更重要的是，还提供了可重用的设计。“框架”一词最早出现在建筑领域，指的是在建造房屋前期构建的建筑骨架（见图 1.3）。对应用程序来说，“框架”就是应用程序的骨架，开发者可以在这个骨架上加入自己的东西，搭建出符合自己需求的应用系统。框架中凝结着前人的经验和智慧，使用框架，我们就像站在了巨人的肩膀上。

图 1.3　建筑“框架”

Richard Oberg（WebWork 的作者和 JBoss 的创始人之一）说过：“框架的强大之处不是它能让你做什么，而是它不能让你做什么。”Richard 还强调了框架另一个层面的含义：框架使混乱的东西变得结构化。莎士比亚说：“一千个人眼中有一千个哈姆雷特。”同样，如果没有框架的话，一千个人将写出一千种 Servlet+JavaBean+JSP 的代码，而框架则保证了程序结构风格的统一。从企业的角度来说，框架降低了培训成本和软件的维护成本。框架在结构统一和创造力之间维持着一个合适的平衡。

1.1.3　当前的主流框架

1．Struts 2 框架

Struts 2 以 WebWork 优秀的设计思想为核心，吸收了 Struts 框架的部分优点，提供了一个更加整洁的基于 MVC 设计模式实现的 Web 应用程序框架。它引入了几个新的框架特性：从逻辑中分离出横切关注点的拦截器，减少或者消除配置文件，贯穿整个框架的强大表达式语言，支持可变更和可重用的基于 MVC 模式的标签 API 等。Struts 2 充分利用了从其他 MVC 框架学到的经验和教训，使整个框架更加清晰、灵活。

2．Hibernate 框架

Hibernate 是一个优秀的持久化框架，负责简化将对象数据保存到数据库中，或从数据库中读取数据并封装到对象的工作。Hibernate 通过简单配置和编码即可替代 JDBC 烦琐的程序代码。Hibernate 已经成为当前主流的数据库持久化框架，被广泛应用在实际工作中。

3．Spring 框架

Spring 也是一个开源框架。它的目标是使现有的 Java EE 技术更容易使用和养成良好的编程习惯。它是一个轻量级的框架，渗透了 Java EE 技术的方方面面。它主要作为依赖注入容器和 AOP 实现存在，还提供了声明式事务、对 DAO 层的支持等简化开发的功能。Spring 可以很方便地与 Spring MVC、Struts 2、MyBatis、Hibernate 等框架集成，大名鼎鼎的 SSM 集成框架指的就是基于 SpringMVC + Spring + MyBatis 的技术框架，使用这个集成框架将使我们的应用程序更加健壮、稳固、轻巧和优雅，这也是当前最流行的 Java 技术框架。

4. Spring MVC 框架

Spring MVC 是 Spring 框架提供的构建 Web 应用程序的全功能 MVC 模块，属于 Spring Framework 的后续产品，已经融合在 Spring Web Flow 里面，是结构最清晰的 MVC Model 2 的实现。它拥有高度的可配置性，支持多种视图技术，还可以进行定制化开发，相当灵活。此外，Spring 整合 Spring MVC 可以说是无缝集成，是一个高性能的架构模式。现在已越来越广泛地应用于互联网应用的开发中。

5. MyBatis 框架

MyBatis 是一个优秀的数据持久层框架，在实体类和 SQL 语句之间建立映射关系，是一种半自动化的 ORM 实现。其封装性要低于 Hibernate，性能优越，并且小巧、简单易学，应用也越来越广泛。

任务 2 搭建 MyBatis 环境

关键步骤如下。

- 下载需要的 jar 文件。
- 部署 jar 文件。
- 创建 MyBatis 核心配置文件 configuration.xml。
- 创建持久化类（POJO）和 SQL 映射文件。
- 创建测试类。

1.2.1 什么是数据持久化

数据持久化是将内存中的数据模型转换为存储模型，以及将存储模型转换为内存中的数据模型的统称。例如，文件的存储、数据的读取等都是数据持久化操作。数据模型可以是任何数据结构或对象模型，存储模型可以是关系模型、XML、二进制流等。

结合以上的概念描述，我们思考一下，之前是否接触过数据持久化？是否做过数据持久化的操作？答案是肯定的。编写应用程序操作数据表，对数据表进行增删改查等操作，都是数据持久化操作。MyBatis 和数据持久化之间有什么关系呢？带着这个问题来学习下面的内容。

1.2.2 MyBatis 框架及 ORM

1. MyBatis 框架简介

MyBatis 是一个开源的数据持久层框架。它内部封装了通过 JDBC 访问数据库的操作，支持普通的 SQL 查询、存储过程和高级映射，几乎消除了所有的 JDBC 代码和参数的手工设置以及结果集的检索。MyBatis 作为持久层框架，其主要思想是将程序中的大量 SQL 语句剥离出来，配置在配置文件中，实现 SQL 的灵活配置。这样做能将 SQL 与程序代码分离，可以在不修改程序代码的情况下，直接在配置文件中修改 SQL。

MyBatis 的前身是 iBatis，是 Apache 的一个开源项目，2010 年这个项目由 Apache Software Foundation 迁移到了 Google Code，并更名为 MyBatis。2013 年又迁移到 Github。

MyBatis 官网：http://mybatis.org。
Github：https://github.com/mybatis。

2. 什么是 ORM

对象 / 关系映射（Object/Relational Mapping，ORM）是一种数据持久化技术。它在对象模型和关系型数据库之间建立起对应关系，并且提供了一种机制，通过 JavaBean 对象去操作数据库表中的数据，如图 1.4 所示。

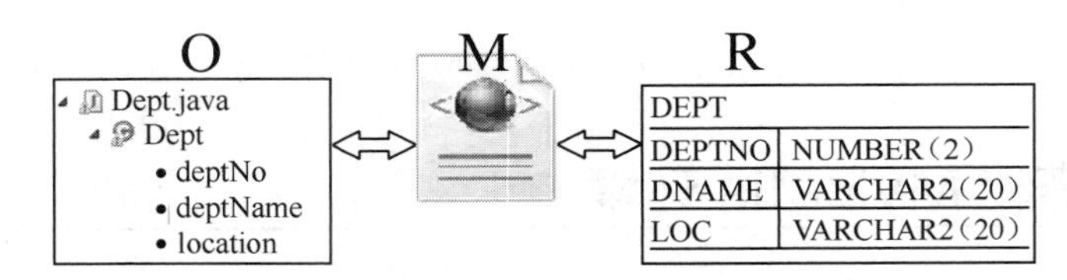

图 1.4 ORM 映射关系

在实际开发中，程序员使用面向对象的技术操作数据，而当存储数据时，使用的却是关系型数据库，这样造成了很多不便。ORM 在对象模型和关系数据库的表之间建立了一座桥梁，有了它，程序员就不需要再使用 SQL 语句操作数据库中的表，使用 API 直接操作 JavaBean 对象就可以实现数据的存储、查询、更改和删除等操作。MyBatis 通过简单的 XML 或者注解进行配置和原始映射，在实体类和 SQL 语句之间建立映射关系，是一种半自动化的 ORM 实现。

3. MyBatis 是 ORM 解决方案

基于 ORM，MyBatis 在对象模型和关系数据库的表之间建立了一座桥梁。通过 MyBatis，可以建立 SQL 关系映射，便捷地实现数据存储、查询、更改和删除等操作。

1.2.3 搭建 MyBatis 环境

在 MyEclipse 中新建工程后，需做以下准备工作才可以使用 MyBatis，如图 1.5 所示。

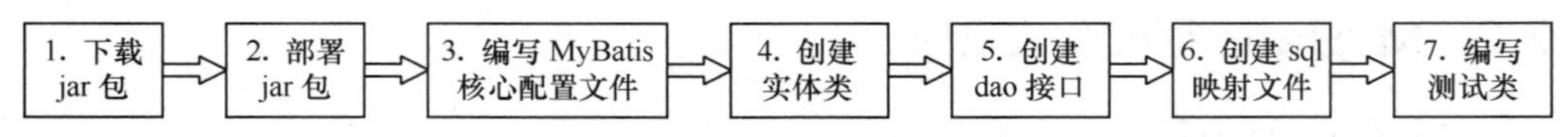

图 1.5 MyBatis 环境准备步骤

1. 下载需要的 jar 文件

MyBatis 的官网可以下载到最新发布版本的 MyBatis，其他发布版本的 MyBatis 的 jar 文件也可以从官方网站下载。

提示

推荐下载 mybatis-3.2.2.zip 和 mybatis-3-mybatis-3.2.2.zip（通过相应版本的“Source Code(zip)”链接下载）。

（1） mybatis-3.2.2.zip

mybatis-3.2.2.zip 是 MyBatis 的 jar 文件，解压后的目录结构如图 1.6 所示。

注意查看根目录（mybatis-3.2.2）和 lib 目录。在根目录下存放着 mybatis-3.2.2.jar 和 mybatis-3.2.2.pdf，后者为 MyBatis 官方使用手册。

lib 目录下存放着编译依赖包，如图 1.7 所示。这些 jar 文件的作用如表 1-1 所示。

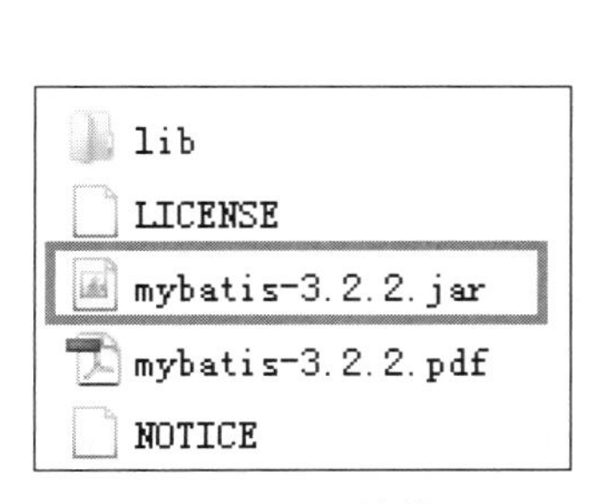

图 1.6　目录结构

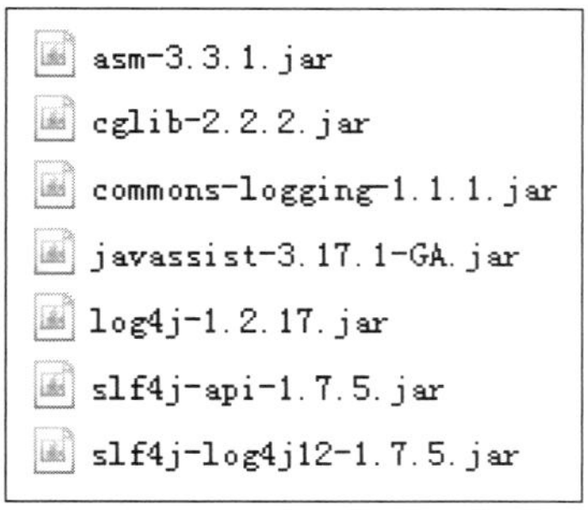

asm-3.3.1.jar
cglib-2.2.2.jar
commons-logging-1.1.1.jar
javassist-3.17.1-GA.jar
log4j-1.2.17.jar
slf4j-api-1.7.5.jar
slf4j-log4j12-1.7.5.jar

图 1.7　MyBatis 编译依赖包

表1-1　MyBatis编译依赖包中文件说明

名称	说明
asm-3.3.1.jar	操作Java字节码的类库
cglib-2.2.2.jar	用来动态集成Java类或实现接口
commons-logging-1.1.1.jar	用于通用日志处理
javassist-3.17.1-GA.jar	分析、编辑和创建Java字节码的类库
log4j-1.2.17.jar	日志系统
slf4j-api-1.7.5.jar	日志系统的封装，对外提供统一的API接口
slf4j-log4j12-1.7.5.jar	slf4j对log4j的相应驱动，完成slf4j绑定log4j

（2） mybatis-3-mybatis-3.2.2.zip

mybatis-3-mybatis-3.2.2.zip 是 MyBatis 的源码包，里面是 MyBatis 的所有源代码，解压后目录结构如图 1.8 所示。

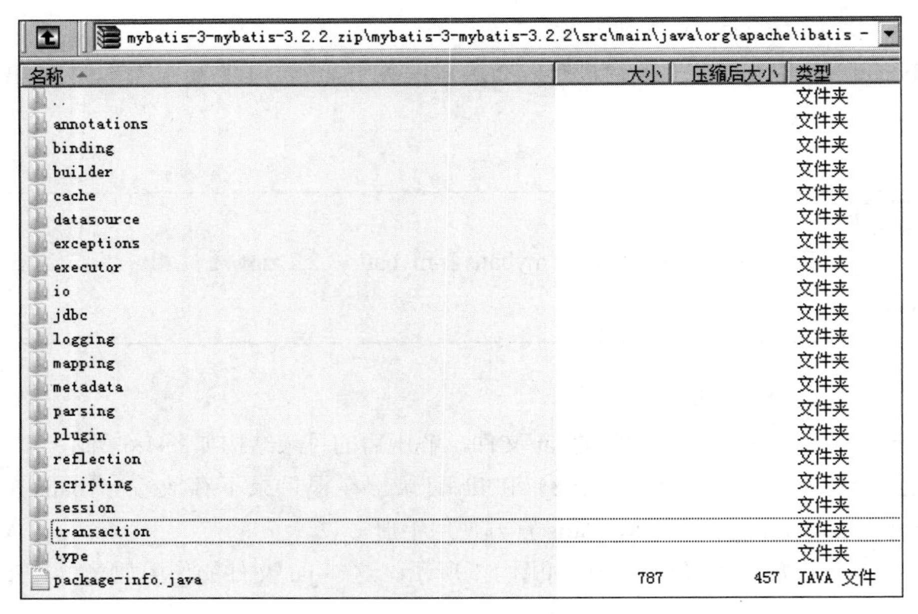

图 1.8　目录结构

2. 部署 jar 文件

部署 jar 文件的具体操作步骤如下。

（1）将下载的 mybatis-3.2.2.jar、mysql-connector-java-5.1.0-bin.jar（MySQL 数据库驱动 jar 文件）及 log4j-1.2.17.jar（负责日志输出的 jar 文件）复制到建好的工程 WEB-INF 下的 lib 目录中。

（2）下面通过 MyEclipse 导入上述包。首先在 MyEclipse 中的工程上右击，选择“Build Path → Configure Build Path”选项，如图 1.9 所示。

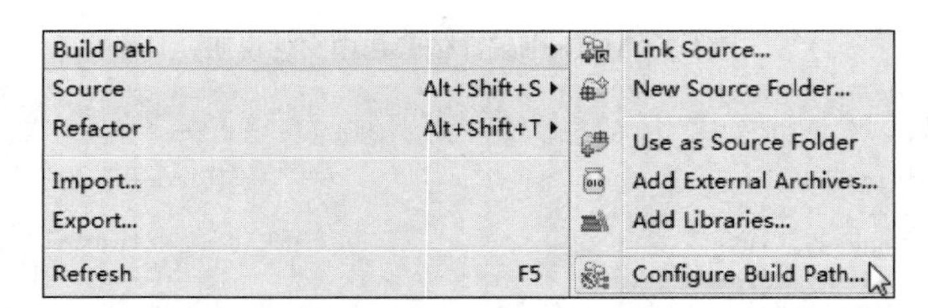

图 1.9　“Configure Build Path”选择界面

（3）在弹出的窗体中单击“Add JARs”按钮，如图 1.10 所示。

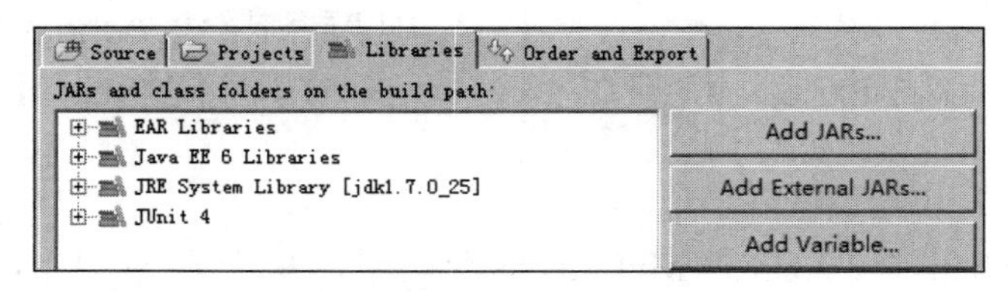

图 1.10　“Add JARs”选用界面

（4）在弹出的“JAR Selection”窗体中选择 lib 下刚刚复制的 jar 文件，如图 1.11 所示。

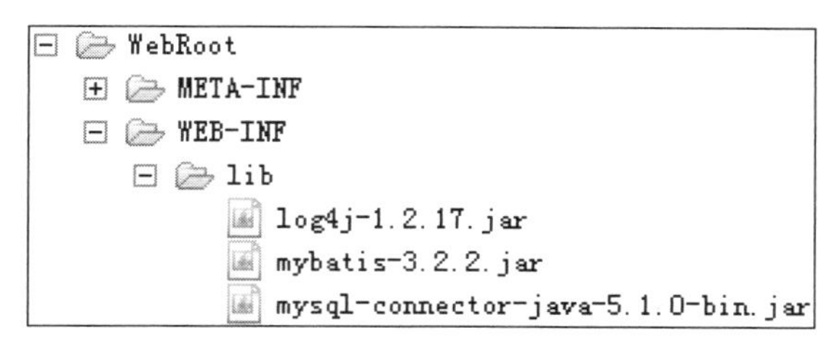

图 1.11　复制 jar 文件界面

（5）单击“OK”按钮，这时在工程中加入了所选的 jar 文件，如图 1.12 所示。

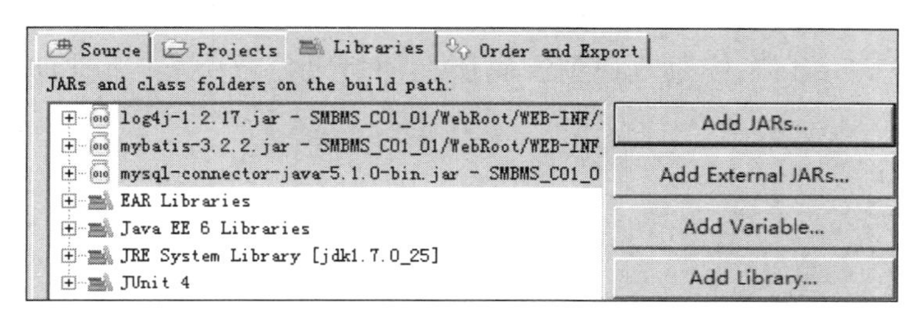

图 1.12　导入支持的 jar 文件界面

为了更方便地学习 MyBatis，可以在 MyEclipse 环境中设置当前工程中 mybatis-3.2.2.jar 的源码，具体步骤如下。

（1）选中 mybatis-3.2.2.jar，单击右键弹出的快捷菜单如图 1.13 所示。

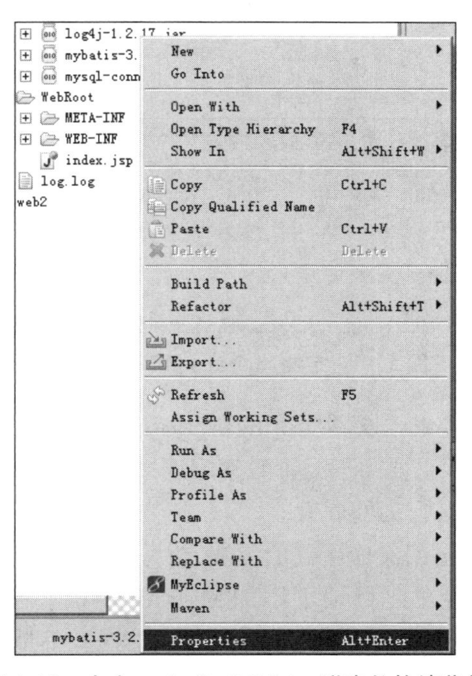

图 1.13　右击 mybatis-3.2.2.jar 弹出的快捷菜单

（2）选择“Properties”选项，进入属性界面，选中“Java Source Attachment”选项，如图 1.14 所示。

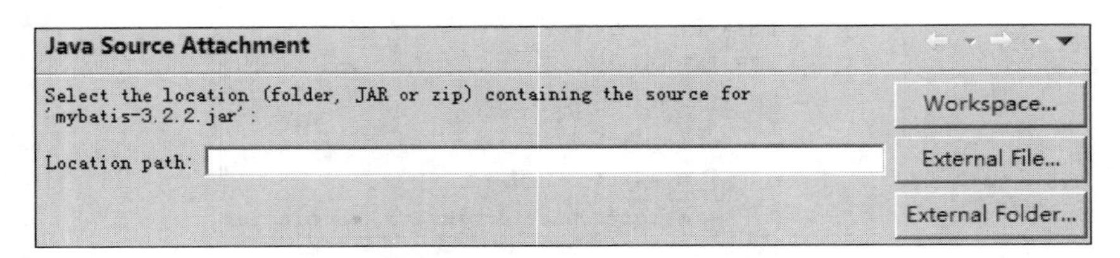

图 1.14　查看 mybatis-3.2.2.jar 的属性

（3）单击“External Folder”按钮，找到源码所在的目录，即 / mybatis-3-mybatis-3.2.2，如图 1.15 所示，选中目录后单击“确定”按钮即可。需要注意的是，若源码为 jar 文件，则单击“External File”按钮，找到源码所在的目录，选中 jar 文件即可，此处不再赘述。

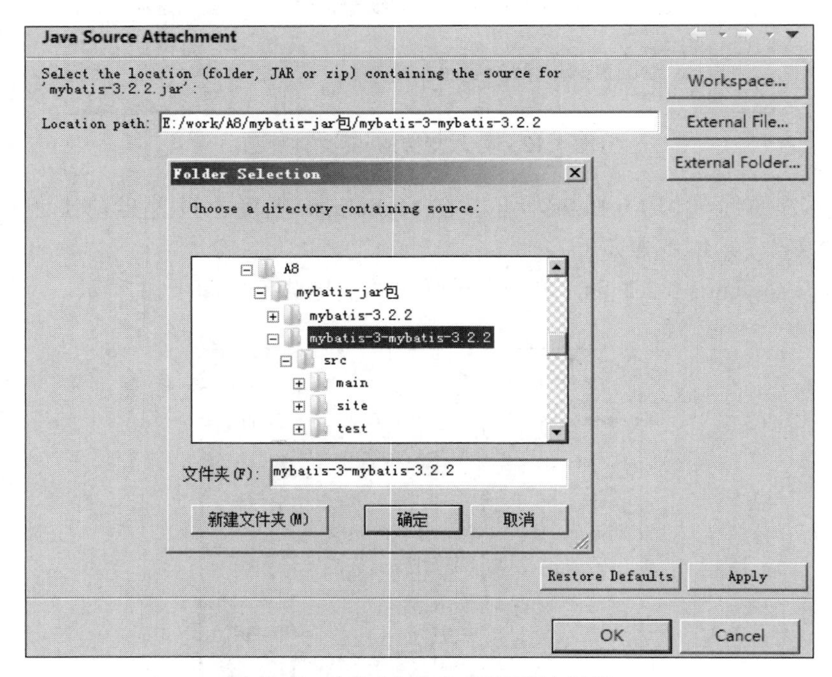

图 1.15　定位 MyBatis 源码所在目录

3. 创建 MyBatis 核心配置文件 configuration.xml

MyBatis 核心配置文件主要用于配置数据库连接和 MyBatis 运行时所需的各种特性，包含了设置和影响 MyBatis 行为的属性。

为了方便管理以后各框架集成所需的配置文件，需在项目工程下新建 Source Folder 类型的 resources 目录，并在此目录下添加 MyBatis 的核心配置文件，默认文件名为“configuration.xml”。需要注意的是，为了在框架集成时更好地区分各个配置文件，我们一般将此文件命名为“mybatis-config.xml”。该文件需要配置数据库连接信息和 MyBatis

的参数，关键代码如示例 1 所示。

注意

MyBatis 的示例和上机练习均使用超市订单管理系统，该系统使用 MySQL 数据库，在 root 用户下导入 SQL 脚本（smbms_db.sql）后，数据库为 smbms，包括用户表、角色表、供应商表、订单表、地址信息表。在任务 2 最后的技能训练中会有超市订单管理系统的功能介绍。

如果没有特别说明，MyBatis 的示例和上机练习都在测试类中运行，运行结果在控制台输出。

示例 1

```
<?xml version="1.0" encoding="UTF-8" ?>
<!DOCTYPE configuration
PUBLIC "-//mybatis.org//DTD Config 3.0//EN"
"http://mybatis.org/dtd/mybatis-3-config.dtd">
<configuration>
    <!-- 引入 database.properties 文件 -->
    <properties resource="database.properties"/>
    <!-- 配置 mybatis 的 log 实现为 LOG4J -->
    <settings>
        <setting name="logImpl" value="LOG4J" />
    </settings>
    <!-- 配置 mybatis 多套运行环境 -->
    <environments default="development">
        <environment id="development">
            <!-- 配置事务管理，采用 JDBC 的事务管理 -->
            <transactionManager type="JDBC"></transactionManager>
            <!-- POOLED:mybatis 自带的数据源，JNDI: 基于 tomcat 的数据源 -->
            <dataSource type="POOLED">
                <property name="driver" value="${driver}"/>
                <property name="url" value="${url}"/>
                <property name="username" value="${user}"/>
                <property name="password" value="${password}"/>
            </dataSource>
        </environment>
    </environments>
    <!-- 将 mapper 文件加入配置文件中 -->
    <mappers>
        <mapper resource="cn/smbms/dao/user/UserMapper.xml"/>
    </mappers>
</configuration>
```

mybatis-config.xml 文件中几个常用元素的作用如下。

（1）configuration：配置文件的根元素节点。

（2）properties：通过 resource 属性从外部指定 properties 属性文件（database.properties），该属性文件描述数据库连接的相关配置（数据库驱动、连接数据库的 url、数据库用户名、数据库密码），其位置也是在 /resources 目录下。

（3）settings：设置 MyBatis 运行中的一些行为，比如此处设置 MyBatis 的 log 日志实现为 LOG4J，即使用 log4j 实现日志功能。

（4）environments：表示配置 MyBatis 的多套运行环境，将 SQL 映射到多个不同的数据库上，该元素节点下可以配置多个 environment 子元素节点，但是必须指定其中一个为默认运行环境（通过 default 指定）。

（5）environment：配置 MyBatis 的一套运行环境，需指定运行环境 ID、事务管理、数据源配置等相关信息。

（6）mappers：作用是告诉 MyBatis 去哪里找到 SQL 映射文件（该文件内容是开发者定义的映射 SQL 语句），整个项目中可以有一个或多个 SQL 映射文件。

（7）mapper：mappers 的子元素节点，具体指定 SQL 映射文件的路径，其中 resource 属性的值表述了 SQL 映射文件的路径（类资源路径）。

编写 MyBatis 的核心配置文件

mybatis-config.xml 文件的元素节点是有一定顺序的，如果节点位置不按顺序排位，那么 XML 文件会报错。

完成了 MyBatis 的配置文件 mybatis-config.xml 的创建，接下来就要准备持久化类和 SQL 映射文件。

4. 创建持久化类（POJO）和 SQL 映射文件

持久化类是指其实例状态需要被 MyBatis 持久化到数据库中的类。在应用的设计中，持久化类通常对应需求中的业务实体。MyBatis 一般采用 POJO（Plain Ordinary Java Object）编程模型来实现持久化类，与 POJO 类配合完成持久化工作是 MyBatis 最常见的工作模式。

POJO 从字面上来讲就是普通 Java 对象。POJO 类可以简单地理解为符合 JavaBean 规范的实体类，它不需要继承和实现任何特殊的 Java 基类或者接口。JavaBean 对象的状态保存在属性中，访问属性必须通过对应的 getter 和 setter 方法。

下面首先以用户表（smbms_user）为例，定义用户 POJO 类。User.java 的关键代码如示例 2 所示。

示例 2

```
public class User {
    /* 字段 */
    private Integer id;                    //id
```

```
    private String userCode;          // 用户编码
    private String userName;          // 用户名称
    private String userPassword;      // 用户密码
    private Integer gender;           // 性别
    private Date birthday;            // 出生日期
    private String phone;             // 电话
    private String address;           // 地址
    private Integer userRole;         // 用户角色
    private Integer createdBy;        // 创建者
    private Date creationDate;        // 创建时间
    private Integer modifyBy;         // 更新者
    private Date modifyDate;          // 更新时间
    // 省略 getter&setter 方法
}
```

注意

在 MyBatis 中，不需要 POJO 类名与数据库表名一致，因为 MyBatis 是 POJO 与 SQL 语句之间的映射机制，一般情况下，保证 POJO 对象的属性与数据库表的字段名一致即可。

接下来，继续创建 SQL 映射文件，完成与 POJO（实体类）的映射，该文件也是一个 XML 文件，名为 UserMapper.xml，关键代码如示例 3 所示。

示例 3

```
<?xml version="1.0" encoding="UTF-8" ?>
<!DOCTYPE mapper
PUBLIC "-//mybatis.org//DTD Mapper 3.0//EN"
"http://mybatis.org/dtd/mybatis-3-mapper.dtd">
<mapper namespace="cn.smbms.dao.user.UserMapper">
    <!-- 查询用户表记录数 -->
    <select id="count" resultType="int">
      select count(1) as count from smbms_user
    </select>
</mapper>
```

经验

SQL 映射文件一般都对应于相应的 POJO，所以一般都是以 POJO 的名称+Mapper 的规则来命名。当然该 mapper 文件属于 DAO 层的操作，应该放置在 dao 包下，并根据业务功能进行分包放置，如 cn.smbms.dao.user.UserMapper.xml。

示例 3 中 UserMapper.xml 定义了 SQL 语句，其中各元素的含义如下。

➢ mapper：映射文件的根元素节点，只有一个属性 namespace。
  ◆ namespace：用于区分不同的 mapper，全局唯一。
➢ select：表示查询语句，是 MyBatis 最常用的元素之一，常用属性如下。
  ◆ id 属性：该命名空间下唯一标识符。
  ◆ resultType 属性：表示 SQL 语句返回值类型，此处通过 SQL 语句返回的是 int 数据类型。

5. 创建测试类

在工程中加入 JUnit4，创建测试类（UserMapperTest.java）进行功能测试，并在后台打印出用户表的记录数，具体的实现步骤如下。

（1）读取全局配置文件 mybatis-config.xml，如以下代码所示：

```
String resource = "mybatis-config.xml";
// 获取 mybatis-config.xml 文件的输入流
InputStream is = Resources.getResourceAsStream(resource);
```

（2）创建 SqlSessionFactory 对象，此对象可以完成对配置文件的读取，如以下代码所示：

```
SqlSessionFactory factory = new SqlSessionFactoryBuilder().build(is);
```

（3）创建 SqlSession 对象，此对象的作用是调用 mapper 文件进行数据操作，必须先把 mapper 文件引入到 mybatis-config.xml 中才能生效，如以下代码所示：

```
int count = 0;
SqlSession sqlSession = null;
sqlSession = factory.openSession();
//MyBatis 通过 mapper 文件的 namespace 和子元素的 id 来找到相应的 SQL，从而执行查询操作
count = sqlSession.selectOne("cn.smbms.dao.user.UserMapper.count");
logger.debug("UserMapperTest count---> " + count);
```

（4）关闭 SqlSession 对象，如以下代码所示：

```
sqlSession.close();
```

注意

本书所有的项目案例以及上机练习要求不再使用 System.out.print 进行后台日志的输出，一律使用 log4j 来实现日志的输出。这需要在 resources 目录下加入 log4j.properties，并在 MyBatis 的核心配置文件（mybatis-config.xml）中设置 MyBatis 的 LOG 实现为 log4j。

通过前面的学习，了解了 MyBatis 框架，学习了如何搭建 MyBatis 环境。接下来就根据上面的示例来对比 JDBC，介绍一下 MyBatis 框架的优缺点。

1.2.4 MyBatis 框架的优缺点及其适用场合

回顾 DAO 层代码，以查询用户表记录数为例，直接使用 JDBC 和 MyBatis 查询的两种实现方式的代码如图 1.16 所示。

```
1  Class.forName("com.mysql.jdbc.Driver");
2  Connection connection =DriverManager.getConnection(url, user, password);
3  String sql = "select count(*) as count from smbms_user;
4  Statement st = connection.createStatement();
5  ResultSet rs = st.executeQuery(sql);
6  if(rs.next()){
7       int count = rs.getInt("count");
8       ...
9  }
10 /**============================分割线================**/
11 <mapper namespace="cn.smbms.dao.user.UserMapper">
12     <select id="count" resultType="int">
13         select count(1) as count from smbms_user
14     </select>
15 </mapper>
```

图 1.16　JDBC 与 MyBatis 直观对比

用 JDBC 查询返回的是 ResultSet 对象，ResultSet 往往不能直接使用，还需要转换成其他封装类型，因此通过 JDBC 查询并不能直接得到具体的业务对象，在整个查询的过程中就需要做很多重复性的转换工作，而使用 MyBatis 则可以将如下几行 JDBC 代码分解包装。

- 第 1、2 行：对数据库连接的管理，包括事务管理。
- 第 3、4、5 行：MyBatis 通过配置文件来管理 SQL 以及输入参数的映射。
- 第 6、7、8、9 行：MyBatis 获取返回结果到 Java 对象的映射，也通过配置文件管理。

1. MyBatis 框架的优点

（1）与 JDBC 相比，减少了 50% 以上的代码量。

（2）MyBatis 是最简单的持久化框架，小巧并且简单易学。

（3）MyBatis 相当灵活，不会对应用程序或者数据库的现有设计强加任何影响，SQL 写在 XML 里，从程序代码中彻底分离，既降低耦合度，又便于统一管理和优化，还可重用。

（4）提供 XML 标签，支持编写动态 SQL 语句。

（5）提供映射标签，支持对象与数据库的 ORM 字段关系映射。

2. MyBatis 框架的缺点

（1）SQL 语句的编写工作量较大，对开发人员编写 SQL 语句的功底有一定要求。

（2）SQL 语句依赖于数据库，导致数据库移植性差，不能随意更换数据库。

3. MyBatis 框架适用场合

MyBatis 专注于 SQL 本身，是一个足够灵活的 DAO 层解决方案。对性能要求很高的项目，或者需求变化较多的项目，如互联网项目，MyBatis 将是不错的选择。

介绍完 MyBatis 框架的特点之后，接下来介绍超市订单管理系统，并完成相应的上机练习。

技能训练

超市订单管理系统是一个 B/S 架构的信息管理平台，该系统的主要业务需求包括：记录并维护某超市的供应商信息以及该超市与供应商之间的交易订单信息。包括三种角色：系统管理员、经理、普通员工。其主要结构如图 1.17 所示。

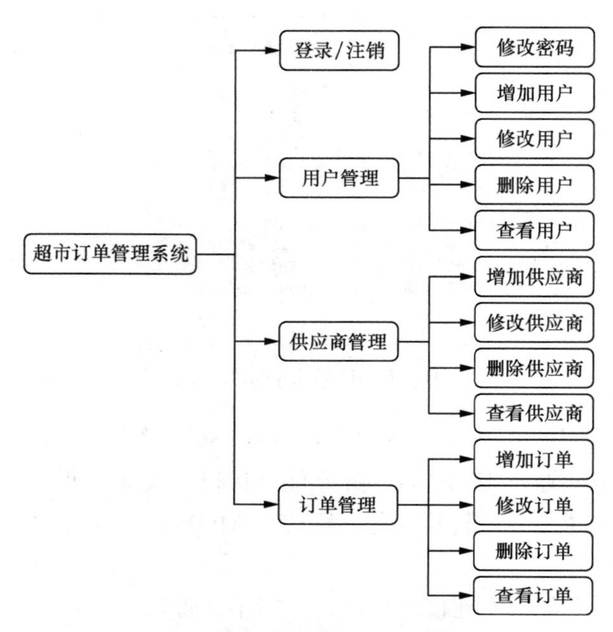

图 1.17 超市订单管理系统

该系统使用 MySQL 数据库，请按图 1.18 所示的描述创建数据表。

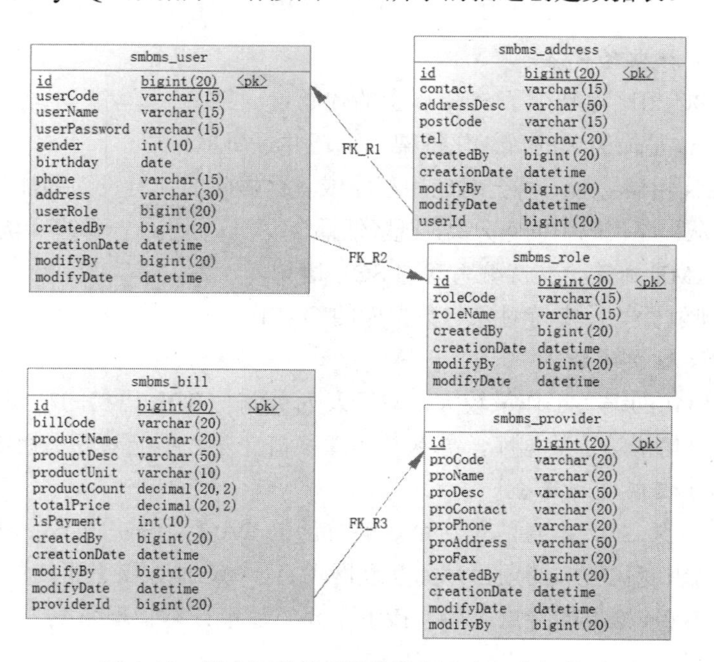

图 1.18 超市订单管理系统数据库表及表间关系

图 1.18 描述了超市订单管理系统中的五张表以及它们之间的关系，下面通过表 1-2 至表 1-6 对这五张表进行说明。

表1-2　用户表结构

表名：smbms_user（用户表）			
字段名	字段说明	数据类型	说明
id	主键ID	bigint（20）	主键，不允许为空
userCode	用户编码	varchar（15）	
userName	用户名称	varchar（15）	
userPassword	用户密码	varchar（15）	
gender	性别（1表示女，2表示男）	int（10）	
birthday	出生日期	date	
phone	手机	varchar（15）	
address	地址	varchar（30）	
userRole	用户角色	bigint（20）	取自角色表，角色id
createdBy	创建者（userId）	bigint（20）	
creationDate	创建时间	datetime	
modifyBy	更新者（userId）	bigint（20）	
modifyDate	更新时间	datetime	

表1-3　角色表结构

表名：smbms_role（角色表）			
字段名	字段说明	数据类型	说明
id	主键ID	bigint（20）	主键，不允许为空
roleCode	角色编码	varchar（15）	
roleName	角色名称	varchar（15）	
createdBy	创建者（userId）	bigint（20）	
creationDate	创建时间	datetime	
modifyBy	更新者（userId）	bigint（20）	
modifyDate	更新时间	datetime	

表1-4　供应商表结构

表名：smbms_provider（供应商表）			
字段名	字段说明	数据类型	说明
id	主键ID	bigint（20）	主键，不允许为空
proCode	供应商编码	varchar（20）	
proName	供应商名称	varchar（20）	
proDesc	供应商详细描述	varchar（50）	
proContact	供应商联系人	varchar（20）	
proPhone	联系电话	varchar（20）	

（续表）

表名：smbms_provider（供应商表）			
字段名	字段说明	数据类型	说明
proAddress	地址	varchar（50）	
proFax	传真	varchar（20）	
createdBy	创建者（userId）	bigint（20）	
creationDate	创建时间	datetime	
modifyBy	更新者（userId）	bigint（20）	
modifyDate	更新时间	datetime	

表1-5　订单表结构

表名：smbms_bill（订单表）			
字段名	字段说明	数据类型	说明
id	主键ID	bigint（20）	主键，不允许为空
billCode	订单编码	varchar（20）	
productName	商品名称	varchar（20）	
productDesc	商品描述	varchar（50）	
productUnit	商品单位	varchar（20）	
productCount	商品数量	decimal（20,2）	
totalPrice	商品总额	decimal（20,2）	
isPayment	是否支付（1表示未支付，2表示已支付）	int（10）	
providerId	供应商ID	bigint（20）	
createdBy	创建者（userId）	bigint（20）	
creationDate	创建时间	datetime	
modifyBy	更新者（userId）	bigint（20）	
modifyDate	更新时间	datetime	

表1-6　地址信息表结构

表名：smbms_address（地址信息表）			
字段名	字段说明	数据类型	说明
id	主键ID	bigint（20）	主键，不允许为空
contact	联系人姓名	varchar（15）	
addressDesc	收货地址明细	varchar（50）	
postCode	邮编	varchar（15）	
tel	联系人电话	varchar（20）	
createdBy	创建者（userId）	bigint（20）	
creationDate	创建时间	datetime	
modifyBy	更新者（userId）	bigint（20）	
modifyDate	更新时间	datetime	
userId	用户ID	bigint（20）	

注意

数据表的字段命名按照 Java 的驼峰命名规则，这样在进行实体映射的时候，一是方便开发者的工作，二是使用 MyBatis 框架开发，也方便数据表字段与 POJO 的属性进行自动映射。

上机练习 1——搭建 MyBatis 环境并实现对供应商表的总记录数的查询

需求说明

为超市订单管理系统搭建 MyBatis 环境，并实现对供应商表的总记录数的查询。

提示

（1）在 MyEclipse 中创建工程 smbms，导入 MyBatis 所需的 jar 文件。

（2）创建 MyBatis 配置文件 mybatis-config.xml。

（3）创建供应商表对应的实体类 Provider 和 SQL 映射文件 ProviderMapper.xml。

（4）编写测试类 ProvideMapperTest.java，后台运行输出结果。

任务 3　掌握 MyBatis 的核心对象

通过前面的学习，我们对 MyBatis 有了初步认识，下面继续介绍 MyBatis 的三个基本要素。

- 核心接口和类。
- MyBatis 核心配置文件（mybatis-config.xml）。
- SQL 映射文件（mapper.xml）。

MyBatis 的核心接口和类，如图 1.19 所示。

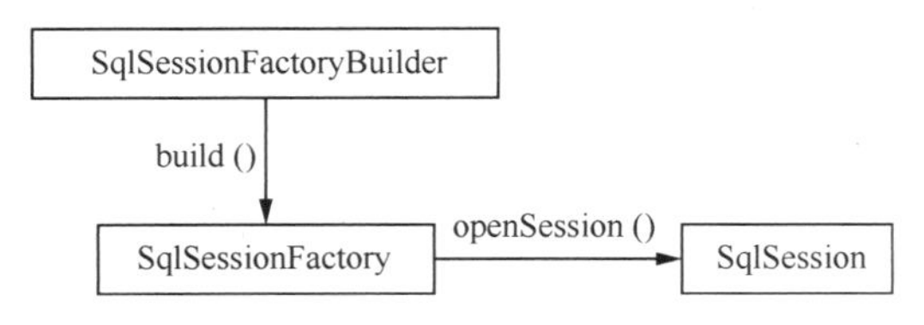

图 1.19　MyBatis 核心接口和类的结构图

（1）每个 MyBatis 的应用程序都以一个 SqlSessionFactory 对象的实例为核心。

（2）首先获取 SqlSessionFactoryBuilder 对象，可以根据 XML 配置文件或 Configuration 类的实例构建该对象。

（3）然后获取 SqlSessionFactory 对象，该对象实例可以通过 SqlSessionFactoryBuilder 对象获得。

（4）有了 SqlSessionFactory 对象之后，进而可以获取 SqlSession 实例，SqlSession 对象中完全包含以数据库为背景的所有执行 SQL 操作的方法。可以用该实例来直接执行已映射的 SQL 语句。

1.3.1 SqlSessionFactory 的构造者——SqlSessionFactoryBuilder

1. SqlSessionFactoryBuilder 的作用

SqlSessionFactoryBuilder 负责构建 SqlSessionFactory，并且提供了多个 build() 方法的重载，如图 1.20 所示。

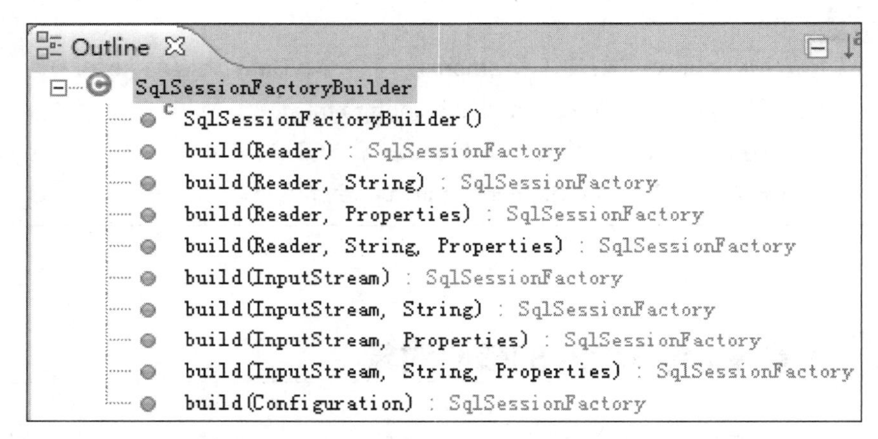

图 1.20 SqlSessionFactoryBuilder 提供的 build() 方法

通过源码分析，可以发现都是在调用同一个签名方法。

build(InputStream inputStream, String environment, Properties properties)

由于方法参数 environment 和 properties 都可以为 null，去除重复的，真正的重载方法其实只有如下三种。

- build(Reader reader, String environment, Properties properties)。
- build(InputStream inputStream, String environment, Properties properties)。
- build(Configuration config)。

通过上述分析，发现配置信息以三种形式提供给 SqlSessionFactoryBuilder 的 build() 方法，分别是 InputStream(字节流)、Reader（字符流）、Configuration（类），由于字节流与字符流都属于读取配置文件的方式，所以从配置信息的来源去构建一个 SqlSessionFactory 有两种方式：读取 XML 配置文件构造方式和编程构造方式。本章我们采用读取 XML 配置文件的方式来构造 SqlSessionFactory。

2. SqlSessionFactoryBuilder 的生命周期和作用域

SqlSessionFactoryBuilder 的最大特点是用过即丢。一旦创建了 SqlSessionFactory 对

象，这个类就不需要存在了，因此 SqlSessionFactoryBuilder 的最佳使用范围就是存在于方法体内，也就是局部变量。

1.3.2 SqlSession 的工厂——SqlSessionFactory

1. SqlSessionFactory 的作用

SqlSessionFactory 就是创建 SqlSession 实例的工厂。所有的 MyBatis 应用都是以 SqlSessionFactory 实例为中心，SqlSessionFactory 的实例可以通过 SqlSessionFactoryBuilder 对象来获得。有了它之后，就可以通过 SqlSessionFactory 提供的 openSession() 方法来获取 SqlSession 实例，如图 1.21 所示。

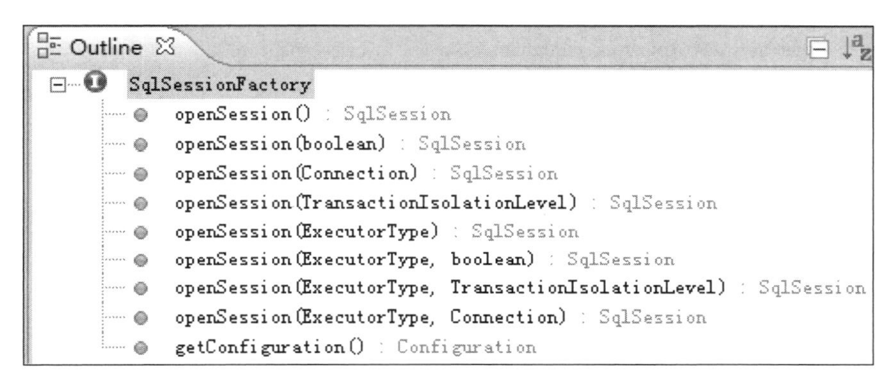

图 1.21　SqlSessionFactory 提供的 openSession( ) 方法

注意

openSession() 方法的参数为 boolean 值时，若传入 true 表示关闭事务控制，自动提交；若传入 false 表示开启事务控制。若不传入参数，默认为 true。

openSession(boolean autoCommit)

openSession()// 若不传入参数，默认为 true，自动提交

2. SqlSessionFactory 的生命周期和作用域

SqlSessionFactory 对象一旦创建，就会在整个应用运行过程中始终存在。没有理由去销毁或再创建它，并且在应用运行中也不建议多次创建 SqlSessionFactory。因此 SqlSessionFactory 的最佳作用域是 Application，即随着应用的生命周期一同存在。那么这种“存在于整个应用运行期间，并且同时只存在一个对象实例“的模式就是所谓的单例模式（指在应用运行期间有且仅有一个实例）。

下面优化获取 SqlSessionFactory 的代码，最简单的实现方式就是放在静态代码块下，以保证 SqlSessionFactory 对象只被创建一次，实现步骤如下。

（1）创建工具类 MyBatisUtil.java，在静态代码块中创建 SqlSessionFactory 对象。关键代码如示例 4 所示。

示例 4

```
package cn.smbms.utils;
import java.io.IOException;
import java.io.InputStream;
import org.apache.ibatis.io.Resources;
import org.apache.ibatis.session.SqlSession;
import org.apache.ibatis.session.SqlSessionFactory;
import org.apache.ibatis.session.SqlSessionFactoryBuilder;
public class MyBatisUtil {
    private static SqlSessionFactory factory;
    static{// 在静态代码块中，factory 只会被创建一次
        try {
            InputStream is = Resources.getResourceAsStream("mybatis-config.xml");
            factory = new SqlSessionFactoryBuilder().build(is);
        } catch (IOException e) {
            // TODO Auto-generated catch block
            e.printStackTrace();
        }
    }
}
```

（2）创建 SqlSession 对象和关闭 SqlSession。关键代码如示例 5 所示。

示例 5

```
public static SqlSession createSqlSession(){
    return factory.openSession(false);//true 为自动提交事务
}
public static void closeSqlSession(SqlSession sqlSession){
    if(null != sqlSession)
        sqlSession.close();
}
```

通过以上静态类的方式来保证 SqlSessionFactory 实例只被创建一次，当然，最佳的解决方案是使用 Spring 框架来管理 SqlSessionFactory 的单例模式生命周期。关于和 Spring 的集成，我们会在后续章节中进行讲解。

注意

设计模式中的单例模式，我们会在后续的 SpringMVC 章节中具体展开讲解，此处稍作了解即可。

1.3.3 使用 SqlSession 进行数据持久化操作

1. SqlSession 的作用

SqlSession 是用于执行持久化操作的对象，类似于 JDBC 中的 Connection。它提供

了面向数据库执行 SQL 命令所需的所有方法，可以通过 SqlSession 实例直接运行已映射的 SQL 语句，其方法如图 1.22 所示。

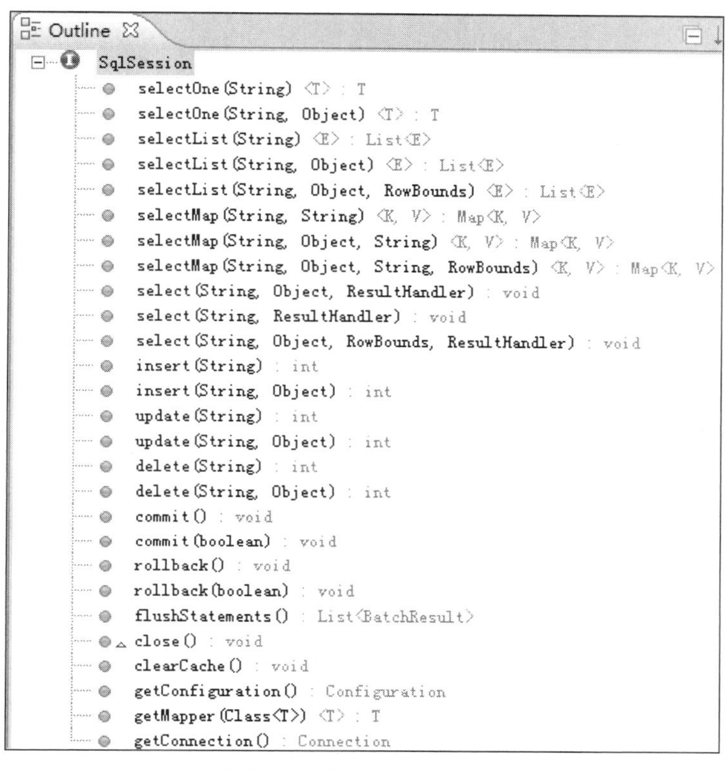

图 1.22 SqlSession 提供的方法

2. SqlSession 的生命周期和作用域

SqlSession 对应着一次数据库会话，由于数据库会话不是永久的，因此 SqlSession 的生命周期也不是永久的。相反，在每次访问数据库时都需要创建它（注意：并不是说在 SqlSession 里只能执行一次 SQL，它是完全可以执行多次的，但是若关闭了 SqlSession，那么就需要重新创建它）。创建 SqlSession 的方式只有一个，那就是使用 SqlSessionFactory 对象的 openSession() 方法。

每个线程都有自己的 SqlSession 实例，SqlSession 实例不能被共享，也不是线程安全的。因此最佳的作用域范围是 request 作用域或者方法体作用域。

关闭 SqlSession 是非常重要的。必须确保 SqlSession 在 finally 语句块中正常关闭。可以使用下面的标准方式来关闭。

```
SqlSession session = sqlSessionFactory.openSession();
```

```
try {
    // do work
} finally {
    session.close();
}
```

3. SqlSession 的两种使用方式

（1）通过 SqlSession 实例来直接执行已映射的 SQL 语句。例如，通过调用 selectList 方法执行用户表的查询操作，步骤如下。

➢ 修改 UserMapper.xml 文件，增加查询用户列表的 select 节点，关键代码如示例 6 所示。

示例 6

```
<!-- 查询用户列表 -->
<select id="getUserList" resultType="cn.smbms.pojo.User">
    select * from smbms_user
</select>
```

➢ 修改测试类 UserMapperTest.java，调用 selectList 方法执行查询操作，关键代码如示例 7 所示。

示例 7

```
@Test
public void testGetUserList(){
    SqlSession sqlSession = null;
    List<User> userList = new ArrayList<User>();
    try {
        sqlSession = MyBatisUtil.createSqlSession();
        // 调用 selectList 方法执行查询操作
        userList = sqlSession.selectList(
                    "cn.smbms.dao.user.UserMapper.getUserList");
    } catch (Exception e) {
        // TODO: handle exception
        e.printStackTrace();
    }finally{
       MyBatisUtil.closeSqlSession(sqlSession);
    }
    for(User user: userList){
        logger.debug("testGetUserList userCode: " + user.getUserCode()
                    + " and userName: " + user.getUserName());
    }
}
```

（2）基于 mapper 接口方式操作数据。修改上一个演示示例，步骤如下。

➢ 创建绑定映射语句的接口 UserMapper.java，并提供接口方法 getUserList()，关键代码如示例 8 所示。该接口称为映射器。注意：接口的方法必须与 SQL 映射文件中 SQL 语句的 ID 一一对应。

示例 8

```
package cn.smbms.dao.user;
import java.util.List;
import cn.smbms.pojo.User;
public interface UserMapper {
    /**
     * 查询用户列表
     * @return
     */
    public List<User> getUserList();
}
```

➢ 修改测试类 UserMapperTest.java，调用 getMapper(Mapper.class) 执行 Mapper 接口方法来实现对数据的查询操作，关键代码如示例 9 所示。

示例 9

```
@Test
public void testGetUserList(){
    SqlSession sqlSession = null;
    List<User> userList = new ArrayList<User>();
    try {
        sqlSession = MyBatisUtil.createSqlSession();
        // 调用 getMapper(Mapper.class) 执行 Mapper 接口方法
        userList = sqlSession.getMapper(UserMapper.class).getUserList();
    } catch (Exception e) {
        // TODO: handle exception
        e.printStackTrace();
    }finally{
        MyBatisUtil.closeSqlSession(sqlSession);
    }
    for(User user: userList){
        logger.debug("testGetUserList userCode: " + user.getUserCode()
                    + " and userName: " + user.getUserName());
    }
}
```

注意

第一种方式是旧版本的 MyBatis 提供的操作方式，现在也可以正常工作；第二种方式是 MyBatis 官方推荐使用的，其表达方式也更加直白，代码更加清晰，类型更加安全，也不用担心易错的字符串字面值以及强制类型转换。

技能训练

上机练习 2——在超市订单管理系统中实现供应商表的查询操作

需求说明

（1）在上机练习 1 搭建的环境中，使用 MyBatis 实现对供应商表的查询操作（查询出全部数据）。

（2）要求编写工具类 MyBatisUtil.java，获取 SqlSessionFactory 实例。

（3）要求分别使用两种方式（通过 SqlSession 实例直接运行已映射的 SQL 语句；基于 mapper 接口方式操作数据）实现对数据的操作，并对比两种方式的区别。

提示

（1）修改 SQL 映射文件 ProviderMapper.xml，增加 select 元素节点，编写查询语句。

（2）编写 MyBatisUtil.java，在静态代码块中实现 SqlSessionFactory 对象的创建，并且在该类中增加创建 SqlSession 和关闭 SqlSession 的静态方法。

（3）创建绑定映射语句的 Mapper 接口：ProviderMapper.java。

（4）修改测试类 ProviderMapperTest.java，按照两种方式分别实现对数据的操作，并在后台运行输出结果。

任务 4 掌握 MyBatis 的核心配置文件

学习完 MyBatis 的核心对象之后，接下来学习它的核心配置文件（mybatis-config.xml），该文件配置了 MyBatis 的一些全局信息，包含数据库连接信息和 MyBatis 运行时所需的各种特性，以及设置和影响 MyBatis 行为的一些属性。下面先来了解它的文件结构。

1.4.1 配置文件的结构

mybatis-config.xml 文件需配置一些基本元素，值得注意的是，该配置文件的元素节点是有先后顺序的，其文件结构如图 1.23 所示。

configuration 配置
　　properties　可以配置在Java属性配置文件中
　　settings　修改 MyBatis 在运行时的行为方式
　　typeAliases　为 Java 类型命名一个别名（简称）
　　typeHandlers　类型处理器
　　objectFactory　对象工厂
　　plugins　插件
　　environments　环境
　　environment　环境变量
　　　　transactionManager　事务管理器
　　　　dataSource　数据源
　　mappers　映射器

图 1.23　MyBatis 核心配置文件（mybatis-config.xml）结构图

从图 1.23 中可看出 configuration 元素是整个 XML 配置文件的根节点，相当于是 MyBatis 的总管，MyBatis 所有的配置信息都会存放在这里面。MyBatis 提供了设置这些配置信息的方法。Configuration 可从配置文件里获取属性值，也可以通过程序直接设置。Configuration 可供配置的内容如下。

1. properties 元素

properties 元素描述的都是外部化、可替代的属性。这些属性如何获取？可以通过以下两种方式实现。

（1）可通过外部指定的方式，即配置在典型的 Java 属性配置文件中（如 database.properties），并使用这些属性对配置项实现动态配置。关键代码如下。

database.properties：

```
driver=com.mysql.jdbc.Driver
url=jdbc:mysql://127.0.0.1:3306/smbms
user=root
password=root
```

mybatis-config.xml 部分内容：

```
<!-- 引入 database.properties 文件 -->
<properties resource="database.properties"/>
……
<dataSource type="POOLED">
            <property name="driver" value="${driver}"/>
            <property name="url" value="${url}"/>
            <property name="username" value="${user}"/>
            <property name="password" value="${password}"/>
</dataSource>
```

在上述代码中，driver、url、username、password 属性将会用 database.properties 文件中的值来替换。

（2）直接配置为 xml，并使用这些属性对配置项实现动态配置。关键代码如下。

mybatis-config.xml 部分内容：

```
<!-- properties 元素中直接配置 property 属性 -->
<properties>
    <property name="driver" value="com.mysql.jdbc.Driver"/>
    <property name="url" value="jdbc:mysql://127.0.0.1:3306/smbms"/>
    <property name="user" value="root"/>
    <property name="password" value="root"/>
</properties>
……
<dataSource type="POOLED">
    <property name="driver" value="${driver}"/>
    <property name="url" value="${url}"/>
    <property name="username" value="${user}"/>
    <property name="password" value="${password}"/>
</dataSource>
```

在上述代码中，driver、url、username、password 将会由 properties 元素中设置的值来替换。

思考

若同时用了两种方式，那么哪种方式优先呢？如以下代码所示。

```
<properties resource="database.properties">
        <property name="user" value="root"/>
        <property name="password" value="123456"/>
</properties>
```

分析：这个例子中的 property 子节点设置的 user 和 password 的值会先被读取，由于 database.properties 中也设置了这两个属性，所以 resource 中的同名属性将会覆盖 property 子节点的值。

结论：resource 属性值的优先级高于 property 子节点配置的值。

2．settings 元素

settings 元素的作用是设置一些非常重要的选项，用于设置和改变 MyBatis 运行中的行为。常用配置如表 1-7 所示。

表1-7　settings元素支持的属性

设置项	描述	允许值	默认值
cacheEnabled	对在此配置文件下的所有cache进行全局性开/关设置	true | false	true
lazyLoadingEnabled	全局性设置懒加载。如果设为false，则所有相关联的设置都会被初始化加载	true | false	true
autoMappingBehavior	MyBatis对于resultMap自动映射的匹配级别	NONE|PARTIAL|FULL	PARTIAL

提示

其他配置可参考 MyBatis 开发手册。

3. typeAliases 元素

typeAliases 元素的作用是配置类型别名，通过与 MyBatis 的 SQL 映射文件相关联，减少输入多余的完整类名，以简化操作。具体配置如示例 10 所示。

示例 10

```
<typeAliases>
    <!-- 这里给实体类取别名，方便在 mapper 配置文件中使用 -->
    <typeAlias alias="user" type="cn.smbms.pojo.User"/>
    <typeAlias alias="provider" type="cn.smbms.pojo.Provider"/>
    ……
</typeAliases>
```

以上这种写法的弊端在于，如果一个项目中有多个 POJO，需要一一进行配置。有更加简化的写法，就是通过 package 的 name 属性直接指定包名，MyBatis 会自动扫描指定包下的 JavaBean，并设置一个别名，默认名称为 JavaBean 的非限定类名。具体配置如示例 11 所示。

示例 11

```
<typeAliases>
    <package name="cn.smbms.pojo"/>
</typeAliases>
```

那么 UserMapper.xml 中的配置如下。

```
<mapper namespace="cn.smbms.dao.user.UserMapper">
    <!-- 查询用户表记录数 -->
    <select id="count" resultType="int">
        select count(1) as count from smbms_user
    </select>
    <!-- 查询用户列表 -->
    <select id="getUserList" resultType="User">
        select * from smbms_user
```

```
    /select>
</mapper>
```

另外，MyBatis 已经为许多常见的 Java 基础数据类型内建了相应的类型别名，一般都与其映射类型一致，并且都是大小写不敏感的，比如映射的类型 int、Boolean、String、Integer 等，它们的别名就是 int、Boolean、String、Integer。关于这部分内容，会在后续章节中详细介绍。

4. environments 元素

MyBatis 可以配置多套运行环境，如开发环境、测试环境、生产环境等，我们可以灵活选择不同的配置，从而将 SQL 映射到不同的数据库环境上。不同的运行环境可以通过 environments 元素来配置，但是不管增加几套运行环境，都必须要明确选择出当前唯一的一个运行环境。这是因为每个数据库都对应一个 SqlSessionFactory 实例，需要指明哪个运行环境将被创建，并把运行环境中设置的参数传递给 SqlSessionFactoryBuilder。具体配置代码如下。

```
<environments default="development">
    <!-- 开发环境 -->
    <environment id="development">
        <transactionManager type="JDBC"/>
        <dataSource type="POOLED">
            <property name="driver" value="${driver}"/>
            <property name="url" value="${url}"/>
            <property name="username" value="${user}"/>
            <property name="password" value="${password}"/>
        </dataSource>
    </environment>
    <!-- 测试环境 -->
    <environment id="test">
    ……
    </environment>
</environments>
```

上述代码中，需要注意以下几个关键点。

（1）默认的运行环境 ID：通过 default 属性来指定当前的运行环境 ID 为 development，对于环境 ID 的命名要确保唯一。

（2）transactionManager 事务管理器：设置其类型为 JDBC（MyBatis 有两种事务管理类型，即 JDBC 和 MANAGED），直接使用 JDBC 的提交和回滚功能，依赖于从数据源获得连接来管理事务的生命周期。

（3）dataSource 元素：使用标准的 JDBC 数据源接口来配置 JDBC 连接对象的资源。MyBatis 提供了三种数据源类型（UNPOOLED、POOLED、JNDI），这里使用 POOLED 数据源类型。该类型利用“池”的概念将 JDBC 连接对象组织起来，减少了创建新的连接实例时所必需的初始化和认证时间，是 MyBatis 实现的简单的数据库连接池类型，它使数据库连接可被复用，不必在每次请求时都去创建一个物理连接。对于高并发的 Web 应用，这是一种流行的处理方式，有利于快速响应请求。

5. mappers 元素

mappers 映射器用来定义 SQL 的映射语句，我们只需要告诉 MyBatis 去哪里找到这些 SQL 语句，即去哪里找相应的 SQL 映射文件，可以使用类资源路径或者 URL 等，关键代码如下。

（1）使用类资源路径获取资源

```
<mappers>
    <mapper resource="cn/smbms/dao/user/UserMapper.xml"/>
    <mapper resource="cn/smbms/dao/provider/ProviderMapper.xml"/>
</mappers>
```

（2）使用 URL 获取资源

```
<mappers>
    <mapper url="file:///E:/sqlmappers/UserMapper.xml"/>
    <mapper url="file:///E:/sqlmappers/ProviderMapper.xml"/>
</mappers>
```

以上这些配置告诉 MyBatis 如何找到 SQL 映射文件，而其更详尽的配置信息存放在每个 SQL 映射文件里，我们将在后续章节中学习。

1.4.2 如何引入 DTD 文件

MyBatis 有两种配置文件：核心配置文件（mybatis-config.xml）和 SQL 映射文件（mapper.xml）（关于 SQL 映射文件，我们将在后续章节中深入学习）。这两种配置文件都需要手动引入各自的 DTD 文件（mybatis-3-config.dtd 和 mybatis-3-mapper.dtd），并在 IDE 中进行相应配置，否则在编写配置文件的时候，节点元素以及属性等不能联动。下面介绍具体引入方法。

1. DTD 文件的位置

这两个 DTD 文件放置在 mybatis-3.2.2.jar 里，解压并打开压缩包，DTD 文件路径为 mybatis-3.2.2\org\apache\ibatis\builder\xml，如图 1.24 所示。

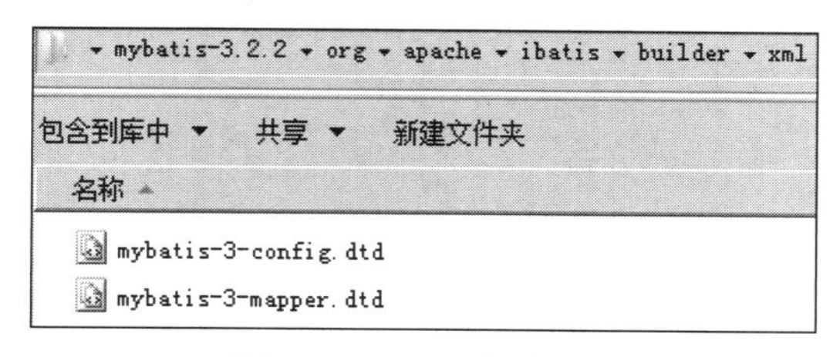

图 1.24　DTD 文件位置

将两个文件复制出来，放置在一个统一的位置（如 D:\），以方便下一步手动引入。

2. 新增 XML Catalog

在 MyEclipse 的工具栏中，选择“Window → Preferences”选项，弹出如图 1.25 所示窗口。

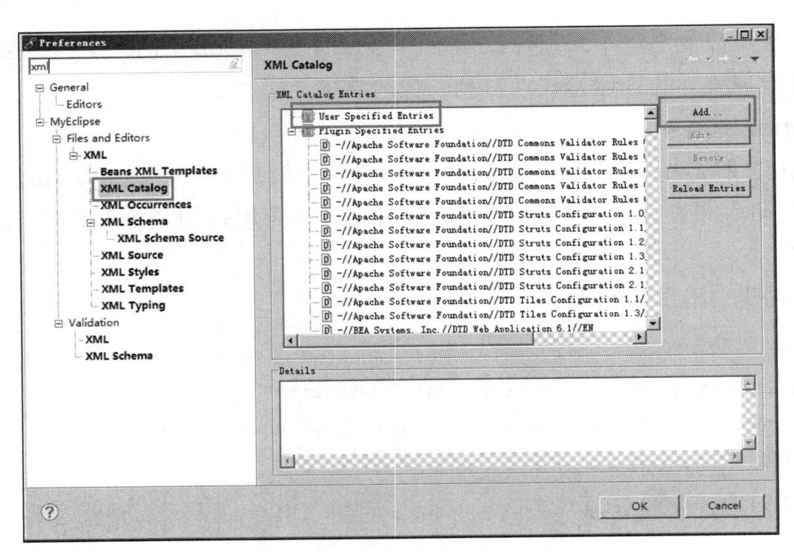

图 1.25　新增 XML Catalog-1

选择 XML Catalog，在右侧窗口选中 User Specified Entries，单击“Add”按钮，弹出如图 1.26 所示界面，并添加相关内容。

Location：单击“File System”按钮，选择 DTD 文件位置（D:\ mybatis-3-config.dtd）或者选择把 DTD 文件放入本项目工程中的某一固定位置，单击“Workspace”按钮进行引入。

Key type：Public ID（默认即可）。

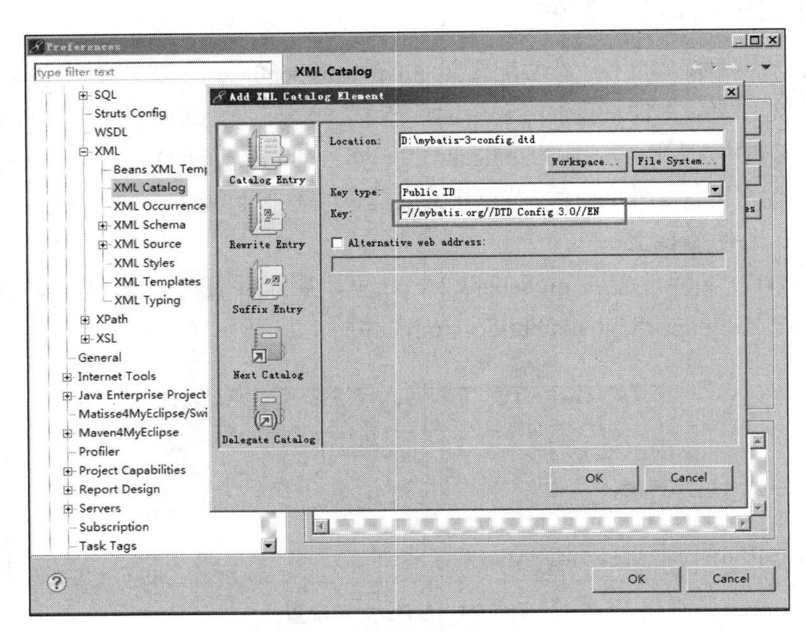

图 1.26　新增 XML Catalog-2

Key：-//mybatis.org//DTD Config 3.0//EN（与 mybatis-config.xml 文件头中的“-//mybatis.org//DTD Config 3.0//EN”相同）。

保存完配置之后，即可在编写 mybatis-config.xml 的时候，实现自动联想节点元素以及属性等，方便用户操作。

mapper.xml 文件配置同上，引入 mybatis-3-mapper.dtd 文件即可，此处不再赘述。

技能训练

上机练习 3——改造供应商表的查询操作

需求说明

在前面练习的基础上，完成以下改造。

（1）增加数据库测试运行环境（如 SQL Server 数据库或者另一台测试服务器的 MySQL 数据库），并完成由开发环境到测试环境的切换。

（2）更改 properties 元素对于数据库信息的配置方式，直接配置为 xml，并使用这些属性对配置项实现动态配置，观察 resource 属性值和 property 子节点配置的优先级。

（3）使用 typeAliases 元素给 POJO 增加类型别名。

（4）对于 mappers 元素，使用 URL 方式来获取 SQL 映射文件。

本章总结

- 框架（Framework）提供了可重用的公共结构的半成品，它为构建新的应用提供了极大便利。
- 数据持久化是将内存中的数据模型转换为存储模型，以及将存储模型转换为内存中的数据模型的统称。
- 对象 / 关系映射（Object/Relational Mapping）即 ORM，也可以理解为一种数据持久化技术。
- MyBatis 的基本要素包括核心对象、核心配置文件、SQL 映射文件。

本章练习

1. 举例说明什么是持久化。
2. 以实例说明什么是对象 / 关系映射。
3. 通过与 JDBC 类比的方式简述使用 MyBatis 的几个步骤。
4. 某电子备件管理系统的详细设计文档中有如表 1-8 所示的数据库表。

表1-8 数据库表

字段名	数据类型	Java类型	说明
编号	bigint（20）	java.lang.Integer	主键
型号	varchar（20）	java.lang.String	不允许为空
出厂价格	decimal（20, 2）	java.math.BigDecimal	
出厂日期	date	java.util.Date	

（1）编写 SQL 语句创建数据表，并为数据库添加以下备件信息（见表 1-9）。

表1-9　添加备件信息

型号	出厂价格（元）	出厂日期
CDMA-1	650.78	2016-12-25
CDMA-2	2356.23	2013-10-25
CDMA-3	2200.76	2010-10-29

（2）搭建 MyBatis 环境，编写对应的 POJO 和 SQL 映射文件以及 MyBatis 核心配置文件。

（3）编写测试类，并在控制台输出出厂日期在 2015 年以后的设备列表。（要求使用基于 mapper 接口的方式操作数据）

提示

查询条件可以直接编写在 SQL 语句中，以实现固定条件的查询操作。

第 2 章

SQL 映射文件

技能目标

- ❖ 掌握通过 SQL 映射文件进行增、删、改、查的方法
- ❖ 掌握参数的使用方法
- ❖ 掌握 resultMap
- ❖ 了解 Cache 的使用方法

本章任务

学习本章，读者需要完成以下 4 个任务。记录学习过程中遇到的问题，并通过自己的努力或访问 kgc.cn 解决。

任务 1：实现条件查询

任务 2：实现增删改操作

任务 3：实现高级结果映射

任务 4：配置 resultMap 自动映射级别和 MyBatis 缓存

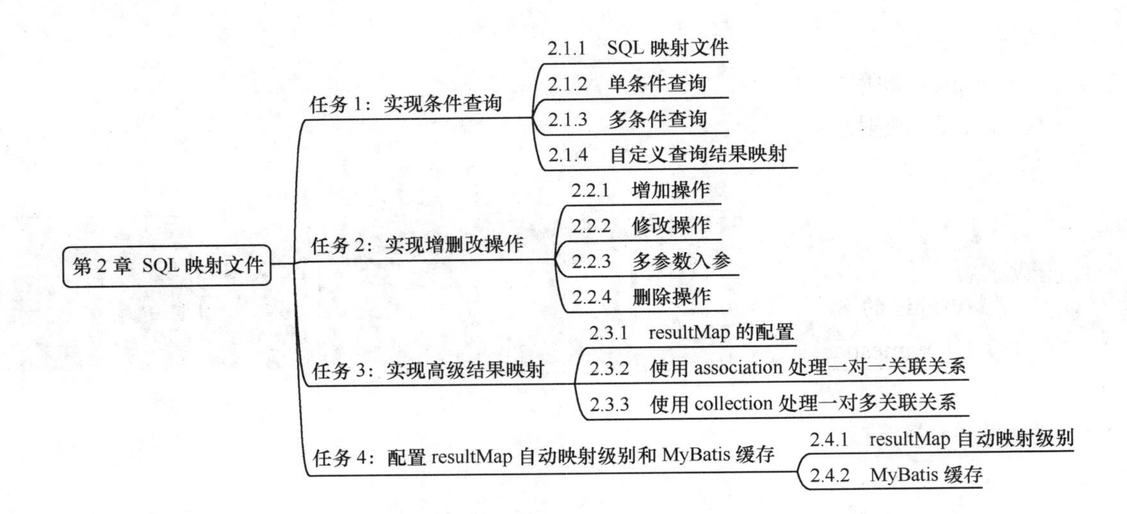

任务 1 实现条件查询

关键步骤如下。

- 使用 select 元素实现根据用户名模糊查询用户列表信息。
- 使用 select 元素实现多条件查询用户列表信息。
- 使用 resultMap 元素映射自定义查询结果。

2.1.1 SQL 映射文件

MyBatis 的真正强大之处就在于 SQL 映射语句，也是它的魅力所在。相对于 MyBatis 强大的功能，SQL 映射文件的配置却非常简单。在上一章中，我们简单地对比了 SQL 映射配置和 JDBC 代码，发现使用 SQL 映射文件配置可减少 50% 以上的代码量。并且 MyBatis 专注于 SQL，对于开发人员来说，也可极大限度地进行 SQL 调优，以保证性能。下面列出关于 SQL 映射文件的几个顶级元素配置。

- mapper：映射文件的根元素节点，只有一个属性 namespace（命名空间），其作用如下。
  - 用于区分不同的 mapper，全局唯一。
  - 绑定 DAO 接口，即面向接口编程。当 namespace 绑定某一接口之后，可以不用写该接口的实现类，MyBatis 会通过接口的完整限定名查找到对应的 mapper 配置来执行 SQL 语句。因此 namespace 的命名必须跟接口同名。
- cache：配置给定命名空间的缓存。
- cache-ref：从其他命名空间引用缓存配置。
- resultMap：用来描述数据库结果集和对象的对应关系。

- sql：可以重用的 SQL 块，也可以被其他语句引用。
- insert：映射插入语句。
- update：映射更新语句。
- delete：映射删除语句。
- select：映射查询语句。

注意

MyBatis 的 SQL 映射文件中 mapper 元素的 namespace 属性有如下要求：

（1）namespace 的命名必须跟某个 DAO 接口同名，同属于 DAO 层，故在代码结构上，映射文件与该 DAO 接口应放置在同一 package 下（如 cn.smbms.dao.user），并且习惯上都是以 Mapper 结尾（如 UserMapper.java、UserMapper.xml）。

（2）在不同的 mapper 文件中，子元素的 id 可以相同，MyBatis 通过 namespace 和子元素的 id 联合区分。接口中的方法与映射文件中 SQL 语句 id 应一一对应。

2.1.2　单条件查询

与查询对应的 select 元素是使用 MyBatis 时最常用的。在上一章，我们实现了对用户表的简单查询，现在升级需求，增加查询条件，那么如何实现带参数和返回复杂类型的查询？这就需要先详细了解 select 元素的属性。以根据用户名模糊查询来获取用户列表信息为例，SQL 映射语句如示例 1 所示。

示例 1

```
<!-- 根据用户名称查询用户列表（模糊查询） -->
<select id="getUserListByUserName" resultType="User" parameterType="string">
    select * from smbms_user where userName like CONCAT ('%',#{userName},'%')
</select>
```

这是一个 id 为 getUserListByUserName 的映射语句，参数类型为 string，返回结果的类型是 User。为了使数据库查询的结果和返回类型中的属性能够自动匹配以便于开发，对于 MySQL 数据库和 JavaBean 都会采用同一套命名规则，即 Java 命名驼峰规则，这样就不需要再做映射（注：如果数据库表的字段名和属性名不一致，则需要手动映射）。参数的传递使用 #{ 参数名 }，它告诉 MyBatis 生成 PreparedStatement 参数。对于 JDBC，该参数会被标识为“？”。若采用 JDBC 来实现，代码如下：

```
String sql = "select * from smbms_user where userName like CONCAT ('%',?,'%')";
PreparedStatement ps = conn.prepareStatement(sql);
ps.setString (1,userName);
```

由此可以看出，MyBatis 可以节省代码。如果想完成复杂一些的查询或者让配置文件更简洁，还需要进一步了解 select 元素的属性和 MyBatis 配置文件的属性。下面先介绍示例 1 中的属性含义。

- id：命名空间中唯一的标识符，可以被用来引用这条语句。
- parameterType：表示查询语句传入参数的类型的完全限定名或别名。它支持基础数据类型和复杂数据类型。在示例 1 中使用的是基础数据类型“string”，这是一个别名，代表 String，属于一个内建的类型别名。对于普通的 Java 类型，有许多内建的类型别名，并且它们对大小写不敏感。表 2-1 列出了部分别名和 Java 类型的映射，其他的别名映射请参考 MyBatis 的帮助文档。

表2-1　别名与Java类型映射

别名	映射的类型	别名	映射的类型
string	String	double	Double
byte	Byte	float	Float
long	Long	boolean	Boolean
short	Short	date	Date
int	Integer	map	Map
integer	Integer	hashmap	HashMap
arraylist	ArrayList	list	List

除了内建的类型别名外，还可以为自定义的类设置别名。在上一章中已经讲过别名（typeAliases）在 mybatis-config.xml 中的设置，在映射文件中可直接使用别名，以减少配置文件的代码。

- resultType：查询语句返回结果类型的完全限定名或别名。别名的使用方式与 parameterType 相同。

2.1.3　多条件查询

示例 1 是通过一个条件对用户表进行查询操作，但在实际应用中，数据查询会有多种条件，结果也会有各种类型，如图 2.1 所示。

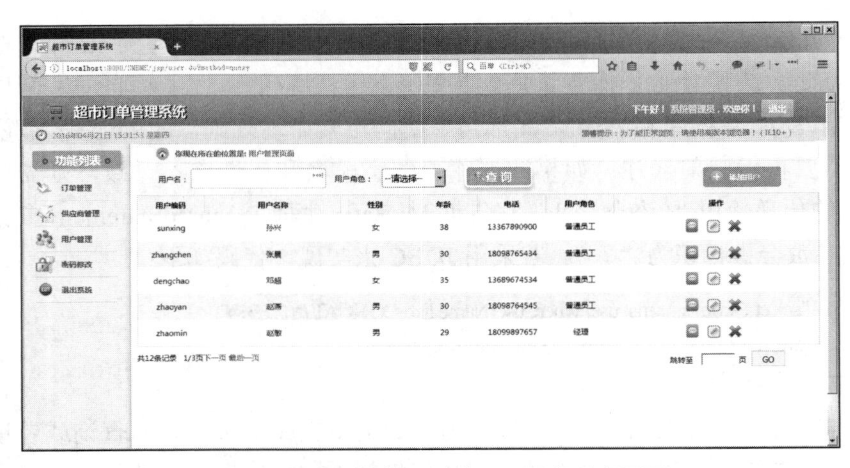

图 2.1　超市订单管理系统——用户列表页面

图 2.1 中的查询条件包括用户名（模糊查询）和用户角色。那对于多条件查询，该如何实现？我们可以考虑将查询条件封装成对象进行入参， 改造 UserMapper.java 代码如示例 2 所示。

示例 2

```
public interface UserMapper {
    /**
     * 查询用户列表 ( 参数：对象入参 )
     * @return
     */
    public List<User> getUserList(User user);
}
```

改造 UserMapper.xml 代码如示例 3 所示。

示例 3

```
<select id="getUserList" resultType="User" parameterType="User">
    select * from smbms_user
        where userName like CONCAT ('%',#{userName},'%')
            and userRole = #{userRole}
</select>
```

改造测试类 UserMapperTest.java 代码如示例 4 所示。

示例 4

```
@Test
public void testGetUserList(){
    SqlSession sqlSession = null;
    List<User> userList = new ArrayList<User>();
    try {
        sqlSession = MyBatisUtil.createSqlSession();
        User user = new User();
        user.setUserName(" 赵 ");
        user.setUserRole(3);
        userList = sqlSession.getMapper(UserMapper.class).getUserList(user);
    } catch (Exception e) {
        // TODO: handle exception
        e.printStackTrace();
    }finally{
        MyBatisUtil.closeSqlSession(sqlSession);
    }
    for(User user: userList){
        logger.debug("testGetUserList userCode: " + user.getUserCode()
                    + " and userName: " + user.getUserName());
    }
}
```

示例中 parameterType 使用了复杂数据类型，把条件参数封装成 User 对象进行入参。对 User 对象中 userName 和 userRole 两个属性分别进行赋值，在映射的查询语句中设置 parameterType 为 User 类型，传入参数分别使用 #{userName} 和 #{userRole} 来表示，即 #{ 属性名 }（参数对象中的属性名）。

parameterType 支持的复杂数据类型除了 JavaBean 之外，还有 Map 类型，改造上一示例，把用户名和用户角色封装成 Map 对象进行入参，测试类 UserMapperTest.java 的关键代码如示例 5 所示。

示例 5

```
Map<String, String> userMap = new HashMap<String, String>();
userMap.put("uName", " 赵 ");
userMap.put("uRole", "3");
userList = sqlSession.getMapper(UserMapper.class).getUserListByMap(userMap);
```

改造 UserMapper.java，把封装好的 userMap 作为参数传入接口方法，代码如示例 6 所示。

示例 6

```
public interface UserMapper {
    /**
     * 查询用户列表 ( 参数：Map)
     * @return
     */
    public List<User> getUserListByMap(Map<String, String> userMap);
}
```

改造 UserMapper.xml，将 parameterType 设置为 Map，SQL 语句中的参数值使用 #{uName} 和 #{uRole} 来表示，即 #{Map 的 key}，代码如示例 7 所示。

示例 7

```
<select id="getUserListByMap" resultType="User" parameterType="Map">
    select * from smbms_user
        where userName like CONCAT ('%',#{uName},'%') and userRole = #{uRole}
</select>
```

这种做法更加灵活，不管是什么类型的参数、有多少个参数，我们都可以把它们封装成 Map 数据结构进行入参，通过 Map 的 key 即可获取传入的值。

注意

MyBatis 传入参数类型可以是 Java 基础数据类型，但是只适用于一个参数的情况，通过 #{ 参数名 } 即可获取传入的值。若是多参数入参，则需要复杂数据类型来支持，包括 Java 实体类、Map，通过 #{ 属性名 } 或 #{Map 的 key} 来获取传入的值。

2.1.4　自定义查询结果映射

上一节完成了传入多条件的查询操作，但是对于结果列的展现，只是展示出用户表（smbms_user）中所有字段的值，比如用户表中 userRole 字段记录的是角色 id，而不是其对应的角色名称。在实际应用中，作为列表页的展示，用户关注的往往是角色名称而不是角色 id（如图 2.1 所示），那么应该如何解决呢？

下面介绍两种解决方案。

（1）修改 POJO：User.java 增加 userRoleName 属性，并修改查询用户列表的 SQL 语句，对用户表（smbms_user）和角色表（smbms_role）进行联表查询，使用 resultType 自动映射。

（2）通过 resultMap 映射自定义结果。

推荐采用第二种方案，即使用 resultMap 做自定义结果映射，字段名可以不一致，并且可以指定要显示的列，比较灵活，应用也广泛。

注意

MyBatis 中使用 resultType 做自动映射时，要注意字段名和 POJO 的属性名必须一致。若不一致，则需要给字段起别名，保证别名与属性名一致。

下面通过示例来演示 resultMap 的用法，查询出用户信息列表所必需的显示字段（包括用户编码、用户名称、性别、年龄、电话、用户角色等字段信息），注意用户角色要显示角色名称，而不是角色 id。

首先需要在 User 类中加入 userRoleName 属性：private String userRoleName，及其相应的 getter 和 setter 方法。

然后修改 UserMapper 接口中的查询用户列表的 getUserList() 方法，在 UserMapper.xml 中，修改 getUserList 的 SQL 映射语句，并修改 select 的 resultType 属性为 resultMap，其属性值为 userList，关键代码如示例 8 所示。

示例 8

```
<select id="getUserList" resultMap="userList" parameterType="User">
    select u.*,r.roleName from smbms_user u,smbms_role r
        where u.userName like CONCAT ('%',#{userName},'%')
            and u.userRole = #{userRole} and u.userRole = r.id
</select>
```

通过 getUserList 的 SQL 语句，进行联表查询，可得到用户对应角色的中文名称。接下来在 UserMapper.xml 中增加 id 为 userList 的 resultMap 元素节点，代码如示例 9 所示。

示例 9

```
<resultMap type="User" id="userList">
    <result property="id" column="id"/>
    <result property="userCode" column="userCode"/>
    <result property="userName" column="userName"/>
```

```
    <result property="phone" column="phone"/>
    <result property="birthday" column="birthday"/>
    <result property="gender" column="gender"/>
    <result property="userRole" column="userRole"/>
    <result property="userRoleName" column="roleName"/>
</resultMap>
```

resultMap 元素用来描述如何将结果集映射到 Java 对象，此处使用 resultMap 对列表展示所需的必要字段进行自由映射，特别是当数据库的字段名和 POJO 中的属性名不一致的情况下，比如角色名称，字段名 column 是 roleName，而 User 对象的属性名为 userRoleName，此时就需要做映射。

resultMap 元素包括如下属性值和子节点。

- id 属性：唯一标识，此 id 值用于对 select 元素 resultMap 属性的引用。
- type 属性：表示该 resultMap 的映射结果类型。
- result 子节点：用于标识一些简单属性，其中 column 属性表示从数据库中查询的字段名，property 则表示查询出来的字段对应的值赋给实体对象的哪个属性。

最后在测试类中进行相关字段的输出，展示列表（用户编码、用户名称、性别、年龄、电话、用户角色）。注意：用户角色不再是角色 id，输出的是角色名称。

MyBatis 中在对查询进行 select 映射的时候，返回类型可以用 resultType，也可以用 resultMap。那么 resultType 和 resultMap 到底有何关联和区别？应用场景又分别是什么？下面做详细讲解。

1. resultType

resultType 表示返回类型，包括基础数据类型和复杂数据类型。

2. resultMap

resultMap 是对外部 resultMap 定义的引用，对应外部 resultMap 的 id，表示返回结果映射到哪一个 resultMap 上。它的应用场景一般是：数据库字段信息与对象属性不一致或者需要做复杂的联合查询，以便自由控制映射结果。

3. resultType 和 resultMap 的关联

在 MyBatis 进行查询映射的时候，查询出来的每个字段值都放在一个对应的 Map 里面，其中键是字段名，值则是其对应的值。当 select 元素提供的返回类型属性是 resultType 的时候，MyBatis 会将 Map 里面的键值对取出赋给 resultType 所指定的对象对应的属性（即调用对应的对象里的属性的 setter 方法进行填充）。正因为如此，当使用 resultType 的时候，直接在后台就能接收到其相应的对象属性值。由此可看出，其实 MyBatis 的每个查询映射的返回类型都是 resultMap，只是当我们提供的返回类型属性是 resultType 的时候，MyBatis 会自动把对应的值赋给 resultType 所指定对象的属性；而当我们提供的返回类型属性是 resultMap 的时候，因为 Map 不能很好地表示领域模型，就需要通过进一步的定义把它转化为对应的实体对象。

注意

在 MyBatis 的 select 元素中，resultType 和 resultMap 本质上是一样的，都是 Map 数据结构。但需要明确一点：resultType 属性和 resultMap 属性绝对不能同时存在，只能二者选其一使用。

4. resultMap 的自动映射级别

在上面的示例中，选择部分字段进行 resultMap 映射，我们希望没有映射的字段不能在后台查询并输出，即使 SQL 语句中是查询所有字段（select * from……）。因为我们使用 resultMap 也是为了自由灵活地控制映射结果，达到只对关心的属性进行赋值填充的目的。修改测试类（UserMapperTest.java）的输出项，关键代码如示例 10 所示。

示例 10

```
@Test
public void testGetUserList(){
    SqlSession sqlSession = null;
    List<User> userList = new ArrayList<User>();
    try {
        sqlSession = MyBatisUtil.createSqlSession();
        User user = new User();
        user.setUserName(" 赵 ");
        user.setUserRole(3);
        userList = sqlSession.getMapper(UserMapper.class).getUserList(user);
    } catch (Exception e) {
        // TODO: handle exception
        e.printStackTrace();
    }finally{
        MyBatisUtil.closeSqlSession(sqlSession);
    }
    for(User user: userList){
        logger.debug("testGetUserList userCode: " + user.getUserCode() +
                    " and userName: " + user.getUserName() +
                    " and userRole: " + user.getUserRole() +
                    " and userRoleName: " + user.getUserRoleName() +
                    " and age: " + user.getAge() +
                    " and address: " + user.getAddress());
    }
}
```

在该示例代码中，对比之前设置的 resultMap 映射的属性，增加了 address 和 age 两个属性值的输出。观察输出结果，发现 address 和 age 的值均可正常输出，如图 2.2 所示。

```
Console ☒   Search
<terminated> UserMapperTest.testGetUserList [JUnit] D:\Program Files\Java\jdk1.7.0_25\bin\javaw.exe (2016-5-23 下午2:20:44)

.LogFactory - Logging initialized using 'class org.apache.ibatis.logging.log4j.Log4jImpl' adapter.
rce.pooled.PooledDataSource - PooledDataSource forcefully closed/removed all connections.
rce.pooled.PooledDataSource - PooledDataSource forcefully closed/removed all connections.
rce.pooled.PooledDataSource - PooledDataSource forcefully closed/removed all connections.
rce.pooled.PooledDataSource - PooledDataSource forcefully closed/removed all connections.
tion.jdbc.JdbcTransaction - Opening JDBC Connection
rce.pooled.PooledDataSource - Created connection 14688701.
per.getUserList - ooo Using Connection [com.mysql.jdbc.JDBC4Connection@e021bd]
per.getUserList - ==>  Preparing: select u.*,r.roleName from smbms_user u,smbms_role r where u.userName like CONCAT ('%',?,'%') and u.userRole = ? and u.userRole = r.id
per.getUserList - ==> Parameters: 赵(String), 3(Integer)
tion.jdbc.JdbcTransaction - Resetting autocommit to true on JDBC Connection [com.mysql.jdbc.JDBC4Connection@e021bd]
tion.jdbc.JdbcTransaction - Closing JDBC Connection [com.mysql.jdbc.JDBC4Connection@e021bd]
rce.pooled.PooledDataSource - Returned connection 14688701 to pool.
perTest - testGetUserList userCode: zhaoyan and userName: 赵燕 and userRole: 3 and userRoleName: 普通员工 and age: 30 and address: 北京市海淀区回龙观小区10号楼
```

图 2.2　resultMap 输出结果

为何没有在 resultMap 中做映射关联的 age 和 address 却能正常输出结果？若需求为没有在 resultMap 内映射的字段不能获取，那么又该如何实现？

这跟 resultMap 的自动映射级别有关，默认的映射级别为 PARTIAL。要满足新需求，则需要设置 MyBatis 对于 resultMap 的自动映射级别（autoMappingBehavior）为 NONE，即禁止自动匹配。修改 mybatis-config.xml，代码如下：

```
<settings>
    <!-- 设置 resultMap 的自动映射级别为 NONE( 禁止自动匹配 ) -->
    <setting name="autoMappingBehavior" value="NONE" />
</settings>
```

增加以上的设置之后，再进行结果的输出，如图 2.3 所示。

```
Console ☒   Search
<terminated> UserMapperTest.testGetUserList [JUnit] D:\Program Files\Java\jdk1.7.0_25\bin\javaw.exe (2016-5-23 下午3:21:57)

.LogFactory - Logging initialized using 'class org.apache.ibatis.logging.log4j.Log4jImpl' adapter.
rce.pooled.PooledDataSource - PooledDataSource forcefully closed/removed all connections.
rce.pooled.PooledDataSource - PooledDataSource forcefully closed/removed all connections.
rce.pooled.PooledDataSource - PooledDataSource forcefully closed/removed all connections.
rce.pooled.PooledDataSource - PooledDataSource forcefully closed/removed all connections.
tion.jdbc.JdbcTransaction - Opening JDBC Connection
rce.pooled.PooledDataSource - Created connection 14688701.
per.getUserList - ooo Using Connection [com.mysql.jdbc.JDBC4Connection@e021bd]
per.getUserList - ==>  Preparing: select u.*,r.roleName from smbms_user u,smbms_role r where u.userName like CONCAT ('%',?,'%') and u.userRole = ? and u.userRole = r.id
per.getUserList - ==> Parameters: 赵(String), 3(Integer)
tion.jdbc.JdbcTransaction - Resetting autocommit to true on JDBC Connection [com.mysql.jdbc.JDBC4Connection@e021bd]
tion.jdbc.JdbcTransaction - Closing JDBC Connection [com.mysql.jdbc.JDBC4Connection@e021bd]
rce.pooled.PooledDataSource - Returned connection 14688701 to pool.
perTest - testGetUserList userCode: zhaoyan and userName: 赵燕 and userRole: 3 and userRoleName: 普通员工 and age: 30 and address: null
```

图 2.3　resultMap 输出结果（修改自动映射级别为 NONE）

从上面的输出结果中可以发现 address 属性值为 null，即该属性没有进行自动 setter 赋值，但是 age 的属性值仍为 30，并非为空。这是因为 age 属性值并非直接取自数据表，而是在 getAge() 方法中通过 birthday 属性计算得出，只要加载了 birthday 就可以计算出 age。

注意

在 MyBatis 中，使用 resultMap 能够进行自动映射匹配的前提是字段名和属性名必须一致，在默认映射级别（PARTIAL）情况下，若字段名和属性名一致，即使没有做属性名和字段名的匹配，也可以在后台获取到未匹配过的属性值；若字段名和属性名不一致，且在 resultMap 里没有做映射，那么就无法在后台获取并输出。

技能训练

上机练习 1——在超市订单管理系统中实现订单表的查询操作

需求说明

（1）实现按条件查询订单表，查询条件如下。

➢ 商品名称（模糊查询）。

➢ 供应商（供应商 id）。

➢ 是否付款。

（2）查询结果列显示：订单编码、商品名称、供应商名称、账单金额、是否付款、创建时间。

（3）必须使用 resultMap 来做显示列表字段的自定义映射。

提示

（1）修改 Bill.java，增加属性 providerName。

（2）编写 SQL 查询语句（联表查询）。

（3）在 SQL 映射文件中创建 resultMap 自定义映射结果，并在 select 元素中引用。

思考

该练习的需求是多条件查询，那么作为查询条件入参应该是多条件入参，可以采用之前示例中的方式：封装对象入参，或者直接进行多参数入参（为查询方法定义 3 个入参）。完成编码之后，运行测试类，直接传入多个参数的做法是否会报错？若报错，该如何处理？留待后续讲解。

任务 2　实现增删改操作

关键步骤如下。

➢ 使用 insert 元素实现用户表的增加。

➢ 使用 update 元素实现根据用户 id 修改用户信息。

➢ 使用 @Param 注解实现多参数入参。

➢ 使用 delete 元素实现根据用户 id 删除用户。

2.2.1　增加操作

MyBatis 实现增加操作，使用的是 insert 元素来映射插入语句。具体的用法很简单，下面通过用户表的增加操作示例来演示具体用法，首先在 UserMapper 接口里增加 add()

方法。

```
public int add(User user);
```

要插入的 User 对象作为入参，返回值为 int 类型，即返回执行 SQL 语句影响的行数。修改 UserMapper.xml，增加插入语句，关键代码如示例 11 所示。

示例 11

```
<!-- 增加用户 -->
<insert id="add" parameterType="User">
    insert into smbms_user (userCode,userName,userPassword,gender,birthday,
                    phone,address,userRole,createdBy,creationDate)
        values (#{userCode},#{userName},#{userPassword},#{gender},
                #{birthday},#{phone},#{address},#{userRole},
                #{createdBy},#{creationDate})
</insert>
```

insert 元素包括如下属性。

- id：与 select 元素的 id 一样，是命名空间中唯一的标识符，可以被用来引用该条语句。
- parameterType：与 select 元素的 parameterType 一样，是传入参数的类型的完全限定名或别名。别名的含义和用法见 select 元素中的解释。

对于增删改（insert、update、delete）这类数据库更新操作，需要注意两点：

（1）该类型的操作本身默认返回执行 SQL 语句影响的行数，所以 DAO 层的接口方法的返回值一般设置为 int 类型。最好不要返回 boolean 类型。

（2）insert、update、delete 元素中均没有 resultType 属性，只有查询操作需要对返回结果的类型（resultType/resultMap）进行相应的指定。

接下来修改测试类 UserMapperTest.java，增加 testAdd() 方法，进行插入数据测试，并开启事务控制，模拟异常，若发生异常，则回滚以测试事务。关键代码如示例 12 所示。

示例 12

```
@Test
public void testAdd(){
    logger.debug("testAdd !===================");
    SqlSession sqlSession = null;
    int count = 0;
    try {
        sqlSession = MyBatisUtil.createSqlSession();
        User user = new User();
        user.setUserCode("test001");
        user.setUserName(" 测试用户 001");
```

```
        user.setUserPassword("1234567");
        Date birthday =new SimpleDateFormat("yyyy-MM-dd").parse("1984-12-12");
        user.setBirthday(birthday);
        user.setAddress(" 地址测试 ");
        user.setGender(1);
        user.setPhone("13688783697");
        user.setUserRole(1);
        user.setCreatedBy(1);
        user.setCreationDate(new Date());
        count = sqlSession.getMapper(UserMapper.class).add(user);
        // 模拟异常，进行回滚
        //int i = 2/0;
        sqlSession.commit();
    } catch (Exception e) {
        // TODO: handle exception
        e.printStackTrace();
        sqlSession.rollback();
        count = 0;
    }finally{
        MyBatisUtil.closeSqlSession(sqlSession);
    }
    logger.debug("testAdd count: " + count);
}
```

之前的示例中已经用到过在 MyBatisUtil 中开启事务控制。

```
factory.openSession(false);//true 为自动提交事务
```

那么在此处测试中，当 sqlSession 执行 add() 方法之后需要进行 commit，完成数据的插入操作。若在执行的过程中抛出异常，那么就必须在 catch 中进行回滚，以此来保证数据的一致性，同时设置 count 为 0。

2.2.2 修改操作

MyBatis 实现修改操作，使用的是 update 元素来映射修改语句。具体的用法与 insert 类似，下面通过根据用户 id 修改用户信息的操作实例来演示具体用法。首先在 UserMapper 接口里增加 modify() 方法。

```
public int modify(User user);
```

要修改的 User 对象作为入参，返回值为 int 类型，即返回执行 SQL 语句影响的行数。

修改 UserMapper.xml，增加修改语句，关键代码如示例 13 所示。

示例 13

```
<!-- 修改用户 -->
<update id="modify" parameterType="User">
    update smbms_user set userCode=#{userCode},userName=#{userName},
```

```
                userPassword=#{userPassword},gender=#{gender},
                phone=#{phone}, address=#{address},
                userRole=#{userRole},modifyBy=#{modifyBy},
                modifyDate=#{modifyDate},birthday=#{birthday}
            where id = #{id}
</update>
```

update 元素的 id 和 parameterType 属性的含义与用法等同于 insert 元素中的属性用法，此处不再赘述。另外，由于是修改操作，因此更新的字段中需更新 modifyBy 和 modifyDate，而不需要更新 createBy 和 creationDate。

接下来修改测试类 UserMapperTest.java，增加 testModify 方法进行修改数据测试，并开启事务控制，模拟异常，若发生异常，则回滚以测试事务。关键代码如示例 14 所示。

示例 14

```
@Test
public void testModify(){
    logger.debug("testModify !====================");
    SqlSession sqlSession = null;
    int count = 0;
    try {
        User user = new User();
        user.setId(25);
        user.setUserCode("testmodify");
        user.setUserName(" 测试用户修改 ");
        user.setUserPassword("0000000");
        Date birthday =new SimpleDateFormat("yyyy-MM-dd").parse("1980-10-10");
        user.setBirthday(birthday);
        user.setAddress(" 地址测试修改 ");
        user.setGender(2);
        user.setPhone("13600002222");
        user.setUserRole(2);
        user.setModifyBy(1);
        user.setModifyDate(new Date());
        sqlSession = MyBatisUtil.createSqlSession();
        count = sqlSession.getMapper(UserMapper.class).modify(user);
        // 模拟异常，进行回滚
        //int i = 2/0;
        sqlSession.commit();
    } catch (Exception e) {
        // TODO Auto-generated catch block
        e.printStackTrace();
        sqlSession.rollback();
        count = 0;
    }finally{
        MyBatisUtil.closeSqlSession(sqlSession);
```

```
    }
    logger.debug("testModify count: " + count);
}
```

该测试方法与示例 12 中的 add 测试方法基本相同，只不过是调用 modify() 方法进行数据的修改，并且事务处理也与 add 的测试方法一样，此处不再赘述。

2.2.3　多参数入参

在上述示例中实现的是根据用户 id 修改用户信息操作，超市订单管理系统还有一个需求：修改个人密码。此需求也是修改操作，但是传入参数有两个：用户 id 和新密码。若按照之前封装成 User 对象的方式进行参数传递，并不是很合适，这里可以用更灵活的方式处理，即直接进行多参数入参，代码可读性高，可清晰地看出这个接口方法所需的参数是什么。

具体示例代码如下，修改 UserMapper 接口，增加修改个人密码的方法，当方法参数有多个时，每个参数前都需增加 @Param 注解：

```
public int updatePwd(@Param("id")Integer id, @Param("userPassword")String pwd);
```

使用注解 @Param 来传入多个参数，如 @Param("userPassword")String pwd，相当于将该参数 pwd 重命名为 userPassword，在映射的 SQL 中需要使用 #{ 注解名称 }，如 #{userPassword}。

下面继续修改 UserMapper.xml，增加 id 为 updatePwd 的 SQL 映射，关键代码如示例 15 所示。

示例 15

```
<!-- 修改当前用户密码 -->
<update id="updatePwd">
    update smbms_user set userPassword=#{userPassword} where id=#{id}
</update>
```

知识扩展

在前一个上机练习中，提出使用多参数入参的方式进行订单表的查询操作，若不使用 @Param 注解，则会报错，报错信息类似于 "Parameter '参数名' not found"。探究原因，需要深入 MyBatis 源码，MyBatis 的参数类型为 Map，如果使用 @Param 注解参数，那么就会记录指定的参数名为 key；如果参数前没有加 @Param，那么就会使用 "param" + 它的序号作为 Map 的 key。所以在进行多参数入参时，如果没有使用 @Param 指定参数，那么在映射的 SQL 语句中将获取不到 #{ 参数名 }，从而报错。

最后修改测试类 UserMapperTest.java，增加 testUpdatePwd 方法进行个人密码修改测试，关键代码如示例 16 所示。

示例 16

```
@Test
public void testUpdatePwd() {
    logger.debug("testUpdatePwd !===================");
    SqlSession sqlSession = null;
    String pwd = "8888888";
    Integer id = 1;
    int count = 0;
    try {
        sqlSession = MyBatisUtil.createSqlSession();
        count = sqlSession.getMapper(UserMapper.class).updatePwd(id, pwd);
        sqlSession.commit();
    } catch (Exception e) {
        // TODO Auto-generated catch block
        e.printStackTrace();
        sqlSession.rollback();
        count = 0;
    }finally{
        MyBatisUtil.closeSqlSession(sqlSession);
    }
    logger.debug("testUpdatePwd count： " + count);
}
```

在该测试方法中，不需要再封装 User 对象，直接进行两个参数的入参即可，清晰明了。

经验

在 MyBatis 中使用参数入参，何时需要封装成对象入参，何时又需要使用多参数入参？

一般情况下，超过 4 个以上的参数最好封装成对象入参（特别是在常规的增加和修改操作时，字段较多，封装成对象比较方便）。

对于参数固定的业务方法，最好使用多参数入参。因为这种方法比较灵活，代码的可读性高，可以清晰地看出接口方法中所需的参数是什么。并且对于固定的接口方法，参数一般是固定的，所以直接采用多参数入参，无需封装对象。比如修改个人密码、根据用户 id 删除用户、根据用户 id 查看用户明细，都可以采取这种入参方式。

需要注意的是，当参数为基础数据类型时，不管是多参数入参，还是单独的一个参数入参，都需要使用 @Param 注解来进行参数的传递。

2.2.4　删除操作

MyBatis 实现删除操作是使用 delete 元素来映射删除语句，具体的用法与 insert、update 类似。下面通过根据用户 id 删除用户的操作示例来演示具体用法，首先在 UserMapper 接口中增加 delete 方法：

```
public int deleteUserById(@Param("id")Integer delId);
```

参数：delId（用户 id），使用 @Param 注解来指定参数名为 id，返回值为 int 类型，即返回执行 SQL 语句影响的行数。

修改 UserMapper.xml，增加删除语句，关键代码如示例 17 所示。

示例 17

```
<!-- 根据 userId 删除用户信息 -->
<delete id="deleteUserById" parameterType="Integer">
    delete from smbms_user where id=#{id}
</delete>
```

delete 元素的 id 和 parameterType 属性的含义与用法等同于 insert 和 update 元素中的属性用法，此处不再赘述。

接下来修改测试类 UserMapperTest.java，增加 testDeleteUserById 方法，进行删除数据测试，并开启事务控制，模拟异常，若发生异常，则回滚以测试事务。关键代码如示例 18 所示。

示例 18

```
@Test
public void testDeleteUserById() {
    logger.debug("testDeleteUserById !===================");
    SqlSession sqlSession = null;
    Integer delId = 25;
    int count = 0;
    try {
      sqlSession = MyBatisUtil.createSqlSession();
      count = sqlSession.getMapper(UserMapper.class).deleteUserById(delId);
      sqlSession.commit();
    } catch (Exception e) {
      // TODO Auto-generated catch block
      e.printStackTrace();
      sqlSession.rollback();
      count = 0;
    }finally{
      MyBatisUtil.closeSqlSession(sqlSession);
    }
    logger.debug("testDeleteUserById count: " + count);
}
```

该测试方法与上一个示例的测试方法基本相同，只不过是调用相应的 deleteUserById() 方法进行数据的删除，并且事务处理也与上一个测试方法一样，此处不再赘述。

技能训练

上机练习 2——在超市订单管理系统中实现对供应商表的增、删、改操作

需求说明

（1）在前面练习的基础上，实现供应商表的增加。

（2）实现根据供应商 id 修改供应商信息。

（3）实现根据供应商 id 删除供应商信息。

提示

（1）增加和修改供应商。

➢ 使用 insert 元素和 update 元素。

➢ parameterType：Java 实体类 Provider。

➢ DAO 层接口方法的返回类型：int。

注意：createBy 和 creationDate、modifyDate 和 modifyBy 这四个字段应根据方法是增加或者修改来灵活操作。

（2）删除供应商。

➢ 使用 delete 元素。

➢ 使用 @Param 注解参数。

➢ DAO 层接口方法的返回类型：int。

任务 3 实现高级结果映射

关键步骤如下。

➢ 使用 association 实现根据用户角色 id 获取该角色下的用户列表。

➢ 使用 collection 实现获取指定用户的相关信息和地址列表。

2.3.1 resultMap 的配置

在讲解使用 resultMap 实现高级结果映射之前，先回顾之前学习的 resultMap 元素的基本配置项。

1. 属性

➢ id：resultMap 的唯一标识。

➢ type：表示该 resultMap 的映射结果类型（通常是 Java 实体类）。

2. **子节点**

➢ id：一般对应数据库中该行的主键 id，设置此项可以提升 MyBatis 性能。

➢ result：映射到 JavaBean 的某个"简单类型"属性，如基础数据类型、包装类等。

子节点 id 和 result 均可实现最基本的结果集映射，将列映射到简单数据类型的属性。这两者的唯一不同是：在比较对象实例时，id 将作为结果集的标识属性。这有助于提高总体性能，特别是在应用缓存和嵌套结果映射的时候。而若要实现高级结果映射，就需要学习下面两个配置项：association 和 collection。

2.3.2 使用 association 处理一对一关联关系

association：映射到 JavaBean 的某个"复杂类型"属性，比如 JavaBean 类，即 JavaBean 内部嵌套一个复杂数据类型（JavaBean）属性，这种情况就属于复杂类型的关联。需要注意：association 仅处理一对一的关联关系。

下面通过一个示例来演示 association 的具体应用，示例需求：根据用户角色 id 获取该角色下的用户列表。

首先修改 User 类，增加角色属性（Role role），并增加其相应的 getter 和 setter 方法；注释掉用户角色名称属性（String userRoleName），并注释掉其 getter 和 setter 方法，关键代码如示例 19 所示。

使用 association 处理一对一关联关系

示例 19

```
public class User {
    private Integer id;                    //id
    private String userCode;               // 用户编码
    private String userName;               // 用户名称
    private String userPassword;           // 用户密码
    private Integer gender;                // 性别
    private Date birthday;                 // 出生日期
    private String phone;                  // 电话
    private String address;                // 地址
    private Integer userRole;              // 用户角色 id
    private Integer createdBy;             // 创建者
    private Date creationDate;             // 创建时间
    private Integer modifyBy;              // 更新者
    private Date modifyDate;               // 更新时间
    private Integer age;                   // 年龄
    //private String userRoleName;         // 用户角色名称
    private Role role;                     // 用户角色
    // 省略 getter 和 setter 方法
}
```

通过以上改造，我们的 JavaBean——User 对象内部嵌套了一个复杂数据类型的属性：role。接下来在 UserMapper 接口里增加根据角色 id 获取用户列表的方法，代码如下：

```
public List<User> getUserListByRoleId(@Param("userRole")Integer roleId);
```

修改对应 UserMapper.xml，增加 getUserListByRoleId，该 select 查询语句返回类型为 resultMap，外部引用的 resultMap 的类型为 User。由于 User 对象内嵌 JavaBean 对象（Role），因此需要使用 association 来实现结果映射。关键代码如示例 20 所示。

示例 20

```
<resultMap type="User" id="userRoleResult">
    <id property="id" column="id"/>
    <result property="userCode" column="userCode" />
    <result property="userName" column="userName" />
    <result property="userRole" column="userRole" />
    <association property="role" javaType="Role" >
        <id property="id" column="r_id"/>
        <result property="roleCode" column="roleCode"/>
        <result property="roleName" column="roleName"/>
    </association>
</resultMap>
<select id="getUserListByRoleId"
parameterType="Integer" resultMap="userRoleResult">
    select u.*,r.id as r_id,r.roleCode,r.roleName
        from smbms_user u,smbms_role r
        where u.userRole = #{userRole} and u.userRole = r.id
</select>
```

从上述代码来简单分析 association 的属性。

- javaType：完整 Java 类名或者别名。若映射到一个 JavaBean，则 MyBatis 会自行检测到其类型；若映射到一个 HashMap，则应该明确指定 javaType，来确保所需行为。此处为 Role。
- property：映射数据库列的实体对象的属性。此处为 User 里定义的属性 role。

association 的 result 子元素的属性如下。

- property：映射数据库列的实体对象的属性。此处为 Role 的属性。
- column：数据库列名或别名。

在做结果映射的过程中，要确保所有的列名都是唯一且无歧义的。

注意

id 子元素在嵌套结果映射中扮演了非常重要的角色，应该指定一个或者多个属性来唯一标识这个结果集。实际上，即便没有指定 id，MyBatis 也会工作，但是会导致严重的性能开销，所以选择尽量少的属性来唯一标识结果，使用主键或者联合主键均可。

最后修改测试类 UserMapperTest.java，增加测试方法，关键代码如示例 21 所示。

示例 21

```
@Test
public void getUserListByRoleIdTest(){
    SqlSession sqlSession = null;
    List<User> userList = new ArrayList<User>();
    Integer roleId = 3;
    try {
        sqlSession = MyBatisUtil.createSqlSession();
        userList=
        sqlSession.getMapper(UserMapper.class).getUserListByRoleId(roleId);
    } catch (Exception e) {
        // TODO: handle exception
        e.printStackTrace();
    }finally{
        MyBatisUtil.closeSqlSession(sqlSession);
    }
    logger.debug("getUserListByRoleIdTest userList.size:" + userList.size());
    for(User user:userList){
        logger.debug("userList =====> userName: " + user.getUserName()
                    + ", Role: "+ user.getRole().getId()
                    + " --- " + user.getRole().getRoleCode()
                    +" --- " + user.getRole().getRoleName());
    }
}
```

在测试方法中调用 getUserListByRoleId() 方法获取 userList，并进行结果输出，关键是映射的用户角色相关信息。

通过上面的示例，我们了解了 association 的基本用法以及适用场景，现在再思考一个问题：上一个例子中使用“userRoleResult”联合一个 association 的结果映射来加载 User 实例，那么 association 的 role 结果映射是否可复用？

答案是肯定的。association 提供了另一个属性：resultMap。通过这个属性可以扩展一个 resultMap 来进行联合映射，这样就可以使 role 结果映射重复使用。当然，若不需要复用，也可按照之前的写法，直接嵌套这个联合结果映射，如何使用要根据具体业务而定。下面就来改造刚才的示例，使用 resultMap 完成 association 的 role 映射结果的复用。

修改 UserMapper.xml，增加 resultMap 来完成 role 的结果映射，association 增加属性 resultMap 来引用外部的“roleResult”，关键代码如示例 22 所示。

示例 22

```
<resultMap type="User" id="userRoleResult">
    <id property="id" column="id"/>
    <result property="userCode" column="userCode"/>
```

```
        <result property="userName" column="userName"/>
        <result property="userRole" column="userRole"/>
        <association property="role" javaType="Role" resultMap="roleResult"/>
    </resultMap>
    <resultMap type="Role" id="roleResult">
        <id property="id" column="r_id"/>
        <result property="roleCode" column="roleCode"/>
        <result property="roleName" column="roleName"/>
    </resultMap>
    <select id="getUserListByRoleId"
    parameterType="Integer" resultMap="userRoleResult">
        select u.*,r.id as r_id,r.roleCode,r.roleName
                from smbms_user u,smbms_role r
                where u.userRole = #{userRole} and u.userRole = r.id
    </select>
```

在上述代码中，把之前的角色结果映射代码抽取出来放在一个 resultMap 中，然后设置了 association 的 resultMap 属性来引用外部的“roleResult”。这样做就可以达到复用的效果，并且整体的结构较为清晰明了，特别适合 association 的结果映射比较多的情况。

association 用于处理一对一的关联关系，对于一对多的关联关系的处理，则需要 collection 元素来实现。

2.3.3 使用 collection 处理一对多关联关系

collection 元素的作用和 association 元素的作用差不多。事实上，它们非常类似，collection 也是映射到 JavaBean 的某个“复杂类型”属性，只不过这个属性是一个集合列表，即 JavaBean 内部嵌套一个复杂数据类型（集合）属性。和 association 元素一样，我们使用嵌套查询，或者从连接中嵌套结果集。

使用 collection 处理一对多关联关系

下面通过一个示例来演示 collection 的具体应用，示例需求：获取指定用户的相关信息和地址列表。

首先需要创建 POJO：Address.java，根据数据库表（smbms_address）设计相应的属性，并增加 getter 和 setter 方法，关键代码如示例 23 所示。

示例 23

```
public class Address {
    private Integer id;                 // 主键 ID
    private String postCode;            // 邮编
    private String contact;             // 联系人
    private String addressDesc;         // 地址
    private String tel;                 // 联系电话
    private Integer createdBy;          // 创建者
```

```
    private Date creationDate;          // 创建时间
    private Integer modifyBy;           // 更新者
    private Date modifyDate;            // 更新时间
    private Integer userId;             // 用户 ID
    // 省略 getter 和 setter 方法
}
```

然后修改 User 类，增加地址列表属性（List<Address> addressList），并增加相应的 getter 和 setter 方法，代码如下：

```
private List<Address> addressList;          // 用户地址列表
```

通过以上改造，我们的 JavaBean：User 对象内部嵌套了一个复杂数据类型的属性 addressList。接下来在 UserMapper 接口中增加根据用户 id 获取用户信息以及地址列表的方法，代码如下：

```
public List<User> getAddressListByUserId(@Param("id")Integer userId);
```

对应修改 UserMapper.xml，增加 getAddressListByUserId，该 select 查询语句返回类型为 resultMap，并且引用外部的 resultMap 类型为 User。由于 User 对象内嵌集合对象（addressList），因此需要使用 collection 来实现结果映射。关键代码如示例 24 所示。

示例 24

```
<resultMap type="User" id="userAddressResult">
    <id property="id" column="id"/>
    <result property="userCode" column="userCode"/>
    <result property="userName" column="userName"/>
    <collection property="addressList" ofType="Address">
        <id property="id" column="a_id"/>
        <result property="postCode" column="postCode"/>
        <result property="tel" column="tel"/>
        <result property="contact" column="contact"/>
        <result property="addressDesc" column="addressDesc"/>
    </collection>
</resultMap>
<select id="getAddressListByUserId" 、
parameterType="Integer" resultMap="userAddressResult">
    select u.*,a.id as a_id,a.contact,a.addressDesc,a.postCode,a.tel
        from smbms_user u,smbms_address a
        where u.id = a.userId and u.id=#{id}
</select>
```

根据上述代码，简单分析 collection 的属性。

- ofType：完整 Java 类名或者别名，即集合所包含的类型。此处为 Address。
- property：映射数据库列的实体对象的属性。此处为 User 里定义的属性

addressList。

对于 collection 的这段代码：

```
<collection property="addressList" ofType="Address">
......
</collection>
```

可以理解为：一个名为 addressList、元素类型为 Address 的 ArrayList 集合。

collection 的子元素与 association 基本一致，此处不再赘述。

最后修改测试类 UserMapperTest.java，增加测试方法，关键代码如示例 25 所示。

示例 25

```
@Test
public void getAddressListByUserIdTest(){
    SqlSession sqlSession = null;
    List<User> userList = new ArrayList<User>();
    Integer userId = 1;
    try {
      sqlSession = MyBatisUtil.createSqlSession();
      userList=
      sqlSession.getMapper(UserMapper.class).getAddressListByUserId(userId);
    } catch (Exception e) {
      // TODO: handle exception
      e.printStackTrace();
    }finally{
      MyBatisUtil.closeSqlSession(sqlSession);
    }
    for(User user:userList){
      logger.debug("userList(include:addresslist) =====> userCode: "
                  + user.getUserCode() + ", userName: " + user.getUserName());
      for(Address address : user.getAddressList()){
        logger.debug("address ----> id: " + address.getId()
                    + ", contact: " + address.getContact()
                    + ", addressDesc: " + address.getAddressDesc()
                    + ", tel: " + address.getTel()
                    + ", postCode: " + address.getPostCode());
      }
    }
}
```

在测试方法中调用 getAddressListByUserId() 方法获取 userList，并进行结果输出，关键是映射的用户地址列表的相关信息，需要进一步循环 addressList 输出。

当然，通过之前学习 association，我们就可以想到例子中的 collection 结果映射可以复用。提取相应代码到一个 resultMap 中，给 collection 增加 resultMap 属性进行外部引用，具体代码如示例 26 所示。

示例 26

```
<resultMap type="User" id="userAddressResult">
    <id property="id" column="id"/>
    <result property="userCode" column="userCode"/>
    <result property="userName" column="userName"/>
    <collection property="addressList"
    ofType="Address" resultMap="addressResult"/>
</resultMap>
<resultMap type="Address" id="addressResult">
    <id property="id" column="a_id"/>
    <result property="postCode" column="postCode"/>
    <result property="tel" column="tel"/>
    <result property="contact" column="contact"/>
    <result property="addressDesc" column="addressDesc"/>
</resultMap>
<select id="getAddressListByUserId"
parameterType="Integer" resultMap="userAddressResult">
    select u.*,a.id as a_id,a.contact,a.addressDesc,a.postCode,a.tel
            from smbms_user u LEFT JOIN smbms_address a ON u.id = a.userId
            where u.id=#{id}
</select>
```

通过上述代码不难看出，这和 association 元素的 resultMap 属性的用法基本是一样的，在此不再赘述。

技能训练

上机练习 3——在超市订单管理系统中使用 association 实现订单表的查询操作

需求说明

（1）在上机练习 2 的基础上，实现按条件查询订单表，查询条件如下。

- 商品名称（模糊查询）。
- 供应商（供应商 id）。
- 是否付款。

（2）查询结果列显示：订单编码、商品名称、供应商编码、供应商名称、供应商联系人、供应商联系电话、订单金额、是否付款。

（3）resultMap 中使用 association 子元素完成内部嵌套。

提示

（1）修改 Bill 类，增加复杂类型属性：Provider provider。

（2）编写 SQL 查询语句（联表查询）。

（3）创建 resultMap 自定义映射结果，并在 select 中引用。

上机练习 4——在超市订单管理系统中使用 collection 获取供应商及其订单列表

需求说明

（1）在上机练习 3 的基础上，根据指定的供应商（id）查询其相关信息及其所有的订单列表。

（2）查询结果列显示：供应商 id、供应商编码、供应商名称、供应商联系人、供应商联系电话、订单列表信息（订单编码、商品名称、订单金额、是否付款）。

（3）resultMap 中使用 collection 子元素完成内部嵌套。

提示

（1）修改 Provider 类，增加集合类型属性：List<Bill> billList。

（2）编写 SQL 查询语句（联表查询）。

（3）创建 resultMap 自定义映射结果，并在 select 中引用。

任务 4 配置 resultMap 自动映射级别和 MyBatis 缓存

关键步骤如下。

- 配置 resultMap 的自动映射级别。
- 了解 MyBatis 缓存的配置方法。

2.4.1 resultMap 自动映射级别

在前面已经介绍过关于 resultMap 自动映射级别的相关知识，本节我们继续深入讨论 MyBatis 设置 resultMap 的自动映射级别的问题。

首先在示例 26（获取指定用户的相关信息和地址列表）基础上进行一个测试，先回顾 UserMapper.xml 的代码片段：

```
<resultMap type="User" id="userAddressResult">
    <id property="id" column="id"/>
    <result property="userCode" column="userCode"/>
    <result property="userName" column="userName"/>
    <collection property="addressList"
    ofType="Address" resultMap="addressResult"/>
</resultMap>
<resultMap type="Address" id="addressResult">
    <id property="id" column="a_id"/>
    <result property="postCode" column="postCode"/>
    <result property="tel" column="tel"/>
```

```
    <result property="contact" column="contact"/>
    <result property="addressDesc" column="addressDesc"/>
</resultMap>
<select id="getAddressListByUserId"
parameterType="Integer" resultMap="userAddressResult">
    select u.*,a.id as a_id,a.contact,a.addressDesc,a.postCode,a.tel
            from smbms_user u LEFT JOIN smbms_address a ON u.id = a.userId
            where u.id=#{id}
</select>
```

从上述代码中可以看到，User 类中的 userPassword 属性和 Address 类中的 userId 属性均未在 resultMap 中进行匹配映射。现修改测试方法 getAddressListByUserIdTest 的代码，输出未做匹配映射的属性值，关键代码如示例 27 所示。

示例 27

```
@Test
public void getAddressListByUserIdTest(){
    SqlSession sqlSession = null;
    User user = null;
    Integer userId = 1;
    try {
      sqlSession = MyBatisUtil.createSqlSession();
      user
      =sqlSession.getMapper(UserMapper.class).getAddressListByUserId(userId);
    } catch (Exception e) {
      // TODO: handle exception
      e.printStackTrace();
    }finally{
      MyBatisUtil.closeSqlSession(sqlSession);
    }
    if(null != user){
      logger.debug("userList(include:addresslist)===>userCode:"
              +user.getUserCode()+ ", userName: " + user.getUserName()
              +", < 未做映射字段 >userPassword: " + user.getUserPassword());
      if(user.getAddressList().size() > 0){
        for(Address address : user.getAddressList()){
            logger.debug("address ----> id: " + address.getId()
                        + ", contact: " + address.getContact()
                        + ", addressDesc: " + address.getAddressDesc()
                        + ", tel: " + address.getTel()
                        + ", postCode: " + address.getPostCode()
                        +", < 未做映射字段 >userId: "+address.getUserId());
        }
      }else{
        logger.debug(" 该用户下无地址列表！ ");
```

```
        }
    }else{
        logger.debug(" 查无此用户！ ");
    }
}
```

运行测试方法，输出结果如图 2.4 所示。

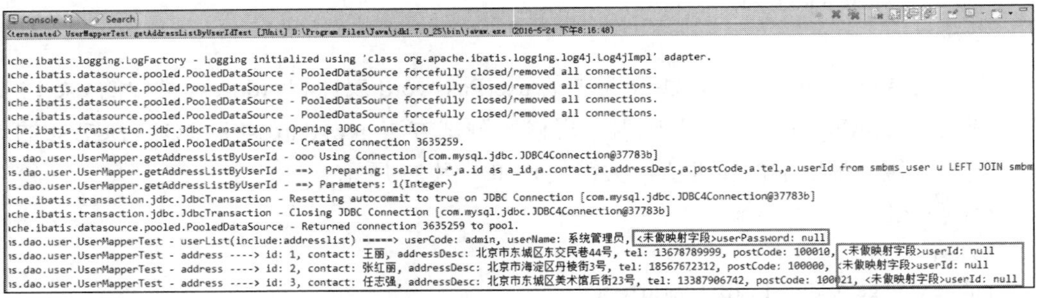

```
Console ⊠   Search
<terminated> UserMapperTest.getAddressListByUserIdTest [JUnit] D:\Program Files\Java\jdk1.7.0_25\bin\javaw.exe (2016-5-24 下午8:16:48)

iche.ibatis.logging.LogFactory - Logging initialized using 'class org.apache.ibatis.logging.log4j.Log4jImpl' adapter.
iche.ibatis.datasource.pooled.PooledDataSource - PooledDataSource forcefully closed/removed all connections.
iche.ibatis.datasource.pooled.PooledDataSource - PooledDataSource forcefully closed/removed all connections.
iche.ibatis.datasource.pooled.PooledDataSource - PooledDataSource forcefully closed/removed all connections.
iche.ibatis.datasource.pooled.PooledDataSource - PooledDataSource forcefully closed/removed all connections.
iche.ibatis.transaction.jdbc.JdbcTransaction - Opening JDBC Connection
iche.ibatis.datasource.pooled.PooledDataSource - Created connection 3635259.
is.dao.user.UserMapper.getAddressListByUserId - ooo Using Connection [com.mysql.jdbc.JDBC4Connection@37783b]
is.dao.user.UserMapper.getAddressListByUserId - ==>  Preparing: select u.*,a.id as a_id,a.contact,a.addressDesc,a.postCode,a.tel,a.userId from smbms_user u LEFT JOIN smbm
is.dao.user.UserMapper.getAddressListByUserId - ==> Parameters: 1(Integer)
iche.ibatis.transaction.jdbc.JdbcTransaction - Resetting autocommit to true on JDBC Connection [com.mysql.jdbc.JDBC4Connection@37783b]
iche.ibatis.transaction.jdbc.JdbcTransaction - Closing JDBC Connection [com.mysql.jdbc.JDBC4Connection@37783b]
iche.ibatis.datasource.pooled.PooledDataSource - Returned connection 3635259 to pool.
is.dao.user.UserMapperTest - userList(include:addresslist) =====> userCode: admin, userName: 系统管理员, <未做映射字段>userPassword: null
is.dao.user.UserMapperTest - address ----> id: 1, contact: 王丽, addressDesc: 北京市东城区东交民巷44号, tel: 13678789999, postCode: 100010, <未做映射字段>userId: null
is.dao.user.UserMapperTest - address ----> id: 2, contact: 张红丽, addressDesc: 北京市海淀区丹棱街3号, tel: 18567672312, postCode: 100000, <未做映射字段>userId: null
is.dao.user.UserMapperTest - address ----> id: 3, contact: 任志强, addressDesc: 北京市东城区美术馆后街23号, tel: 13387906742, postCode: 100021, <未做映射字段>userId: null
```

图 2.4　resultMap（collection）输出结果

观察输出结果，发现当没有设置 autoMappingBehavior 的时候，也就是默认情况下（PARTIAL），若是普通数据类型的属性，会自动匹配，这在示例 10 中已经提到过。但若是有内部嵌套（association 或者 collection），那么输出结果就是 null（如图中的 userPassword 和 userId），也就是说它不会自动匹配，除非手工设置 autoMappingBehavior 的 value 为 FULL（自动匹配所有）。修改 mybatis-config.xml 代码如下：

```
<settings>
    <!-- 设置 resultMap 的自动映射级别为 FULL( 自动匹配所有 ) -->
    <setting name="autoMappingBehavior" value="FULL" />
</settings>
```

修改完成之后再运行测试方法，输出结果如图 2.5 所示。

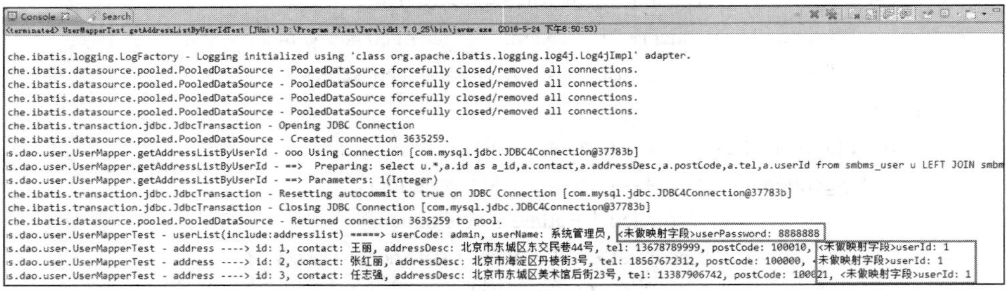

```
Console ⊠   Search
<terminated> UserMapperTest.getAddressListByUserIdTest [JUnit] D:\Program Files\Java\jdk1.7.0_25\bin\javaw.exe (2016-5-24 下午8:50:53)

che.ibatis.logging.LogFactory - Logging initialized using 'class org.apache.ibatis.logging.log4j.Log4jImpl' adapter.
che.ibatis.datasource.pooled.PooledDataSource - PooledDataSource forcefully closed/removed all connections.
che.ibatis.datasource.pooled.PooledDataSource - PooledDataSource forcefully closed/removed all connections.
che.ibatis.datasource.pooled.PooledDataSource - PooledDataSource forcefully closed/removed all connections.
che.ibatis.datasource.pooled.PooledDataSource - PooledDataSource forcefully closed/removed all connections.
che.ibatis.transaction.jdbc.JdbcTransaction - Opening JDBC Connection
che.ibatis.datasource.pooled.PooledDataSource - Created connection 3635259.
s.dao.user.UserMapper.getAddressListByUserId - ooo Using Connection [com.mysql.jdbc.JDBC4Connection@37783b]
s.dao.user.UserMapper.getAddressListByUserId - ==>  Preparing: select u.*,a.id as a_id,a.contact,a.addressDesc,a.postCode,a.tel,a.userId from smbms_user u LEFT JOIN smbm
s.dao.user.UserMapper.getAddressListByUserId - ==> Parameters: 1(Integer)
che.ibatis.transaction.jdbc.JdbcTransaction - Resetting autocommit to true on JDBC Connection [com.mysql.jdbc.JDBC4Connection@37783b]
che.ibatis.transaction.jdbc.JdbcTransaction - Closing JDBC Connection [com.mysql.jdbc.JDBC4Connection@37783b]
che.ibatis.datasource.pooled.PooledDataSource - Returned connection 3635259 to pool.
s.dao.user.UserMapperTest - userList(include:addresslist) =====> userCode: admin, userName: 系统管理员, <未做映射字段>userPassword: 8888888
s.dao.user.UserMapperTest - address ----> id: 1, contact: 王丽, addressDesc: 北京市东城区东交民巷44号, tel: 13678789999, postCode: 100010, <未做映射字段>userId: 1
s.dao.user.UserMapperTest - address ----> id: 2, contact: 张红丽, addressDesc: 北京市海淀区丹棱街3号, tel: 18567672312, postCode: 100000, <未做映射字段>userId: 1
s.dao.user.UserMapperTest - address ----> id: 3, contact: 任志强, addressDesc: 北京市东城区美术馆后街23号, tel: 13387906742, postCode: 100021, <未做映射字段>userId: 1
```

图 2.5　resultMap（collection）输出结果（修改自动映射级别为 FULL）

观察输出结果，发现 autoMappingBehavior 的 value 设置为 FULL（自动匹配所有属性）之后，未作映射的字段 userPassword 和 userId 均有值输出。

由以上示例，可以认识到 MyBatis 对 resultMap 自动映射的三个匹配级别：

- NONE：禁止自动匹配。
- PARTIAL（默认）：自动匹配所有属性，有内部嵌套（association、collection）的除外。
- FULL：自动匹配所有属性。

2.4.2　MyBatis 缓存

正如大多数持久化框架一样，MyBatis 提供了对一级缓存和二级缓存的支持。

1. **一级缓存**

一级缓存是基于 PerpetualCache（MyBatis 自带）的 HashMap 本地缓存，作用范围为 session 域内，当 session flush 或者 close 之后，该 session 中所有的 cache 就会被清空。

2. **二级缓存**

二级缓存就是 global caching，它超出 session 范围之外，可以被所有 SqlSession 共享，开启它只需要在 MyBatis 的核心配置文件（mybatis-config.xml）的 settings 中设置即可。

一级缓存缓存的是 SQL 语句，二级缓存缓存的是结果对象。

3. **二级缓存的配置**

（1）MyBatis 的全局 cache 配置，需要在 mybatis-config.xml 的 settings 中设置，代码如下：

```
<settings>
    <setting name="cacheEnabled" value="true"/>
</settings>
```

（2）在 mapper 文件（如 UserMapper.xml）中设置缓存，默认情况下是未开启缓存的。需要注意的是，global caching 的作用域是针对 mapper 的 namespace 而言的，即只有在此 namespace 内（cn.smbms.dao.user.UserMapper）的查询才能共享这个 cache，代码如下：

```
<mapper namespace="cn.smbms.dao.user.UserMapper">
    < !-- cache 配置 -->
    <cache
        eviction="FIFO"
        flushInterval="60000"
        size="512"
        readOnly="true"/>
    ……
</mapper>
```

（3）在 mapper 文件配置支持 cache 后，如果需要对个别查询进行调整，可以单独设置 cache，代码如下：

```
<select id="getUserList" resultType="User"  useCache="true">
```

```
……
</select>
```

对于 MyBatis 缓存的内容仅做了解即可，因为面对一定规模的数据量，内置的 Cache 方式就派不上用场了；况且对查询结果集做缓存并不是 MyBatis 框架擅长的，它擅长做的应该是 SQL 映射。所以采用 OSCache、Memcached 等专门的缓存服务器来处理缓存更为合理。

本章总结

- MyBatis 的 SQL 映射文件提供 select、insert、update、delete 等元素来实现 SQL 语句的映射。
- SQL 映射文件的根节点是 mapper 元素，需要指定 namespace 来区别于其他的 mapper，保证全局唯一；并且其名称必须跟接口同名，作用是绑定 DAO 接口，即面向接口编程。
- SQL 映射文件的 select 返回结果类型的映射可以使用 resultMap 或 resultType，但不能同时使用。
- MyBatis 的 SQL 语句参数入参，对于基础数据类型的参数数据，使用 @Param 注解实现参数入参；对于复杂数据类型的参数数据，直接入参即可。
- resultMap 的 association 和 collection 可以实现高级结果映射。

本章练习

1. 列举 SQL 映射文件下的几个顶级元素。
2. 简述 resultType 和 resultMap 的区别和具体的应用场景。
3. MyBatis 多参数入参如何处理？有几种方式可以实现？
4. 在超市订单管理系统中实现对角色表（smbms_role）的增删改查操作，具体要求：

（1）实现角色信息的增加操作。

（2）实现根据角色 id 修改角色信息的操作。

（3）实现根据角色 id 删除角色信息的操作（注意：删除角色之前，需要先判断该角色下是否有用户信息。若有，需要先删除该角色下的用户信息，再删除该角色；若无，直接删除该角色信息）。

（4）实现根据角色名称模糊查询角色信息列表的操作。

第 3 章

动态 SQL

技能目标

❖ 熟练掌握动态 SQL 的运用

本章任务

学习本章，读者需要完成以下 4 个任务。记录学习过程中遇到的问题，并通过自己的努力或访问 kgc.cn 解决。

任务 1：实现多条件查询

任务 2：实现更新操作

任务 3：使用 foreach 完成复杂查询

任务 4：实现分页

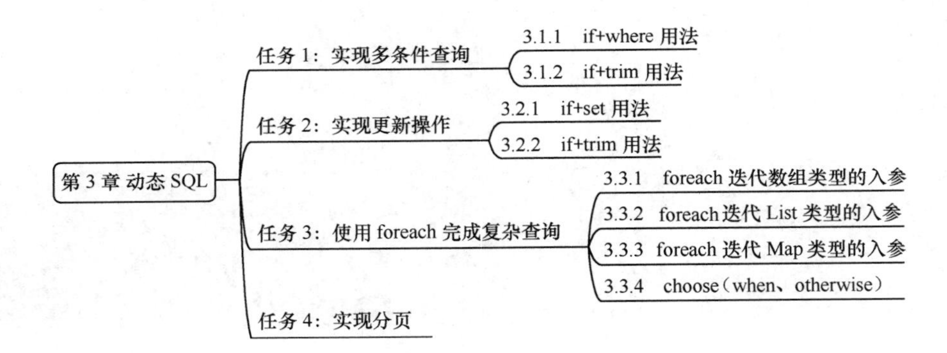

任务 1 实现多条件查询

关键步骤如下。

➢ 使用 if+where 元素实现多条件查询用户列表信息操作。

➢ 使用 if+trim 元素改造多条件查询用户列表信息操作。

动态 SQL 是 MyBatis 的一个强大特性。在使用 JDBC 操作数据时，如果查询条件特别多，将条件串联成 SQL 字符串是一件痛苦的事情。通常的解决方法是写很多的 if-else 条件语句对字符串进行拼接，并确保不能忘了空格或在字段的最后省略逗号。MyBatis 使用强大的动态 SQL 来改善这种情形。动态 SQL 是基于 OGNL 的表达式，可方便我们在 SQL 语句中实现某些逻辑。用于实现动态 SQL 的元素如下。

➢ if：利用 if 实现简单的条件选择。

➢ choose(when,otherwise)：相当于 Java 中的 switch 语句，通常与 when 和 otherwise 搭配使用。

➢ where：简化 SQL 语句中 where 的条件判断。

➢ set：解决动态更新语句。

➢ trim：可以灵活地去除多余的关键字。

➢ foreach：迭代一个集合，通常用于 in 条件。

3.1.1 if+where 用法

1. if

回顾上一章的演示示例——根据用户角色（角色 id 精确匹配）和用户名称（模糊

匹配）完成对用户表的查询操作，在示例中采用的是封装 User 对象入参的方式进行查询。通过之前的学习，我们还知道在查询条件不是很多并且较为固定的情况下，最好的解决方案是采用多参数直接入参的方式，这样代码比较清晰，可读性强，那么接下来就改造这个示例。

修改 UserMapper.java 的 getUserList() 方法，代码如示例 1 所示。

示例 1

```
public interface UserMapper {
    /**
     * 查询用户列表
     * @param userName
     * @param roleId
     * @return
     */
    public List<User> getUserList(@Param("userName")String userName,
                                  @Param("userRole")Integer roleId);
}
```

在上述代码中，参数使用了 @Param 注解，并将参数 roleId 重命名为 userRole，故 UserMapper.xml 的代码无需改造，如示例 2 所示。

示例 2

```
<select id="getUserList" resultMap="userList">
    select u.*,r.roleName from smbms_user u,smbms_role r
       where u.userName like CONCAT ('%',#{userName},'%')
             and u.userRole = #{userRole} and u.userRole = r.id
</select>
```

完成以上修改之后，运行测试类，进行相应的方法测试。首先测试两个条件均给出的情况，测试方法 testGetUserList() 的部分代码如下：

```
String userName = " 孙 ";
Integer roleId = 3;
userList=sqlSession.getMapper(UserMapper.class).getUserList(userName,roleId);
```

运行效果如图 3.1 所示。

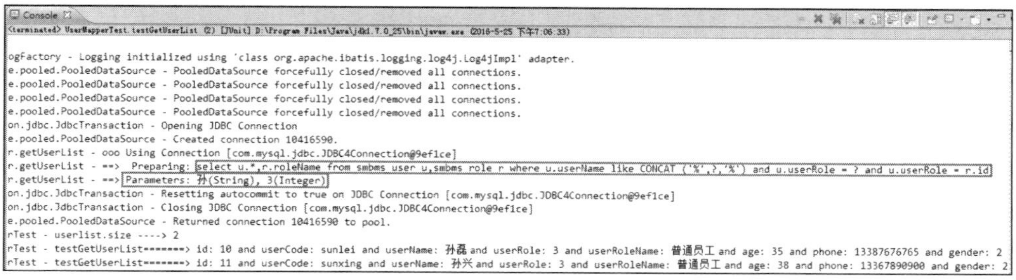

```
Console ⊠
<terminated> UserMapperTest.testGetUserList (2) [JUnit] D:\Program Files\Java\jdk1.7.0_25\bin\javaw.exe (2016-5-25 下午7:06:33)

ogFactory - Logging initialized using 'class org.apache.ibatis.logging.log4j.Log4jImpl' adapter.
e.pooled.PooledDataSource - PooledDataSource forcefully closed/removed all connections.
e.pooled.PooledDataSource - PooledDataSource forcefully closed/removed all connections.
e.pooled.PooledDataSource - PooledDataSource forcefully closed/removed all connections.
e.pooled.PooledDataSource - PooledDataSource forcefully closed/removed all connections.
on.jdbc.JdbcTransaction - Opening JDBC Connection
e.pooled.PooledDataSource - Created connection 10416590.
r.getUserList - ooo Using Connection [com.mysql.jdbc.JDBC4Connection@9ef1ce]
r.getUserList - ==>  Preparing: select u.*,r.roleName from smbms_user u,smbms_role r where u.userName like CONCAT ('%',?,'%') and u.userRole = ? and u.userRole = r.id
r.getUserList - ==> Parameters: 孙(String), 3(Integer)
on.jdbc.JdbcTransaction - Resetting autocommit to true on JDBC Connection [com.mysql.jdbc.JDBC4Connection@9ef1ce]
on.jdbc.JdbcTransaction - Closing JDBC Connection [com.mysql.jdbc.JDBC4Connection@9ef1ce]
e.pooled.PooledDataSource - Returned connection 10416590 to pool.
rTest - userlist.size ----> 2
rTest - testGetUserList=======> id: 10 and userCode: sunlei and userName: 孙磊 and userRole: 3 and userRoleName: 普通员工 and age: 35 and phone: 13387676765 and gender: 2
rTest - testGetUserList=======> id: 11 and userCode: sunxing and userName: 孙兴 and userRole: 3 and userRoleName: 普通员工 and age: 38 and phone: 13367890900 and gender: 2
```

图 3.1　多条件查询用户列表（所有条件不为空）

然后模拟用户没有输全所有条件的情况，如传入用户角色 roleId 参数为空，即只按照用户名称进行模糊查询，测试方法 testGetUserList() 的代码如示例 3 所示。

示例 3

```
@Test
public void testGetUserList(){
    SqlSession sqlSession = null;
    List<User> userList = new ArrayList<User>();
    try {
        sqlSession = MyBatisUtil.createSqlSession();
        String userName = " 孙 ";
        Integer roleId = null;
        userList=
        sqlSession.getMapper(UserMapper.class).getUserList(userName,roleId);
    } catch (Exception e) {
        // TODO: handle exception
        e.printStackTrace();
    }finally{
        MyBatisUtil.closeSqlSession(sqlSession);
    }
    logger.debug("userlist.size ----> " + userList.size());
    for(User user: userList){
        logger.debug("testGetUserList=======> id: " + user.getId() +
                        " and userCode: " + user.getUserCode() +
                        " and userName: " + user.getUserName() +
                        " and userRole: " + user.getUserRole() +
                        " and userRoleName: " + user.getUserRoleName() +
                        " and age: " + user.getAge() +
                        " and phone: " + user.getPhone() +
                        " and gender: " + user.getGender());
    }
}
```

运行后的查询结果如图 3.2 所示。

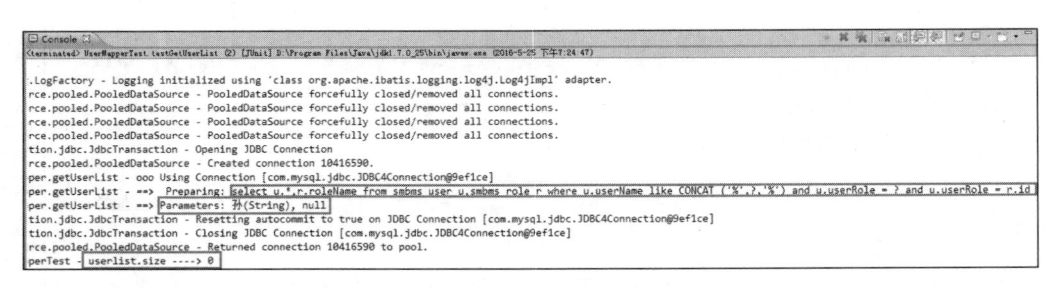

图 3.2　多条件查询用户列表（用户角色为空）

通过运行结果发现，查询出来的用户列表为空，这个查询结果是否正确？

根据控制台的输出日志信息，把日志中的 SQL 语句里的“?”分别替换成相应的参数：' 孙 '、null。拼出相应的 SQL 语句如下：

```
select u.*,r.roleName from smbms_user u,smbms_role r
        where u.userName like CONCAT ('%',' 孙 ','%')
              and u.userRole = null and u.userRole = r.id
```

在 MySQL 数据库中执行该 SQL 语句，查询结果确实为空。但是根据正确的逻辑思考，在用户没有输入用户角色的情况下，只根据用户名称进行模糊查询，结果应该是所有 userName 中含有“孙”的用户信息，SQL 语句如下：

```
select u.*,r.roleName from smbms_user u,smbms_role r
        where u.userName like CONCAT ('%',' 孙 ','%') and u.userRole = r.id
```

在 MySQL 数据库中执行后的结果如图 3.3 所示。

	id	userCode	userName	userPassword	gender	birthday	phone	address	userRole	createdBy	creationDate	modifyBy	modifyDate	roleName
☐	10	sunlei	孙磊	0000000	2	1981-01-04	13387676765	北京市朝阳区管庄新月小区12楼	3	1	2015-05-06 10:52:	(NULL)	(NULL)	普通员工
☐	11	sunxing	孙兴	0000000	2	1978-03-12	13367890900	北京市朝阳区建国门南大街10号	3	1	2016-11-09 16:51:	(NULL)	(NULL)	普通员工

图 3.3　SQL 语句执行结果

根据业务需求，这才是正确的查询结果，而示例 3 代码的运行结果并不正确。由于在进行多条件查询的时候，用户并不一定会完整地输入所有的查询条件，对于类似情况，之前示例代码的 SQL 语句存有漏洞，那么应该如何修改？

思考

对于上述示例，若查询条件中 userName 为 null，roleId 有值（如 roleId=3），则查询结果同样为空；但若查询条件中 userName 为 ""（空字符串），roleId 有值（如 roleId=3），则查询结果不为空且正确。这是什么原因导致的？

解决方案是使用动态 SQL 的 if 元素来实现多条件查询，具体做法如下。

修改 UserMapper.xml，代码如示例 4 所示。

示例 4

```
<select id="getUserList" resultMap="userList">
    select u.*,r.roleName from smbms_user u,smbms_role r where u.userRole= r.id
        <if test="userRole != null">
            and u.userRole = #{userRole}
        </if>
        <if test="userName != null and userName != ''">
            and u.userName like CONCAT ('%',#{userName},'%')
        </if>
</select>
```

在该示例中，我们改造了 SQL 语句，利用 if 元素实现简单的条件判断，if 元素的 test 属性表示进入 if 内需要满足的条件。整个 SQL 语义非常简单，若提供了 userRole 参数（满足条件 userRole!=null），那么 SQL 的 where 条件就要满足：u.userRole=#{userRole}。同样若提供了 userName 参数（满足条件 userName!=null 且 userName !=''），那么 SQL 的 where 条件就要满足：u.userName like CONCAT ('%',#{userName},'%')，最终返回满足这些 where 条件的数据列表。这是一个非常有用的功能，相比之前使用 JDBC，若要达到同样的选择效果，需要通过 if、else 语句进行 SQL 的拼接，而 MyBatis 的动态 SQL 就要简单许多。

最后运行测试方法，观察控制台输出的 SQL 语句以及查询结果，如图 3.4 所示。

从图 3.4 可以看出，控制台输出的 SQL 语句是根据 if 元素的条件判断，重新对 where 子句进行拼接而得到的，日志中的查询结果也是正确的。当然还可以测试其他多种情况，在此不再逐一演示。

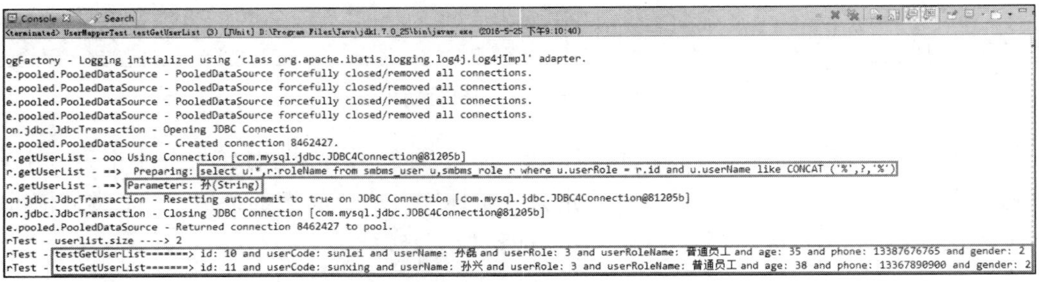

```
Console ⊠   Search
<terminated> UserMapperTest.testGetUserList (3) [JUnit] D:\Program Files\Java\jdk1.7.0_25\bin\javaw.exe (2016-5-25 下午9:10:40)

ogFactory - Logging initialized using 'class org.apache.ibatis.logging.log4j.Log4jImpl' adapter.
e.pooled.PooledDataSource - PooledDataSource forcefully closed/removed all connections.
e.pooled.PooledDataSource - PooledDataSource forcefully closed/removed all connections.
e.pooled.PooledDataSource - PooledDataSource forcefully closed/removed all connections.
e.pooled.PooledDataSource - PooledDataSource forcefully closed/removed all connections.
on.jdbc.JdbcTransaction - Opening JDBC Connection
e.pooled.PooledDataSource - Created connection 8462427.
r.getUserList - ooo Using Connection [com.mysql.jdbc.JDBC4Connection@81205b]
r.getUserList - ==>  Preparing: select u.*,r.roleName from smbms_user u,smbms_role r where u.userRole = r.id and u.userName like CONCAT ('%',?,'%')
r.getUserList - ==> Parameters: 孙(String)
on.jdbc.JdbcTransaction - Resetting autocommit to true on JDBC Connection [com.mysql.jdbc.JDBC4Connection@81205b]
on.jdbc.JdbcTransaction - Closing JDBC Connection [com.mysql.jdbc.JDBC4Connection@81205b]
e.pooled.PooledDataSource - Returned connection 8462427 to pool.
rTest - userlist.size ----> 2
rTest - testGetUserList=======> id: 10 and userCode: sunlei and userName: 孙磊 and userRole: 3 and userRoleName: 普通员工 and age: 35 and phone: 13387676765 and gender: 2
rTest - testGetUserList=======> id: 11 and userCode: sunxing and userName: 孙兴 and userRole: 3 and userRoleName: 普通员工 and age: 38 and phone: 13367890900 and gender: 2
```

图 3.4　多条件查询用户列表（用户角色为空）——if

2. where

改造上一个示例，需求仍为：根据用户名称（模糊查询）和角色 id 查询用户列表，但是用户列表不需要显示角色名称。修改示例代码，只需将 UserMapper.xml 中 getUserList 的 select 返回类型改为 resultType，并修改 SQL，代码如下：

```
<select id="getUserList" resultType="User">
    select * from smbms_user where
        <if test="userName != null and userName != ''">
            userName like CONCAT ('%',#{userName},'%')
        </if>
        <if test="userRole != null">
            and userRole = #{userRole}
        </if>
</select>
```

然后运行测试，测试方法代码片段如下：

```
String userName = "";
Integer roleId = 3;
```

```
userList = sqlSession.getMapper(UserMapper.class).getUserList(userName,roleId);
```

运行结果如图 3.5 所示。

```
### Error querying database.  Cause: com.mysql.jdbc.exceptions.jdbc4.MySQLSyntaxErrorException: You have an error in your SQL syntax;
check the manual that corresponds to your MySQL server version for the right syntax to use near 'and userRole = 3' at line 4
### The error may exist in cn/smbms/dao/user/UserMapper.xml
### The error may involve defaultParameterMap
### The error occurred while setting parameters
### SQL: select * from smbms_user where                and userRole = ?
### Cause: com.mysql.jdbc.exceptions.jdbc4.MySQLSyntaxErrorException: You have an error in your SQL syntax;
    check the manual that corresponds to your MySQL server version for the right syntax to use near 'and userRole = 3' at line 4
        at org.apache.ibatis.exceptions.ExceptionFactory.wrapException(ExceptionFactory.java:23)
        at org.apache.ibatis.session.defaults.DefaultSqlSession.selectList(DefaultSqlSession.java:107)
        at org.apache.ibatis.session.defaults.DefaultSqlSession.selectList(DefaultSqlSession.java:98)
```

图 3.5　后台报错信息 1

通过运行发现后台报错。具体的错误信息为 SQL 语句错误，即 where 子句后面多了一个“and”，那为何之前的示例代码没有出现这样的问题？这是因为之前的示例中，在该 SQL 语句的 where 子句里含有一个固定条件：u.userRole=r.id，并紧跟在 where 后面。所以当参数传入不完整时，不会因为多余的“and”而导致发生 SQL 错误。

同样对于上述示例，若不输入任何条件，即测试方法中两个参数均传入空值，正常情况下控制台应该输出所有的用户列表信息，测试方法部分代码如下：

```
String userName = "";
Integer roleId = null;
userList = sqlSession.getMapper(UserMapper.class).getUserList(userName,roleId);
```

运行结果如图 3.6 所示。

```
### Error querying database.  Cause: com.mysql.jdbc.exceptions.jdbc4.MySQLSyntaxErrorException: You have an error in your SQL syntax;
check the manual that corresponds to your MySQL server version for the right syntax to use near '' at line 1
### The error may exist in cn/smbms/dao/user/UserMapper.xml
### The error may involve defaultParameterMap
### The error occurred while setting parameters
### SQL: select * from smbms_user where
### Cause: com.mysql.jdbc.exceptions.jdbc4.MySQLSyntaxErrorException: You have an error in your SQL syntax;
    check the manual that corresponds to your MySQL server version for the right syntax to use near '' at line 1
        at org.apache.ibatis.exceptions.ExceptionFactory.wrapException(ExceptionFactory.java:23)
        at org.apache.ibatis.session.defaults.DefaultSqlSession.selectList(DefaultSqlSession.java:107)
        at org.apache.ibatis.session.defaults.DefaultSqlSession.selectList(DefaultSqlSession.java:98)
        at org.apache.ibatis.binding.MapperMethod.executeForMany(MapperMethod.java:114)
```

图 3.6　后台报错信息 2

与之前的运行结果一样，后台 SQL 语句报错，不同的是 SQL 语句没有 where 子句，却多了一个“where”，造成 SQL 错误的原因也和之前分析的一样。

综上分析，若要解决此类问题，需要智能地处理 and 和 where，动态 SQL 中的 where 元素可满足需求。

where 元素主要用来简化 SQL 语句中的 where 条件判断，并能智能地处理 and 和 or，不必担心多余关键字导致的语法错误。下面通过一个示例演示，修改 UserMapper.xml，代码如示例 5 所示。

示例 5

```
<select id="getUserList" resultType="User">
    select * from smbms_user
```

```
        <where>
            <if test="userName != null and userName != ''">
                and userName like CONCAT ('%',#{userName},'%')
            </if>
            <if test="userRole != null">
                and userRole = #{userRole}
            </if>
        </where>
</select>
```

上述代码中，where 元素标签会自动识别其标签内是否有返回值，若有，就插入一个 where。此外，若该标签返回的内容是以 and 或者 or 开头的，会自动剔除。下面根据以上两种出错情况分别进行测试。

第一种情况：参数 userName 传入空字符串（或者 null），参数 roleId 给定值，测试方法代码片段如下：

```
String userName = "";
Integer roleId = 3;
userList = sqlSession.getMapper(UserMapper.class).getUserList(userName,roleId);
```

运行结果如图 3.7 所示。

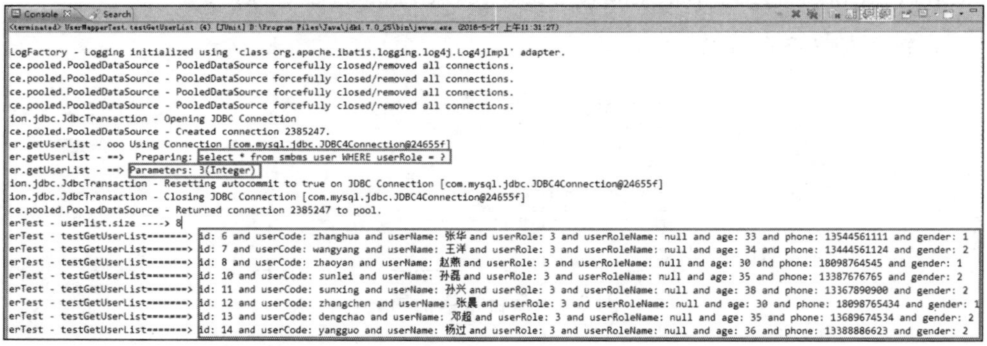

```
Console ✕  Search
<terminated> UserMapperTest.testGetUserList (4) [JUnit] D:\Program Files\Java\jdk1.7.0_25\bin\javaw.exe (2016-5-27 上午11:31:27)

LogFactory - Logging initialized using 'class org.apache.ibatis.logging.log4j.Log4jImpl' adapter.
ce.pooled.PooledDataSource - PooledDataSource forcefully closed/removed all connections.
ce.pooled.PooledDataSource - PooledDataSource forcefully closed/removed all connections.
ce.pooled.PooledDataSource - PooledDataSource forcefully closed/removed all connections.
ce.pooled.PooledDataSource - PooledDataSource forcefully closed/removed all connections.
ion.jdbc.JdbcTransaction - Opening JDBC Connection
ce.pooled.PooledDataSource - Created connection 2385247.
er.getUserList - ooo Using Connection [com.mysql.jdbc.JDBC4Connection@24655f]
er.getUserList - ==>  Preparing: select * from smbms_user WHERE userRole = ?
er.getUserList - ==> Parameters: 3(Integer)
ion.jdbc.JdbcTransaction - Resetting autocommit to true on JDBC Connection [com.mysql.jdbc.JDBC4Connection@24655f]
ion.jdbc.JdbcTransaction - Closing JDBC Connection [com.mysql.jdbc.JDBC4Connection@24655f]
ce.pooled.PooledDataSource - Returned connection 2385247 to pool.
erTest - userlist.size ----> 8
erTest - testGetUserList=======> id: 6 and userCode: zhanghua and userName: 张华 and userRole: 3 and userRoleName: null and age: 33 and phone: 13544561111 and gender: 1
erTest - testGetUserList=======> id: 7 and userCode: wangyang and userName: 王洋 and userRole: 3 and userRoleName: null and age: 34 and phone: 13444561124 and gender: 2
erTest - testGetUserList=======> id: 8 and userCode: zhaoyan and userName: 赵燕 and userRole: 3 and userRoleName: null and age: 30 and phone: 18098764545 and gender: 1
erTest - testGetUserList=======> id: 10 and userCode: sunlei and userName: 孙磊 and userRole: 3 and userRoleName: null and age: 35 and phone: 13387676765 and gender: 2
erTest - testGetUserList=======> id: 11 and userCode: sunxing and userName: 孙兴 and userRole: 3 and userRoleName: null and age: 38 and phone: 13367890900 and gender: 2
erTest - testGetUserList=======> id: 12 and userCode: zhangchen and userName: 张晨 and userRole: 3 and userRoleName: null and age: 30 and phone: 18098765434 and gender: 1
erTest - testGetUserList=======> id: 13 and userCode: dengchao and userName: 邓超 and userRole: 3 and userRoleName: null and age: 35 and phone: 13689674534 and gender: 2
erTest - testGetUserList=======> id: 14 and userCode: yangguo and userName: 杨过 and userRole: 3 and userRoleName: null and age: 36 and phone: 13388886623 and gender: 2
```

图 3.7　多条件查询用户列表（用户名称为空）——if+where

图 3.7 显示运行结果正确，控制台输出的日志中 SQL 语句根据传递的参数进行了正确拼接，where 子句里自动剔除了“and”。

第二种情况：两个参数传入的值均为空，测试方法代码片段如下：

```
String userName = "";
Integer roleId = null;
userList = sqlSession.getMapper(UserMapper.class).getUserList(userName,roleId);
```

运行结果如图 3.8 所示。

```
Console ⊠   Search
<terminated> UserMapperTest.testGetUserList (4) [JUnit] D:\Program Files\Java\jdk1.7.0_25\bin\javaw.exe (2016-5-27 上午11:29:21)

ogFactory - Logging initialized using 'class org.apache.ibatis.logging.log4j.Log4jImpl' adapter.
e.pooled.PooledDataSource - PooledDataSource forcefully closed/removed all connections.
e.pooled.PooledDataSource - PooledDataSource forcefully closed/removed all connections.
e.pooled.PooledDataSource - PooledDataSource forcefully closed/removed all connections.
e.pooled.PooledDataSource - PooledDataSource forcefully closed/removed all connections.
on.jdbc.JdbcTransaction - Opening JDBC Connection
e.pooled.PooledDataSource - Created connection 26848889.
r.getUserList - ooo Using Connection [com.mysql.jdbc.JDBC4Connection@199ae79]
r.getUserList - ==>  Preparing: select * from smbms_user
r.getUserList - ==> Parameters: 
on.jdbc.JdbcTransaction - Resetting autocommit to true on JDBC Connection [com.mysql.jdbc.JDBC4Connection@199ae79]
on.jdbc.JdbcTransaction - Closing JDBC Connection [com.mysql.jdbc.JDBC4Connection@199ae79]
e.pooled.PooledDataSource - Returned connection 26848889 to pool.
rTest - userlist.size ----> 12
rTest - testGetUserList=======> id: 1 and userCode: admin and userName: 系统管理员 and userRole: 1 and userRoleName: null and age: 33 and phone: 13688889999 and gender: 1
rTest - testGetUserList=======> id: 2 and userCode: liming and userName: 李明 and userRole: 2 and userRoleName: null and age: 33 and phone: 13688884457 and gender: 2
rTest - testGetUserList=======> id: 5 and userCode: hanlubiao and userName: 韩路彪 and userRole: 2 and userRoleName: null and age: 32 and phone: 18567542321 and gender: 2
rTest - testGetUserList=======> id: 6 and userCode: zhanghua and userName: 张华 and userRole: 3 and userRoleName: null and age: 33 and phone: 13544561111 and gender: 1
rTest - testGetUserList=======> id: 7 and userCode: wangyang and userName: 王洋 and userRole: 3 and userRoleName: null and age: 34 and phone: 13444561124 and gender: 2
rTest - testGetUserList=======> id: 8 and userCode: zhaoyan and userName: 赵燕 and userRole: 3 and userRoleName: null and age: 30 and phone: 18098764545 and gender: 1
rTest - testGetUserList=======> id: 10 and userCode: sunlei and userName: 孙磊 and userRole: 3 and userRoleName: null and age: 35 and phone: 13387676765 and gender: 2
rTest - testGetUserList=======> id: 11 and userCode: sunxing and userName: 孙兴 and userRole: 3 and userRoleName: null and age: 38 and phone: 13367890900 and gender: 2
rTest - testGetUserList=======> id: 12 and userCode: zhangchen and userName: 张晨 and userRole: 3 and userRoleName: null and age: 30 and phone: 18098765434 and gender: 1
rTest - testGetUserList=======> id: 13 and userCode: dengchao and userName: 邓超 and userRole: 3 and userRoleName: null and age: 35 and phone: 13689674534 and gender: 2
rTest - testGetUserList=======> id: 14 and userCode: yangguo and userName: 杨过 and userRole: 3 and userRoleName: null and age: 36 and phone: 13388886623 and gender: 2
rTest - testGetUserList=======> id: 15 and userCode: zhaomin and userName: 赵敏 and userRole: 2 and userRoleName: null and age: 29 and phone: 18099897657 and gender: 1
```

图 3.8　多条件查询用户列表（条件为空）——if+where

图 3.8 显示运行结果正确，控制台输出的日志中 SQL 语句同样根据传递的参数进行了正确拼接，由于此种情况下没有参数，故智能地去掉 where。

技能训练

上机练习 1——使用动态 SQL 语句 if 来改造订单表的查询操作

需求说明

（1）使用动态 SQL 完善订单表的查询功能。

（2）查询条件：

- 商品名称（模糊查询）。
- 供应商（供应商 id）。
- 是否付款。

（3）查询结果列表：订单 id、订单编码、商品名称、供应商 id、供应商名称、订单金额、是否付款、创建时间。

提示

（1）在 BillMapper.xml 中修改 SQL 语句，使用动态 SQL 的 if 元素。

（2）修改测试方法，进行多种情况的测试。

上机练习 2——使用动态 SQL 语句 if+where 来改造供应商表的查询操作

需求说明

（1）使用动态 SQL 完善供应商表的查询功能。

（2）查询条件：

- 供应商编码（模糊查询）。
- 供应商名称（模糊查询）。

（3）查询结果列表：供应商 id、供应商编码、供应商名称、联系人、联系电话、传真、创建时间。

提示

（1）在 ProviderMapper.xml 中修改 SQL 语句，使用动态 SQL 的 if 元素和 where 元素。

（2）修改测试方法，进行多种情况的测试。

3.1.2 if+trim 用法

在 MyBatis 中，除了使用 if+where 实现多条件查询，还有一个更为灵活的元素 trim 可以替代之前的做法。

trim 元素也会自动识别其标签内是否有返回值，若有返回值，则在自己包含的内容前加上某些前缀，也可在其后加上某些后缀，与之对应的属性是 prefix 和 suffix；trim 也可把包含内容首部的某些内容覆盖（即忽略），或者把尾部的某些内容覆盖，与之对应的属性是 prefixOverrides 和 suffixOverrides；正因为 trim 有这样强大的功能，我们才可以利用 trim 来替代 where 元素，并实现与 where 元素相同的效果。接下来就改造上一个示例来实现多条件用户表的查询操作。

修改 UserMapper.xml，代码如示例 6 所示。

示例 6

```
<select id="getUserList" resultType="User">
    select * from smbms_user
        <trim prefix="where" prefixOverrides="and | or">
            <if test="userName != null and userName != ''">
                and userName like CONCAT ('%',#{userName},'%')
            </if>
            <if test="userRole != null">
                and userRole = #{userRole}
            </if>
        </trim>
</select>
```

通过该示例代码，我们来了解一下 trim 的属性。

➢ prefix：前缀，作用是通过自动识别是否有返回值后，在 trim 包含的内容上加上前缀，如此处的 where。

➢ suffix：后缀，作用是在 trim 包含的内容上加上后缀。

➢ prefixOverrides：对于 trim 包含内容的首部进行指定内容（如此处的“and | or”）的忽略。

➢ suffixOverrides：对于 trim 包含内容的尾部进行指定内容的忽略。

最后运行测试方法，根据传入的不同参数，分别进行智能的 SQL 语句拼接处理，效果等同于 where 元素，此处不再赘述。

任务 2　实现更新操作

关键步骤如下。

➢ 使用 if+set 元素实现根据用户 id 进行用户信息修改操作。

➢ 使用 if+trim 元素实现根据用户 id 进行用户信息修改操作。

在上一任务中我们使用动态 SQL 实现多条件查询，对于查询条件多变的情况，动态 SQL 都可以灵活、智能地进行处理，方便开发。接下来我们学习如何使用动态 SQL 实现更新操作。

3.2.1　if+set 用法

回顾之前修改用户信息的演示示例，在该示例中，采用的是封装 User 对象入参，根据用户 id 进行用户信息修改，当操作数据的时候，每个字段都进行了赋值更新。但是在实际项目中，用户在进行信息的更新操作时，并不一定会修改所有的数据，对于用户没有修改的数据，数据库不需要进行相应的更新操作。即更新用户表数据时，若某个参数传入值为 null，不需要设置该字段。现在先测试一下之前的修改用户信息示例，观察是否满足正常的业务需求。

UserMapper.xml 中修改用户信息的代码如下：

```
<!-- 修改用户信息 -->
<update id="modify" parameterType="User">
    update smbms_user set userCode=#{userCode},userName=#{userName},
                    userPassword=#{userPassword},gender=#{gender},
                    birthday=#{birthday},phone=#{phone},
                    address=#{address},userRole=#{userRole},
                    modifyBy=#{modifyBy},modifyDate=#{modifyDate}
        where id = #{id}
</update>
```

修改测试方法，部分代码如下：

```
User user = new User();
user.setId(16);
user.setUserName(" 测试用户修改 ");
user.setAddress(" 地址测试修改 ");
user.setModifyBy(1);
user.setModifyDate(new Date());
sqlSession = MyBatisUtil.createSqlSession();
count = sqlSession.getMapper(UserMapper.class).modify(user);
```

在上述代码中，对于更新方法 modify() 的参数 User 对象，只设置了用户名称（userName）、地址（address）、更新者（modifyBy）、更新时间（modifyDate）、用户 id（id）这五个属性，即数据库只对四个字段（userName、address、modifyBy、modifyDate）进行相应更新操作。（注：用户 id 为更新的 where 条件）

运行测试之后，查询更新后的该条数据信息如图 3.9 所示。

	id	userCode	userName	userPassword	gender	birthday	phone	address	userRole	createdBy	creationDate	modifyBy	modifyDate
□	16	(NULL)	测试用户修改	(NULL)	(NULL)	(NULL)	(NULL)	地址测试修改	(NULL)	1	2016-05-27 14:59:52	1	2016-05-27 15:00:11

图 3.9　运行结果——修改用户信息

从图示发现，除了设置的四个字段被更新外，其他字段也被更新了，并且更新为 NULL。通过日志输出的 MyBatis 的 SQL 语句和参数，我们可以很清楚地知道原因，如图 3.10 所示。

```
Console ⊠   Search
<terminated> UserMapperTest testModify [JUnit] D:\Program Files\Java\jdk1.7.0_25\bin\javaw.exe (2016-5-27 下午3:00:11)
: - testModify !===================

tory - Logging initialized using 'class org.apache.ibatis.logging.log4j.Log4jImpl' adapter.
led.PooledDataSource - PooledDataSource forcefully closed/removed all connections.
led.PooledDataSource - PooledDataSource forcefully closed/removed all connections.
led.PooledDataSource - PooledDataSource forcefully closed/removed all connections.
led.PooledDataSource - PooledDataSource forcefully closed/removed all connections.
bc.JdbcTransaction - Opening JDBC Connection
led.PooledDataSource - Created connection 28119032.
ify - ooo Using Connection [com.mysql.jdbc.JDBC4Connection@1ad0ff8]
ify - ==>  Preparing: update smbms_user set userCode=?,userName=?,userPassword=?, gender=?,birthday=?,phone=?,address=?, userRole=?,modifyBy=?,modifyDate=? where id = ?
ify - ==> Parameters: null, 测试用户修改(String), null, null, null, null, 地址测试修改(String), null, 1(Integer), 2016-05-27 15:00:11.337(Timestamp), 16(Integer)
bc.JdbcTransaction - Committing JDBC Connection [com.mysql.jdbc.JDBC4Connection@1ad0ff8]
bc.JdbcTransaction - Resetting autocommit to true on JDBC Connection [com.mysql.jdbc.JDBC4Connection@1ad0ff8]
bc.JdbcTransaction - Closing JDBC Connection [com.mysql.jdbc.JDBC4Connection@1ad0ff8]
led.PooledDataSource - Returned connection 28119032 to pool.
 - testModify count: 1
```

图 3.10　后台日志信息——修改用户信息

通过日志中的 SQL 语句和参数，我们发现未被设置的参数也进行了 set 操作。那么如何解决？这就需要使用动态 SQL 中的 set 元素来处理。

set 元素主要用于更新操作，它的功能和 where 元素差不多，是在包含的语句前输出一个 set，若包含的语句是以逗号结束的，则会自动把逗号忽略掉，再配合 if 元素就可以动态地更新需要修改的字段。而不需修改的字段，则可以不更新。下面改造 UserMapper.xml 中修改用户信息的语句，代码如示例 7 所示。

示例 7

```
<!-- 修改用户信息 -->
<update id="modify" parameterType="User">
    update smbms_user
        <set>
          <if test="userCode != null">userCode=#{userCode},</if>
          <if test="userName != null">userName=#{userName},</if>
          <if test="userPassword != null">userPassword=#{userPassword},</if>
          <if test="gender != null">gender=#{gender},</if>
          <if test="birthday != null">birthday=#{birthday},</if>
          <if test="phone != null">phone=#{phone},</if>
          <if test="address != null">address=#{address},</if>
```

```
        <if test="userRole != null">userRole=#{userRole},</if>
        <if test="modifyBy != null">modifyBy=#{modifyBy},</if>
        <if test="modifyDate != null">modifyDate=#{modifyDate},</if>
    </set>
    where id = #{id}
</update>
```

在上述代码中，使用 set 标签不仅可以动态地配置 set 关键字，还可剔除追加到条件末尾的任何不相关的逗号。因为当在 update 语句中使用 if 标签，若后面的 if 没有执行，则导致在语句末尾残留多余的逗号。

运行测试方法，控制台的日志输出如图 3.11 所示。

```
Console ⊠   Search
<terminated> UserMapperTest.testModify [JUnit] D:\Program Files\Java\jdk1.7.0_25\bin\javaw.exe (2016-5-27 下午4:05:20)
16:05:20,396 cn.smbms.dao.user.UserMapperTest - testModify !===================
===========
16:05:20,551 org.apache.ibatis.logging.LogFactory - Logging initialized using 'class org.apache.ibatis.logging.log4j.Log4jImpl' adapter.
16:05:20,568 org.apache.ibatis.datasource.pooled.PooledDataSource - PooledDataSource forcefully closed/removed all connections.
16:05:20,568 org.apache.ibatis.datasource.pooled.PooledDataSource - PooledDataSource forcefully closed/removed all connections.
16:05:20,568 org.apache.ibatis.datasource.pooled.PooledDataSource - PooledDataSource forcefully closed/removed all connections.
16:05:20,568 org.apache.ibatis.datasource.pooled.PooledDataSource - PooledDataSource forcefully closed/removed all connections.
16:05:20,678 org.apache.ibatis.transaction.jdbc.JdbcTransaction - Opening JDBC Connection
16:05:20,816 org.apache.ibatis.datasource.pooled.PooledDataSource - Created connection 9612508.
16:05:20,818 cn.smbms.dao.user.UserMapper.modify - ooo Using Connection [com.mysql.jdbc.JDBC4Connection@92acdc]
16:05:20,818 cn.smbms.dao.user.UserMapper.modify - ==>  Preparing: update smbms_user SET userName=?, address=?, modifyBy=?, modifyDate=? where id = ?
16:05:20,840 cn.smbms.dao.user.UserMapper.modify - ==> Parameters: 测试用户修改(String), 地址测试修改(String), 1(Integer), 2016-05-27 16:05:20.396(Timestamp), 16(Integer)
16:05:20,879 org.apache.ibatis.transaction.jdbc.JdbcTransaction - Committing JDBC Connection [com.mysql.jdbc.JDBC4Connection@92acdc]
16:05:20,899 org.apache.ibatis.transaction.jdbc.JdbcTransaction - Resetting autocommit to true on JDBC Connection [com.mysql.jdbc.JDBC4Connection@92acdc]
16:05:20,900 org.apache.ibatis.transaction.jdbc.JdbcTransaction - Closing JDBC Connection [com.mysql.jdbc.JDBC4Connection@92acdc]
16:05:20,900 org.apache.ibatis.datasource.pooled.PooledDataSource - Returned connection 9612508 to pool.
16:05:20,900 cn.smbms.dao.user.UserMapperTest - testModify count: 1
```

图 3.11　后台日志信息——修改用户信息（if+set）

通过观察控制台日志输出的 SQL 语句和参数，确认最终的运行结果正确。

经验

通过学习，读者会发现使用 MyBatis 可以很方便地调试代码。特别是对于 SQL 错误，或者执行数据库操作之后，结果跟预期不一致的情况，我们都可以将控制台日志输出的 SQL 语句以及参数放在数据库中执行，直观、方便地找出问题所在。

技能训练

上机练习 3——使用动态 SQL 语句 if+set 实现对供应商表的修改操作

需求说明

使用动态 SQL 完善供应商表的修改功能。

提示

（1）在 ProviderMapper.xml 里修改 SQL 语句，使用动态 SQL 的 if 元素和 set 元素。

（2）修改测试方法，进行相应测试。

3.2.2 if+trim 用法

也可以使用 trim 元素来替代 set 元素，实现与 set 一样的效果，接下来就改造上一个示例来实现用户表的修改操作。

修改 UserMapper.xml，代码如示例 8 所示。

示例 8

```
<!-- 修改用户信息 -->
<update id="modify" parameterType="User">
        update smbms_user
            <trim prefix="set" suffixOverrides="," suffix="where id = #{id}">
                <if test="userCode != null">userCode=#{userCode},</if>
                <if test="userName != null">userName=#{userName},</if>
                <if test="userPassword != null">userPassword=#{userPassword},</if>
                <if test="gender != null">gender=#{gender},</if>
                <if test="birthday != null">birthday=#{birthday},</if>
                <if test="phone != null">phone=#{phone},</if>
                <if test="address != null">address=#{address},</if>
                <if test="userRole != null">userRole=#{userRole},</if>
                <if test="modifyBy != null">modifyBy=#{modifyBy},</if>
                <if test="modifyDate != null">modifyDate=#{modifyDate},</if>
            </trim>
</update>
```

运行测试方法，运行结果正确。

对于 trim 元素的属性前面已经详细介绍过，此处不再赘述。

经验

在实际项目中，用户的操作行为多种多样，比如，用户进入修改界面但不进行任何数据的修改，同样单击了“保存”按钮，那么是不是就不需要进行字段的更新操作？答案是否定的，这是由于但凡用户单击了“修改”按钮，进入修改页面，我们就认为用户有进行修改操作的行为，无论他是否进行字段信息的修改，系统设计都需要进行全部字段的更新操作。当然，实际上还有一种用户操作，即用户清空了某些字段信息，按照之前的讲解，根据 if 标签的判断，程序不会进行相应的更新操作，这显然也是跟用户的实际需求相悖的。那么实际项目中到底如何操作呢？一般设计 DAO 层的更新操作，update 的 set 中不会出现 if 标签，即无论用户是否全部修改，我们都要更新所有字段信息（注意：前端 POST 请求传到后台的 User 对象内的所有属性都进行了设值，所以不存在我们写的测试类中出现的某些属性为 null 的情况）。实际运用中，if 标签一般都是用在 where 标签中。本书介绍在 set 中设置 if 标签，目的是便于初学者进行相应的练习和加深对 if 的理解。

技能训练

上机练习 4——使用动态 SQL 语句 if+trim 实现对供应商表的修改操作

需求说明

使用动态 SQL 完善供应商表的修改功能。

提示

（1）在 ProviderMapper.xml 里修改 SQL 语句，使用动态 SQL 的 if 元素和 trim 元素。

（2）修改测试方法，进行相应测试。

任务 3　使用 foreach 完成复杂查询

关键步骤如下。

- 使用 foreach 迭代数组类型的入参，实现根据用户角色列表获得该角色列表下的用户信息。
- 使用 foreach 迭代 List 类型的入参，实现根据用户角色列表获得该角色列表下的用户信息。
- 使用 foreach 迭代 Map 类型的入参，实现根据用户角色列表获得该角色列表下的用户信息。
- choose 与 when、otherwise 配套使用，实现查询条件的灵活配置。

在前两个任务中，我们学习了使用动态 SQL 的 if、where、trim 元素来处理一些简单查询，那么对于一些 SQL 语句中含有 in 条件、需要迭代条件集合来生成的情况，就需要使用 foreach 标签来实现 SQL 条件的迭代。

3.3.1　foreach 迭代数组类型的入参

使用 foreach
完成复杂查询

我们先了解 foreach 的基本用法和属性。foreach 主要用在构建 in 条件中，它可以在 SQL 语句中迭代一个集合。它的属性主要有 item、index、collection、separator、close、open。下面通过一个根据指定用户角色列表来获取用户信息列表的示例进行详细介绍。

首先修改 UserMapper.java，增加接口方法：根据传入的用户角色列表获取该角色列表下的用户信息，参数为角色列表（roleIds），参数类型为整型数组。关键代码如示例 9 所示。

示例 9

```
/**
 * 根据用户角色列表，获取该角色列表下的用户列表信息 -foreach_array
```

```
 * @param roleIds
 * @return
 */
public List<User> getUserByRoleId_foreach_array(Integer[] roleIds);
```

根据需求分析，SQL 语句应该为：select * from smbms_user where userRole in(角色 1，角色 2，角色 3，…)，in 里面为角色列表。修改 UserMapper.xml，增加相应的 getUserByRoleId_foreach_array，代码如示例 10 所示。

示例 10

```
<!-- 根据用户角色列表，获取该角色列表下的用户列表信息 -foreach_array -->
<select id="getUserByRoleId_foreach_array" resultMap="userMapByRole">
    select * from smbms_user where userRole in
        <foreach collection="array" item="roleIds"
                open="(" separator="," close=")">
            #{roleIds}
        </foreach>
</select>
<resultMap type="User" id="userMapByRole">
    <id property="id" column="id"/>
    <result property="userCode" column="userCode"/>
    <result property="userName" column="userName"/>
</resultMap>
```

对于 SQL 条件循环（in 语句），需要使用 foreach 标签。结合上述代码，来介绍 foreach 的基本属性。

➢ item：表示集合中每一个元素进行迭代时的别名（如此处的“roleIds”）。

➢ index：指定一个名称，用于表示在迭代过程中，每次迭代到的位置。（此处省略，未指定）

➢ open：表示该语句以什么开始（in 条件语句是以“(”开始）。

➢ separator：表示在每次迭代之间以什么符号作为分隔符（in 条件语句以“,”作为分隔符）。

➢ close：表示该语句以什么结束（in 条件语句是以“)”结束）。

➢ collection：最关键并且最容易出错的属性。注意，该属性必须指定，不同情况下，该属性的值是不一样的，主要有以下三种情况。

◇ 若入参为单参数且参数类型是一个 List，collection 属性值为 list。

◇ 若入参为单参数且参数类型是一个数组，collection 属性值为 array（此处传入参数 Integer[] roleIds 为数组类型，故此处 collection 属性值设为“array”）。

◇ 若传入参数为多参数，就需要把它们封装为一个 Map 进行处理。

select 中返回的是一个 resultMap（id="userMapByRole"），该 resultMap 也进行了相应的字段映射。

最后修改测试类，增加测试方法，关键代码如示例 11 所示。

示例 11

```
@Test
public void testGetUserByRoleId_foreach_array(){
    SqlSession sqlSession = null;
    List<User> userList = new ArrayList<User>();
    Integer[] roleIds = {2,3};
    try {
        sqlSession = MyBatisUtil.createSqlSession();
        userList=sqlSession.getMapper(UserMapper.class).
                getUserByRoleId_foreach_array(roleIds);
    } catch (Exception e) {
        // TODO: handle exception
        e.printStackTrace();
    }finally{
        MyBatisUtil.closeSqlSession(sqlSession);
    }
    logger.debug("userList.size ----> " + userList.size());
    for(User user : userList){
        logger.debug("user ======> id: " + user.getId()+
                ", userCode: " + user.getUserCode() +
                ", userName: " + user.getUserName() +
                ", userRole: " + user.getUserRole());
    }
}
```

在上述代码中，封装角色列表数组入参，运行测试方法，输出结果正确。

注意

在上述示例中，在 UserMapper.xml 中的 select：getUserByRoleId_foreach_array 中并没有指定 parameterType，这样也是没有问题的。因为配置文件中的 parameterType 是可以不配置的，MyBatis 会自动把它封装成一个 Map 传入。但是也需要注意：若入参为 Collection 时，不能直接传入 Collection 对象，需要先将其转换为 List 或者数组才能传入，具体原因可查看 MyBatis 源码。

3.3.2 foreach 迭代 List 类型的入参

在上一个示例中，实现通过指定的角色列表获得相应的用户信息列表，方法参数为一个数组，现在我们更改参数类型，传入一个 List 实例来实现同样需求。

修改 UserMapper.java，增加接口方法（根据传入的用户角色列表获取该角色列表下的用户信息），参数为角色列表（roleIds），参数类型为 List。关键代码如示例 12 所示。

示例 12

```
/**
 * 根据用户角色列表，获取该角色列表下用户列表信息 -foreach_list
 * @param roleList
 * @return
 */
 public List<User> getUserByRoleId_foreach_list(List<Integer> roleList);
```

修改 UserMapper.xml，增加相应的 getUserByRoleId_foreach_list，关键代码如示例 13 所示。

示例 13

```
<!-- 根据用户角色列表，获取该角色列表下用户列表信息 -foreach_list -->
    <select id="getUserByRoleId_foreach_list" resultMap="userMapByRole">
        select * from smbms_user where userRole in
            <foreach collection="list" item="roleList"
                    open="(" separator="," close=")">
                #{roleList}
            </foreach>
    </select>
<resultMap type="User" id="userMapByRole">
        <id property="id" column="id"/>
        <result property="userCode" column="userCode"/>
        <result property="userName" column="userName"/>
</resultMap>
```

在上述代码中，foreach 的大部分属性设置跟上一示例基本一致，由于角色列表入参使用的 List，故 collection 属性值为“list”。

最后修改测试类，增加测试方法 testGetUserByRoleId_foreach_list()，关键代码如下：

```
List<User> userList = new ArrayList<User>();
List<Integer> roleList = new ArrayList<Integer>();
roleList.add(2);
roleList.add(3);
userList=sqlSession.getMapper(UserMapper.class).
        getUserByRoleId_foreach_array(roleIds);
```

该测试方法中，把参数角色列表 roleIds 封装成 List 进行入参即可。测试运行后，结果正确。

注意

foreach 元素非常强大，允许我们指定一个集合，指定开始和结束的字符，也可加入一个分隔符到迭代器中，并能够智能处理该分隔符，不会出现多余的分隔符。

技能训练

上机练习 5——使用动态 SQL 语句 foreach 获取指定供应商列表下的订单列表

需求说明

（1）指定供应商列表（1 ～ n 个），获取这些供应商下的订单列表信息。

（2）要求使用 foreach 实现，参数类型为数组。

（3）完成之后，把参数类型改为 List 再次实现此功能。

提示

（1）在 BillMapper.java 里增加接口方法，该方法入参为供应商列表，类型为数组。

（2）在 BillMapper.xml 里增加查询 SQL 语句，使用动态 SQL 的 foreach 元素，注意 collection 属性的设置为 array。

（3）增加测试方法，进行相应测试。

（4）完成后修改入参类型为 List，修改 SQL 语句相应的 collection 属性为 list，并增加测试方法，进行相应测试。

3.3.3 foreach 迭代 Map 类型的入参

在以上两个示例中，MyBatis 入参均为一个参数，若多个参数入参该如何处理？比如将需求更改为增加一个参数 gender，要求查询出指定性别和用户角色列表下的所有用户信息列表。

除了使用 @Param 注解，还可以按照前文中介绍 collection 属性的时候，提过的第三种情况：若入参为多个参数，就需要把它们封装为一个 Map 进行处理。此处我们就采用这种处理方式来解决。

首先修改 UserMapper.java，增加接口方法：根据传入的用户角色列表和性别获取相应的用户信息。关键代码如示例 14 所示。

示例 14

```
/**
 * 根据用户角色列表和性别 ( 多参数 )，获取该角色列表下指定性别的用户列表信息 -foreach_ map
 * @param conditionMap
 * @return
 */
public List<User> getUserByConditionMap_foreach_map(
                                    Map<String,Object> conditionMap);
```

在测试方法中，把用户角色列表（roleList）和性别（gender）两个参数封装成一个 Map（conditionMap）进行方法入参，代码如下：

```
Map<String, Object> conditionMap = new HashMap<String,Object>();
List<Integer> roleList = new ArrayList<Integer>();
roleList.add(2);
roleList.add(3);
conditionMap.put("gender", 1);
conditionMap.put("roleIds",roleList);
```

修改 UserMapper.xml，增加相应的 getUserByConditionMap_foreach_map，关键代码如示例 15 所示。

示例 15

```
<select id="getUserByConditionMap_foreach_map" resultMap="userMapByRole">
    select * from smbms_user where gender = #{gender} and userRole in
        <foreach collection="roleIds" item="roleMap"
                open="(" separator="," close=")">
            #{roleMap}
        </foreach>
</select>
```

在上述代码中，由于入参为 Map，那么在 SQL 语句中需根据 key 分别获得相应的 value 值，比如 SQL 语句中的 #{gender} 获取的是 Map 中 key 为“gender”的性别条件，而 collection="roleIds" 获取的是 Map 中 key 为“roleIds”的角色 id 的集合。

最后完成测试方法并运行测试，结果正确。

通过对 foreach 标签的 collection 属性的学习与使用，我们发现不管传入的是单参数还是多参数，都可以得到有效解决。那么单参数是否可以封装成 Map 进行入参呢？答案是肯定的，单参数也可以封装 Map 进行入参。实际上，MyBatis 在进行参数入参的时候，都会把它封装成一个 Map，而 Map 的 key 就是参数名，对应的参数值就是 Map 的 value。若参数为集合的时候，Map 的 key 会根据传入的是 List 还是数组对象相应地指定为“list”或者“array”。现在更改之前的示例：根据用户角色列表，获取该角色列表下用户列表的信息，此处参数不使用 List 或者数组，而是直接封装成 Map 来实现。

修改 UserMapper.java，增加接口方法，关键代码如示例 16 所示。

示例 16

```
/**
 * 根据用户角色列表，获取该角色列表下用户列表信息 -foreach_map( 单参数封装成 map)
 * @param roleMap
 * @return
 */
public List<User> getUserByRoleId_foreach_map(Map<String,Object> roleMap);
```

在代码中将用户角色列表（roleList）这个参数封装成 Map（roleMap）进行方法入参。

这样的好处是，我们可以自由指定Map的key，此处指定roleMap的key为rKey。

```
List<Integer> roleList = new ArrayList<Integer>();
roleList.add(2);
roleList.add(3);
Map<String, Object> roleMap = new HashMap<String,Object>();
roleMap.put("rKey", roleList);
```

修改UserMapper.xml，增加相应的getUserByRoleId_foreach_map，关键代码如示例17所示。

示例17

```
<select id="getUserByRoleId_foreach_map" resultMap="userMapByRole">
        select * from smbms_user where userRole in
            <foreach collection="rKey" item="roleMap"
                    open="(" separator="," close=")">
                #{roleMap}
            </foreach>
</select>
```

在上述代码中，注意collection的属性值不再是list，而是我们自己设置的roleMap的key，即rKey，最后增加测试方法进行测试，运行结果正确。

小结

（1）MyBatis接收的参数类型：基本类型、对象、List、数组、Map。

（2）无论MyBatis的入参是哪种参数类型，MyBatis都会将参数放在一个Map中，单参数入参的情况有以下几种。

- 入参为基本类型：变量名作为key，变量值为value，此时生成的Map只有一个元素。
- 入参为对象：对象的属性名作为key，属性值为value。
- 入参为List：默认“list”作为key，该List即为value。
- 入参为数组：默认“array”作为key，该数组即为value。
- 入参为Map：键值不变。

技能训练

上机练习6——使用动态SQL语句foreach获取多参数下的订单列表

需求说明

根据订单编码（模糊查询）和指定的供应商列表（1～n个），获取相应的订单列表信息。

提示

多参数：封装成 Map 入参。

3.3.4 choose（when、otherwise）

对于某些查询需求，虽有多个查询条件，但我们不想应用所有的条件，只想选择其中一种情况下的查询结果。和 Java 中 switch 语句相似，MyBatis 提供了 choose 元素来满足这种需求。

choose 元素的作用相当于 Java 中的 switch 语句，跟 JSTL 中 choose 的作用和用法基本一样，通常都是搭配 when、otherwise 使用。下面就通过一个示例来说明其用法。

根据条件（用户名称、用户角色、用户编码、创建时间）查询用户表，具体要求：查询条件提供前三个（用户名称、用户角色、用户编码）中的任意一个即可，若前三个条件都没提供，默认提供最后一个条件（创建时间：在指定的年份内）来完成查询操作。

修改 UserMapper.java，增加接口方法，关键代码如示例 18 所示。

示例 18

```
/**
 * 查询用户列表 (choose)
 * @param userName
 * @param roleId
 * @param userCode
 * @param creationDate
 * @return
 */
public List<User> getUserList_choose(@Param("userName")String userName,
                                     @Param("userRole")Integer roleId,
                                     @Param("userCode")String userCode,
                                     @Param("creationDate")Date creationDate);
```

在上述代码中，使用 @Param 实现多条件入参，然后修改 UserMapper.xml，关键代码如示例 19 所示。

示例 19

```
<!-- 查询用户列表 (choose) -->
<select id="getUserList_choose" resultType="User">
    select * from smbms_user where 1=1
      <choose>
          <when test="userName != null and userName != "">
              and userName like CONCAT ('%',#{userName},'%')
          </when>
```

```
            <when test="userCode != null and userCode != ''">
                and userCode like CONCAT ('%',#{userCode},'%')
            </when>
            <when test="userRole != null">
                and userRole=#{userRole}
            </when>
            <otherwise>
                and YEAR(creationDate) = YEAR(#{creationDate})
            </otherwise>
        </choose>
</select>
```

在上述代码中，使用 choose（when、otherwise）来实现需求。choose 一般与 when、otherwise 配套使用。

➢ when 元素：当其 test 属性中条件满足的时候，就会输出 when 元素中的内容。跟 Java 中 switch 效果差不多的是，同样按照条件的顺序来进行处理，当 when 中一旦有条件满足，就会跳出 choose，即所有的 when 和 otherwise 条件中，只有一个条件会输出。

➢ otherwise 元素：当 when 中的所有条件都不满足的时候，就会自动输出 otherwise 元素中的内容。

比如上述代码语句表述的就是当 userName !=null and userName != '' 的时候，就输出“and userName like CONCAT ('%',#{userName},'%')”，拼接到前面的 SQL 语句（select * from smbms_user where 1=1）的后面，然后就不再往下判断剩余条件了，SQL 语句拼接完成。当第一个 when 标签的条件不满足的时候，进入第二个 when 标签进行条件判断，若满足 userCode!=null and userCode!= '' 的时候，就输出标签内的内容，并且不再往下判断剩余条件，SQL 语句拼接完成。依此类推，若所有的 when 条件都不满足，则进入 otherwise 标签，输出该标签内的“and YEAR(creationDate) = YEAR(#{creationDate})”，与我们的需求呼应。

那么，为何前面的 SQL 语句（select * from smbms_user）要加入“where 1=1”？下面我们通过运行结果和输出的 SQL 语句加以分析。

增加测试方法，并进行相应的测试，测试方法中的关键代码如下：

```
String userName = "";
Integer roleId = null;
String userCode = "";
Date creationDate = new SimpleDateFormat("yyyy-MM-dd").parse("2016-01-01");
userList=sqlSession.getMapper(UserMapper.class).
        getUserList_choose(userName,roleId,userCode,creationDate);
```

通过上述代码传入的参数情况，运行测试方法，观察控制台输出的 SQL 语句，如图 3.12 所示。

```
Console ⊠   Search
<terminated> UserMapperTest.testGetUserList_choose [JUnit] D:\Program Files\Java\jdk1.7.0_25\bin\javaw.exe (2016-5-30 下午5:33:35)
493 org.apache.ibatis.logging.LogFactory - Logging initialized using 'class org.apache.ibatis.logging.log4j.Log4jImpl' adapter.
511 org.apache.ibatis.datasource.pooled.PooledDataSource - PooledDataSource forcefully closed/removed all connections.
511 org.apache.ibatis.datasource.pooled.PooledDataSource - PooledDataSource forcefully closed/removed all connections.
511 org.apache.ibatis.datasource.pooled.PooledDataSource - PooledDataSource forcefully closed/removed all connections.
511 org.apache.ibatis.datasource.pooled.PooledDataSource - PooledDataSource forcefully closed/removed all connections.
651 org.apache.ibatis.transaction.jdbc.JdbcTransaction - Opening JDBC Connection
831 org.apache.ibatis.datasource.pooled.PooledDataSource - Created connection 29746373.
833 cn.smbms.dao.user.UserMapper.getUserList_choose - ooo Using Connection [com.mysql.jdbc.JDBC4Connection@1c5e4c5]
833 cn.smbms.dao.user.UserMapper.getUserList_choose - ==>  Preparing: select * from smbms_user where 1=1 and YEAR(creationDate) = YEAR(?)
855 cn.smbms.dao.user.UserMapper.getUserList_choose - ==> Parameters: 2016-01-01 00:00:00.0(Timestamp)
869 org.apache.ibatis.transaction.jdbc.JdbcTransaction - Resetting autocommit to true on JDBC Connection [com.mysql.jdbc.JDBC4Connection@1c5e4c5]
870 org.apache.ibatis.transaction.jdbc.JdbcTransaction - Closing JDBC Connection [com.mysql.jdbc.JDBC4Connection@1c5e4c5]
870 org.apache.ibatis.datasource.pooled.PooledDataSource - Returned connection 29746373 to pool.
870 cn.smbms.dao.user.UserMapperTest - userlist.size ----> 5
870 cn.smbms.dao.user.UserMapperTest - testGetUserList_choose=======> id: 8 and userCode: zhaoyan and userName: 赵燕 and userRole: 3 and creationDate: 2016-04-21
870 cn.smbms.dao.user.UserMapperTest - testGetUserList_choose=======> id: 11 and userCode: sunxing and userName: 孙兴 and userRole: 3 and creationDate: 2016-11-09
870 cn.smbms.dao.user.UserMapperTest - testGetUserList_choose=======> id: 12 and userCode: zhangchen and userName: 张晨 and userRole: 3 and creationDate: 2016-08-09
870 cn.smbms.dao.user.UserMapperTest - testGetUserList_choose=======> id: 13 and userCode: dengchao and userName: 邓超 and userRole: 3 and creationDate: 2016-07-11
871 cn.smbms.dao.user.UserMapperTest - testGetUserList_choose=======> id: 16 and userCode: null and userName: 测试用户修改 and userRole: null and creationDate: 2016-05-27
```

图 3.12 多条件查询用户列表——choose

从日志可以看出拼接后的 SQL 语句与之前分析的一样。在 SQL 语句（select * from smbms_user）后面加入“where 1=1”的原因是我们不需要再去处理多余的“and”。其他情况的测试，在此不再赘述。

技能训练

上机练习 7——使用动态 SQL 语句 choose 查询供应商列表

需求说明

（1）实现按条件查询供应商表，查询条件如下：

- 供应商编码（模糊查询）。
- 供应商名称（模糊查询）。
- 供应商联系人（模糊查询）。
- 创建时间在本年内（时间范围）。

（2）查询结果列显示：供应商 id、供应商编码、供应商名称、供应商联系人、创建时间。

注意

查询操作中，提供查询条件前三个（供应商编码、供应商名称、供应商联系人）中的任意一个即可，若前三个条件都为空，那么默认提供最后一个条件（创建时间）来完成查询操作。

提示

使用动态 SQL 语句 choose（when、otherwise）实现。

任务 4　实现分页

关键步骤如下：编写 MyBatis 的 SQL 映射文件实现分页功能。

MyBatis 分页

MySQL 的分页功能是基于内存的分页，即先查出来所有记录，再按起始位置和页面容量取出结果。现在我们给用户管理功能模块的查询用户列表功能增加分页，要求结果列表按照创建时间降序排列。

具体 DAO 层的实现步骤如下所示。

（1）使用聚合函数 count() 获得总记录数（在之前的示例中已经完成），代码如下。

```
UserMapper.java
/**
 * 查询用户表记录数
 * @return
 */
public int count();
```

（2）实现分页，通过 limit(起始位置，页面容量)。

修改 UserMapper.java，增加分页方法，关键代码如示例 20 所示。

示例 20

```
/**
 * 查询用户列表 ( 分页显示 )
 * @param userName
 * @param roleId
 * @param currentPageNo
 * @param pageSize
 * @return
 */
 public List<User> getUserList(@Param("userName")String userName,
                               @Param("userRole")Integer roleId,
                               @Param("from")Integer currentPageNo,
                               @Param("pageSize")Integer pageSize);
```

上述代码相比原来的 getUserList 方法，增加了两个参数：起始位置（from）和页面容量（pageSize），用于实现分页查询。

然后修改 UserMapper.xml 的 getUserList 查询 SQL 语句，增加 limit 关键字，关键代码如示例 21 所示。

示例 21

```
<!-- 查询用户列表 ( 分页显示 ) -->
<select id="getUserList" resultMap="userList">
```

```
    select u.*,r.roleName from smbms_user u,smbms_role r where u.userRole = r.id
        <if test="userRole != null">
            and u.userRole = #{userRole}
        </if>
        <if test="userName != null and userName != "">
            and u.userName like CONCAT ('%',#{userName},'%')
        </if>
        order by creationDate DESC limit #{from},#{pageSize}
</select>
```

在上述代码中，limit 后为参数：起始位置（from）和页面容量（pageSize）。修改测试方法，进行分页列表测试，关键代码如示例 22 所示。

示例 22

```
@Test
public void testGetUserList(){
    SqlSession sqlSession = null;
    List<User> userList = new ArrayList<User>();
    try {
        sqlSession = MyBatisUtil.createSqlSession();
        String userName = "";
        Integer roleId = null;
        Integer pageSize = 5;
        Integer currentPageNo = 0;
        userList=sqlSession.getMapper(UserMapper.class).
                getUserList(userName,roleId,currentPageNo,pageSize);
    } catch (Exception e) {
        // TODO: handle exception
        e.printStackTrace();
    }finally{
        MyBatisUtil.closeSqlSession(sqlSession);
    }
    logger.debug("userlist.size ----> " + userList.size());
    for(User user: userList){
        logger.debug("testGetUserList=======> id: " + user.getId() +
                " and userCode: " + user.getUserCode() +
                " and userName: " + user.getUserName() +
                " and userRole: " + user.getUserRole() +
                " and userRoleName: " + user.getUserRoleName() +
                " and age: " + user.getAge() +
                " and phone: " + user.getPhone() +
                " and gender: " + user.getGender()+
                " and creationDate: "+new SimpleDateFormat("yyyy-MM-dd").
                format(user.getCreationDate()));
    }
}
```

在上述代码中，根据传入的起始位置（currentPageNo=0）和页面容量（pageSize=5）进行相应分页，查看第一页的数据列表。运行测试方法，输出正确的分页列表。

注意

MyBatis 实现分页查询属于 DAO 层操作，由于 DAO 层是不牵涉任何业务实现的，所以实现分页的方法中第一个参数为 limit 的起始位置（下标从 0 开始），而不是用户输入的真正的页码（页码从 1 开始）。之前我们已经学习过页码如何转换成 limit 的起始位置下标，即起始位置下标 =(页码 -1) × 页面容量，那么这个转换操作必然不能在 DAO 层实现，需要在业务层实现。故我们在测试类中传入的参数为下标，而不是页码。

技能训练

上机练习 8——实现查询供应商列表和订单列表的分页显示

需求说明

（1）为供应商管理功能模块的查询供应商列表功能增加分页显示。

（2）为订单管理功能模块的查询订单列表功能增加分页显示。

（3）列表结果均按照创建时间降序排列。

提示

（1）DAO 层增加查询总记录数的方法。

（2）查询列表方法增加两个入参：起始位置、页面容量。

（3）修改查询 SQL 语句：limit(起始位置 , 页面容量)。

本章总结

MyBatis 在 SQL 映射文件中可以使用灵活、智能的动态 SQL 来实现 SQL 映射。

- if+set：完成更新操作。
- if+where：完成多条件查询。
- if+trim：完成多条件查询（替代 where）或者更新操作（替代 set）。
- choose（when、otherwise）：完成条件查询（多条件下选择其一）。
- foreach：完成复杂查询，主要用于 in 条件查询中，迭代集合。其中最关键的部分就是 collection 属性，根据不同的入参类型，该属性值亦不同。
  - 若入参对象为一个 List 实例，collection 属性值为 list。
  - 若入参对象为一个数组，collection 属性值为 array。
  - 若入参对象为多个，需要把它们封装为一个 Map 进行处理。

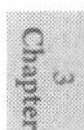

本章练习

1．列举 SQL 映射文件中用于实现动态 SQL 的元素及其用法。

2．说明如何使用 foreach 完成复杂查询以及它的应用场景。

3．说明如何处理 MyBatis 集合参数入参。

4．使用动态 SQL 改造超市订单管理系统中角色表（smbms_role）的修改和查询操作，具体要求：

（1）使用 if+set 实现根据角色 id 修改角色信息的操作。

（2）使用 if+trim 实现根据角色名称模糊查询角色信息列表的操作，并进行分页显示。

第 4 章

Spring 核心

技能目标

- ❖ 理解 Spring IoC 的原理
- ❖ 掌握 Spring IoC 的配置
- ❖ 理解 Spring AOP 的原理
- ❖ 掌握 Spring AOP 的配置

本章任务

学习本章，读者需要完成以下 3 个任务。记录学习过程中遇到的问题，并通过自己的努力或访问 kgc.cn 解决。

任务 1：认识 Spring

任务 2：Spring IoC 的简单运用

任务 3：Spring AOP 的简单运用

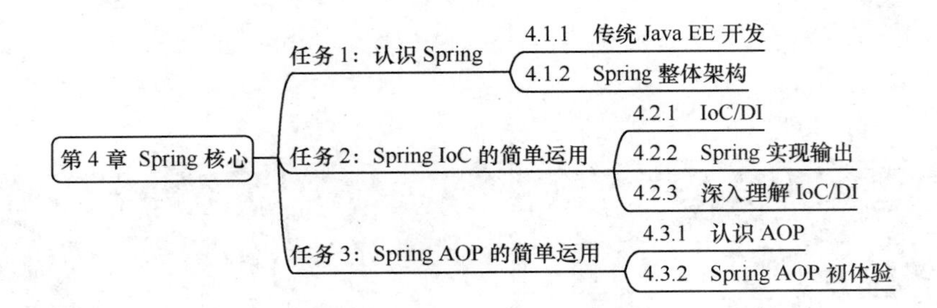

任务 1 认识 Spring

关键步骤如下。

➢ 了解 Spring 的优点。

➢ 了解 Spring 的整体架构。

4.1.1 传统 Java EE 开发

在学习 Spring 之前，先了解一下企业级应用。企业级应用是指为商业组织、大型企业创建并部署的解决方案及应用。这些大型企业级应用的结构复杂，涉及的外部资源众多，事务密集、数据规模大、用户数量多，有较强的安全性考虑和较高的性能要求。

企业级应用绝不可能是一个个的独立系统。在企业中，一般都会部署多个交互的应用，同时这些应用又有可能与其他企业的相关应用连接，从而构成一个结构复杂的、跨越 Internet 的分布式企业应用集群。此外，作为企业级应用，不但要有强大的功能，还要能够满足未来业务需求的发展变化，易于扩展和维护。

传统 Java EE 在解决企业级应用问题时的“重量级”架构体系，使它的开发效率、开发难度和实际性能都令人失望。当人们苦苦寻找解决办法的时候，Spring 以一个“救世主”的形象出现在广大 Java 程序员面前。说到 Spring，就要提到 Rod Johnson，2002 年他编写了 *Expert One-on-One Java EE Design and Development* 一书。在书中，他对传统 Java EE 技术的日益臃肿和低效提出了质疑，他觉得应该有更便捷的做法，于是提出了 Interface 21，也就是 Spring 框架的雏形。他提出了技术应以实用为准的主张，引发了人们对“正统”Java EE 的反思。2003 年 2 月，Spring 框架正式成为一个开源项目，并发布于 SourceForge 中。

Spring 致力于 Java EE 应用的各种解决方案，而不仅仅专注于某一层的方案。可以说，Spring 是企业应用开发的“一站式”选择，贯穿表现层、业务层和持久层。并且 Spring 并不想取代那些已有的框架，而是以高度的开放性与它们无缝整合。

4.1.2　Spring 整体架构

Spring 确实给人一种格外清新的感觉，仿佛微雨后的绿草丛，蕴藏着勃勃生机。Spring 是一个轻量级框架，它大大简化了 Java 企业级开发，提供强大、稳定功能的同时并没有带来额外的负担。Spring 有两个主要目标：一是让现有技术更易于使用，二是养成良好的编程习惯（或者称为最佳实践）。

作为一个全面的解决方案，Spring 坚持一个原则：不重新发明轮子。已经有较好解决方案的领域，Spring 绝不做重复性的实现。例如，对象持久化和 ORM，Spring 只是对现有的 JDBC、MyBatis、Hibernate 等技术提供支持，使之更易用，而不是重新实现。

Spring 框架由大约 20 个功能模块组成。这些模块被分成六个部分，分别是 Core Container、Data Access/Integration、Web、AOP（Aspect Oriented Programming）、Instrumentation 及 Test，如图 4.1 所示。

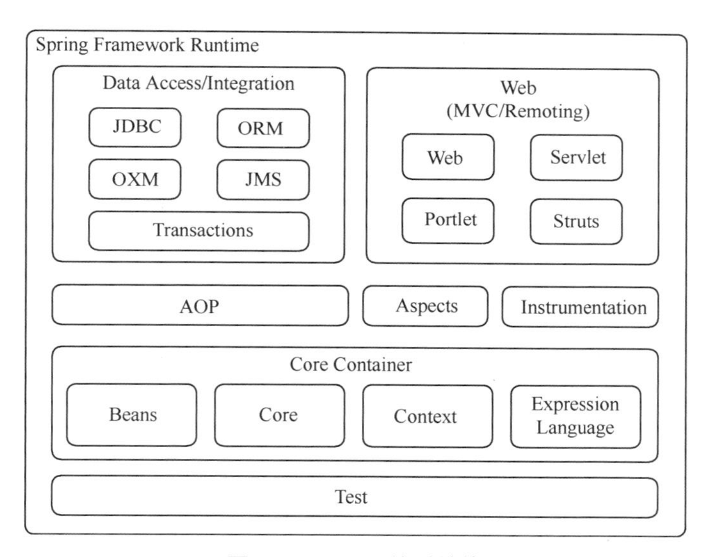

图 4.1　Spring 体系结构

Spring Core 是框架的最基础部分，提供了 IoC 特性。Spring Context 为企业级开发提供了便利的集成工具。Spring AOP 是基于 Spring Core 的符合规范的面向切面编程的实现。Spring JDBC 提供了 JDBC 的抽象层，简化了 JDBC 编码，同时使代码更健壮。Spring ORM 对市面上流行的 ORM 框架提供了支持。Spring Web 为 Spring 在 Web 应用程序中的使用提供了支持。关于 Spring 的其他功能模块在开发中的作用，可以查阅 Spring 的文档进行了解，这里不再赘述。

任务 2 Spring IoC 的简单运用

关键步骤如下。

- 掌握 IoC 的原理。
- 使用 IoC 的设值注入方式输出“Hello, Spring！”。
- 使用 IoC 的设值注入方式实现动态组装的打印机。

4.2.1 IoC/DI

控制反转（Inversion of Control，IoC）也称为依赖注入（Dependency Injection，DI），是面向对象编程中的一种设计理念，用来降低程序代码之间的耦合度。

IoC 的原理和定义

依赖一般指通过局部变量、方法参数、返回值等建立的对于其他对象的调用关系。例如，在 A 类的方法中，实例化了 B 类的对象并调用其方法来完成特定的功能，我们就说 A 类依赖于 B 类。

几乎所有的应用都由两个或更多的类通过合作来实现完整的功能。类与类之间的依赖关系增加了程序开发的复杂程度，我们在开发一个类的时候，还要考虑对正在使用该类的其他类的影响。例如，常见的业务层调用数据访问层以实现持久化操作，如示例 1 所示。

示例 1

```
/**
 * 用户 DAO 接口 , 定义了所需的持久化方法
 */
public interface UserDao {
    /**
     * 保存用户信息的方法
     */
    public void save(User user);
}
/**
 * 用户 DAO 实现类 , 实现对 User 类的持久化操作
 */
public class UserDaoImpl implements UserDao {
    public void save(User user) {
        // 这里并未实现完整的数据库操作 , 仅为说明问题
        System.out.println(" 保存用户信息到数据库 ");
    }
}

/**
 * 用户业务类，实现对 User 功能的业务管理
```

```
*/
public class UserServiceImpl implements UserService {
    // 实例化所依赖的 UserDao 对象
    private UserDao dao = new UserDaoImpl();
    public void addNewUser(User user) {
        // 调用 UserDao 的方法保存用户信息
        dao.save(user);
    }
}
```

如以上代码所示，UserServiceImpl 对 UserDaoImpl 存在依赖关系。这样的代码很常见，但是存在一个严重的问题，即 UserServiceImpl 和 UserDaoImpl 高度耦合，如果因为需求变化需要替换 UserDao 的实现类，将导致 UserServiceImpl 中的代码随之发生修改。如此，程序将不具备优良的可扩展性和可维护性，甚至在开发中难以测试。

我们可以利用简单工厂和工厂方法模式的思路解决此类问题，如示例 2 所示。

示例 2

```
/**
 * 增加用户 DAO 工厂类，负责用户 DAO 实例的创建工作
 */
public class UserDaoFactory {
    // 负责创建用户 DAO 实例的方法
    public static UserDao getInstance() {
        // 具体实现过程略
    }
}
/**
 * 用户业务类，实现对 User 功能的业务管理
 */
public class UserServiceImpl implements UserService {
    // 通过工厂类获取所依赖的用户 DAO 对象
    private UserDao dao = UserDaoFactory.getInstance();
    public void addNewUser(User user) {
        // 调用用户 DAO 的方法保存用户信息
        dao.save(user);
    }
}
```

示例 2 中的用户 DAO 工厂类 UserDaoFactory 体现了“控制反转”的思想：UserServiceImpl 不再依靠自身的代码去获得所依赖的具体 DAO 对象，而是把这一工作转交给了“第三方”UserDaoFactory，从而避免了和具体 UserDao 实现类之间的耦合。由此可见，在如何获取所依赖的对象上，“控制权”发生了“反转”，即从 UserServiceImpl 转移到了 UserDaoFactory，这就是“控制反转”。

问题虽然得到了解决，但是大量的工厂类被引入开发过程中，明显增加了开发的工

作量。而 Spring 能够分担这些额外的工作，其提供了完整的 IoC 实现，让我们得以专注于业务类和 DAO 类的设计。

4.2.2 Spring 实现输出

问题

我们已经了解了“控制反转”，那么在项目中如何使用 Spring 实现“控制反转”呢？

开发第一个 Spring 项目，输出“Hello, Spring！”。

具体要求如下。

- 编写 HelloSpring 类输出“Hello, Spring !”。
- 其中的字符串内容“Spring”是通过 Spring 框架赋值到 HelloSpring 类中的。

实现思路及关键代码

（1）下载 Spring 并添加到项目中。

（2）编写 Spring 配置文件。

（3）编写代码通过 Spring 获取 HelloSpring 实例。

程序最终运行结果如图 4.2 所示。

```
06-15 13:49:32[INFO]org.springframework.context.support.ClassPathXmlApplicationContext
 -Refreshing org.springframework.context.support.ClassPathXmlApplicationContext@e3865e:
06-15 13:49:32[INFO]org.springframework.beans.factory.xml.XmlBeanDefinitionReader
 -Loading XML bean definitions from class path resource [applicationContext.xml]
06-15 13:49:33[INFO]org.springframework.beans.factory.support.DefaultListableBeanFactory
 -Pre-instantiating singletons in org.springframework.beans.factory.support.DefaultLista
Hello,Spring!
```

图 4.2 控制台输出“Hello, Spring!”

首先通过 Spring 官网 http://repo.spring.io/release/org/springframework/spring/ 下载所需版本的 Spring 资源，这里以 Spring Framework 3.2.13 版本为例。下载的压缩包 spring-framework-3.2.13.RELEASE-dist.zip 解压后的文件夹目录结构如图 4.3 所示。

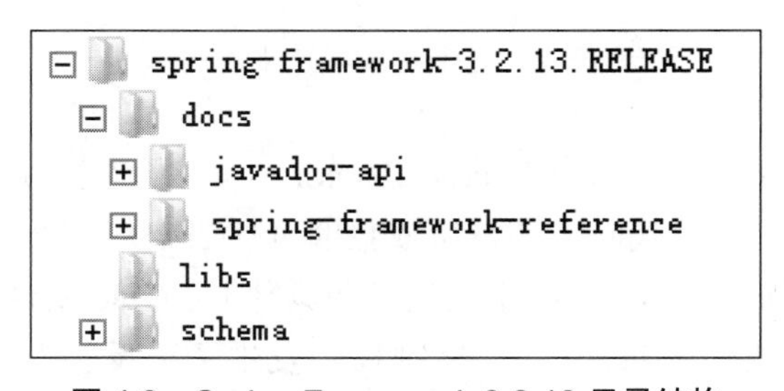

图 4.3 Spring Framework 3.2.13 目录结构

- docs：该文件夹下包含 Spring 的相关文档，包括 API 参考文档、开发手册。

- libs：该文件夹下存放 Spring 各个模块的 jar 文件，每个模块均提供开发所需的 jar 文件、以“-javadoc”后缀表示的 API 和以“-sources”后缀表示的源文件三项内容。
- schema：配置 Spring 的某些功能时需要用到的 schema 文件，对于已经集成了 Spring 的 IDE 环境（如 MyEclipse），这些文件不需要专门导入。

经验

作为开源框架，Spring 提供了相关的源文件。在学习和开发过程中，可以通过阅读源文件，了解 Spring 的底层实现。这不仅有利于正确理解和运用 Spring 框架，也有助于开拓思路，提升自身的编程水平。

接下来介绍如何在 MyEclipse 中开发 HelloSpring 项目。

在 MyEclipse 中新建一个项目 HelloSpring，将所需的 Spring 的 jar 文件添加到该项目中。需要注意的是，Spring 的运行依赖于 commons-logging 组件，需要将相关 jar 文件一并导入。为了方便观察 Bean 实例化过程，我们采用 log4j 作为日志输出，所以也应该将 log4j 的 jar 文件添加到项目中。项目所需的 jar 文件如图 4.4 所示。

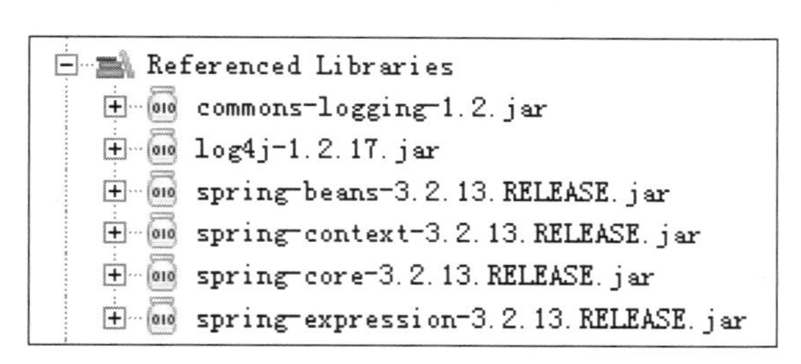

图 4.4　HelloSpring 需要的 jar 文件

为项目添加 log4j.properties 文件，用来控制日志输出。log4j.properties 文件内容如示例 3 所示。

示例 3

```
# rootLogger 是所有日志的根日志 , 修改该日志属性将对所有日志起作用
# 下面的属性配置中 , 所有日志的输出级别是 info, 输出源是 con
log4j.rootLogger=info,con
# 定义输出源的输出位置是控制台
log4j.appender.con=org.apache.log4j.ConsoleAppender
# 定义输出日志的布局采用的类
log4j.appender.con.layout=org.apache.log4j.PatternLayout
# 定义日志输出布局
log4j.appender.con.layout.ConversionPattern=%d{MM-dd HH:mm:ss}[%p]%c%n -%m%n
```

编写 HelloSpring 类，代码如示例 4 所示。

示例 4

```java
/**
 * 第一个 Spring, 输出 "Hello,Spring!"
 */
public class HelloSpring {
    // 定义 who 属性 , 该属性的值将通过 Spring 框架进行设置
    private String who = null;
    /**
     * 定义打印方法 , 输出一句完整的问候
     */
    public void print() {
        System.out.println("Hello," + this.getWho() + "!");
    }
    /**
     * 获得 who
     * @return who
     */
    public String getWho() {
        return who;
    }
    /**
     * 设置 who
     * @param who
     */
    public void setWho(String who) {
        this.who = who;
    }
}
```

接下来编写 Spring 配置文件，在项目的 classpath 根路径下创建 applicationContext.xml 文件（为便于管理框架的配置文件，可在项目中创建专门的源文件夹，如 resources 目录，并将 Spring 配置文件创建在其根路径下）。在 Spring 配置文件中创建 HelloSpring 类的实例并为 who 属性注入属性值。Spring 配置文件内容如示例 5 所示。

示例 5

```xml
<?xml version="1.0" encoding="UTF-8"?>
<beans xmlns="http://www.springframework.org/schema/beans"
    xmlns:xsi="http://www.w3.org/2001/XMLSchema-instance"
    xsi:schemaLocation="http://www.springframework.org/schema/beans
    http://www.springframework.org/schema/beans/spring-beans-3.2.xsd">
    <!-- 通过 bean 元素声明需要 Spring 创建的实例。该实例的类型通过 class 属性指定 ,
        并通过 id 属性为该实例指定一个名称 , 以便于访问 -->
```

```
    <bean id="helloSpring" class="cn.springdemo.HelloSpring">
        <!-- property 元素用来为实例的属性赋值，
            此处实际是调用 setWho() 方法实现赋值操作 -->
        <property name="who">
            <!-- 此处将字符串 "Spring" 赋值给 who 属性 -->
            <value>Spring</value>
        </property>
    </bean>
</beans>
```

在 Spring 配置文件中，使用 <bean> 元素来定义 Bean（也可称为组件）的实例。<bean> 元素有两个常用属性：一个是 id，表示定义的 Bean 实例的名称；另一个是 class，表示定义的 Bean 实例的类型。

经验

（1）使用 <bean> 元素定义一个组件时，通常需要使用 id 属性为其指定一个用来访问的唯一名称。如果想为 Bean 指定更多的别名，可以通过 name 属性指定，名称之间使用逗号、分号或空格进行分隔。

（2）在本例中，Spring 为 Bean 的属性赋值是通过调用属性的 setter 方法实现的，这种做法称为“设值注入”，而非直接为属性赋值。若属性名为 who，setter 方法名为 setSomebody( )，Spring 配置文件中应写成 name="somebody" 而非 name="who"。所以在为属性和 setter 访问器命名时，一定要遵循 JavaBean 的命名规范。

在项目中添加测试方法。关键代码如示例 6 所示。

示例 6

```
// 通过 ClassPathXmlApplicationContext 实例化 Spring 的上下文
ApplicationContext  context = new ClassPathXmlApplicationContext(
                        "applicationContext.xml");
// 通过 ApplicationContext 的 getBean() 方法，根据 id 来获取 Bean 的实例
HelloSpring helloSpring = (HelloSpring) context
                        .getBean("helloSpring");
// 执行 print() 方法
helloSpring.print();
```

运行结果如图 4.2 所示。

在示例 6 中，ApplicationContext 是一个接口，负责读取 Spring 配置文件，管理对象的加载、生成，维护 Bean 对象之间的依赖关系，负责 Bean 的生命周期等。ClassPathXmlApplicationContext 是 ApplicationContext 接口的实现类，用于从 classpath 路径中读取 Spring 配置文件。

知识扩展

（1）除了 ClassPathXmlApplicationContext，ApplicationContext 接口还有其他实现类。例如，FileSystemXmlApplicationContext 也可以用于加载 Spring 配置文件，有兴趣的读者可以查阅相关资料了解。

（2）除了 ApplicationContext 及其实现类，还可以通过 BeanFactory 接口及其实现类对 Bean 组件实施管理。事实上，ApplicationContext 就是建立在 BeanFactory 的基础之上。BeanFactory 接口是 Spring IoC 容器的核心，负责管理组件和它们之间的依赖关系，应用程序通过 BeanFactory 接口与 Spring IoC 容器交互。ApplicationContext 是 BeanFactory 的子接口，可以对企业级开发提供更全面的支持。有兴趣的读者可以自行查阅相关资料了解 BeanFactory 与 ApplicationContext 的区别与联系。

通过“Hello,Spring!”的例子，我们发现 Spring 会自动接管配置文件中 Bean 的创建和为属性赋值的工作。Spring 在创建 Bean 的实例后，会调用相应的 setter 方法为实例设置属性值。实例的属性值将不再由程序中的代码来主动创建和管理，改为被动接受 Spring 的注入，使得组件之间以配置文件而不是硬编码的方式组织在一起。

提示

相对于“控制反转”，“依赖注入”的说法也许更容易理解一些，即由容器（如 Spring）负责把组件所“依赖”的具体对象“注入”（赋值）给组件，从而避免组件之间以硬编码的方式耦合在一起。

技能训练

上机练习 1——在控制台输出

训练要点

➢ 使用 Spring 实现依赖注入。

需求说明

➢ 输出：

张嘎说：“三天不打小鬼子，手都痒痒！”

Rod 说：“世界上有 10 种人，认识二进制的和不认识二进制的。”

➢ 说话人和说话内容都通过 Spring 注入。

实现思路及关键代码

（1）将 Spring 添加到项目。

（2）编写程序代码和配置文件（同时配置张嘎和 Rod 两个 Bean）。

（3）获取 Bean 实例，调用功能方法。

参考解决方案

程序代码如下。

```
/**
 * 依赖注入范例 :Greeting
 */
 public class Greeting {
     // 说话的人
     private String person = "Nobody";
     // 说话的内容
     private String words = "nothing";
     // 省略 setter、getter 方法
     ……

     /**
      * 定义说话方法
      */
     public void sayGreeting() {
         System.out.println(person + " 说 : “" + words + "” ");
     }
}
```

Spring 配置文件内容如下。

```
<?xml version="1.0" encoding="UTF-8"?>
<beans xmlns="http://www.springframework.org/schema/beans"
    xmlns:xsi="http://www.w3.org/2001/XMLSchema-instance"
    xsi:schemaLocation="http://www.springframework.org/schema/beans
    http://www.springframework.org/schema/beans/spring-beans-3.2.xsd">
    <!-- 定义 bean，该 bean 的 id 是 zhangGa( 张嘎 )，class 指定该 bean 实例的实现类 -->
    <bean id="zhangGa" class="cn.service.Greeting">
        <!-- property 元素用来指定需要容器注入的属性，person 属性需要容器注入 ,
             Greeting 类必须拥有 setPerson() 方法 -->
        <property name="person">
            <!-- 为 person 属性注入值 -->
            <value> 张嘎 </value>
        </property>
        <!-- words 属性需要容器注入，Greeting 类必须拥有 setWords() 方法 -->
        <property name="words">
            <!-- 为 words 属性注入值 -->
```

```
            <value> 三天不打小鬼子，手都痒痒！</value>
        </property>
    </bean>
    <bean id="rod" class="cn.service.Greeting">
        <property name="person">
            <value>Rod</value>
        </property>
        <property name="words">
            <value> 世界上有 10 种人，认识二进制的和不认识二进制的。</value>
        </property>
    </bean>
</beans>
```

测试方法的关键代码如下。

```
// 通过 ClassPathXmlApplicationContext 显式地实例化 Spring 的上下文
ApplicationContext context = new ClassPathXmlApplicationContext(
        "applicationContext.xml");
// 通过 id 获取 Greeting Bean 的实例
Greeting zhangGa = (Greeting) context.getBean("zhangGa");
Greeting rod = (Greeting) context.getBean("rod");
// 执行 sayGreeting() 方法
zhangGa.sayGreeting();
rod.sayGreeting();
```

4.2.3 深入理解 IoC/DI

通过 HelloSpring 示例的学习基本了解了 Spring 的配置及 Spring 的依赖注入，接下来开发一个打印机程序，以便更深入地理解 Spring 的“依赖注入”。

问题

如何开发一个打印机模拟程序，使其符合以下条件。

- 可以灵活地配置使用彩色墨盒或灰色墨盒。
- 可以灵活地配置打印页面的大小。

分析

程序中包括打印机（Printer）、墨盒（Ink）和纸张（Paper）三类组件，如图 4.5 所示。打印机依赖墨盒和纸张。

采取如下的步骤开发这个程序。

（1）定义 Ink 和 Paper 接口。

（2）使用 Ink 接口和 Paper 接口开发 Printer 程序。在开发 Printer 程序时并不依赖 Ink 和 Paper 的具体实现类。

（3）开发 Ink 接口和 Paper 接口的实现类：ColorInk、GreyInk 和 TextPaper。

（4）组装打印机，运行调试。

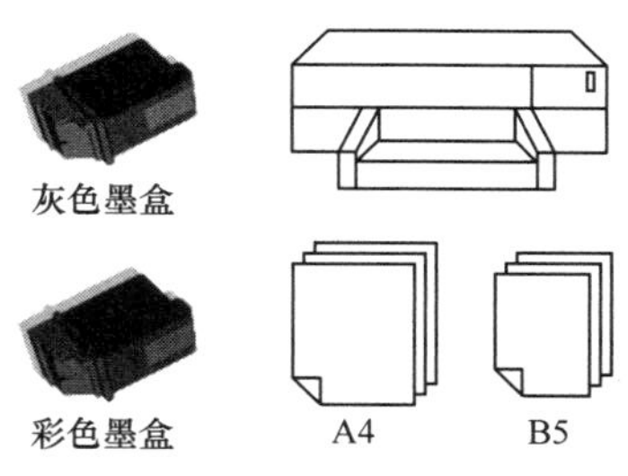

图 4.5 打印机的组件

1. 定义 Ink 和 Paper 接口

示例 7

```
/**
 * 墨盒接口
 */
public interface Ink {
    /**
     * 定义打印采用的颜色的方法
     * @param r 红色值
     * @param g 绿色值
     * @param b 蓝色值
     * @return 返回打印采用的颜色
     */
public String getColor(int r, int g, int b);
}
```

Ink 接口只定义一个 getColor() 方法，传入红、绿、蓝三种颜色的值，表示逻辑颜色；返回一个形如 #ffc800 的颜色字符串，表示打印采用的颜色。

示例 8

```
/**
 * 纸张接口
 */
```

```
public interface Paper {
    public static final String newline = "\r\n";
    /**
     * 输出一个字符到纸张
     */
    public void putInChar(char c);
    /**
     * 得到输出到纸张上的内容
     */
    public String getContent();
}
```

Paper 接口中定义了两个方法：putInChar() 用于向纸张中输出一个字符，向纸张输出字符后，纸张会根据自身大小（每页行数和每行字数的限制）在输入流中插入换行符、分页符和页码；getContent() 用于得到纸张中的所有内容。

2. 使用 Ink 接口和 Paper 接口开发 Printer 程序

示例 9

```
/**
 * 打印机程序
 */
public class Printer {
    // 面向接口编程 , 而不是具体的实现类
    private Ink ink = null;
    private Paper paper = null;
    /**
     * 设置注入所需的 setter 方法
     * @param ink 传入墨盒参数
     */
    public void setInk(Ink ink) {
        this.ink = ink;
    }
    /**
     * 设置注入所需的 setter 方法
     * @param paper 传入纸张参数
     */
    public void setPaper(Paper paper) {
        this.paper = paper;
    }
    /**
     * 打印机打印方法
     * @param str 传入打印内容
     */
    public void print(String str){
```

```
        // 输出颜色标记
        System.out.println(" 使用 "+
                ink.getColor(255, 200, 0)+" 颜色打印 :\n");
        // 逐字符输出到纸张
        for(int i=0;i<str.length();++i){
            paper.putInChar(str.charAt(i));
        }
        // 将纸张的内容输出
        System.out.print(paper.getContent());
    }
}
```

Printer 类中只有一个 print() 方法，输入参数是一个即将被打印的字符串，打印机将这个字符串逐个字符输出到纸张，然后将纸张中的内容输出。

在开发 Printer 程序的时候，只需要了解 Ink 接口和 Paper 接口即可，完全不需要依赖这些接口的某个具体实现类，这是符合实际情况的。在设计真实的打印机时也是这样，设计师只是针对纸张和墨盒的接口规范进行设计。在使用时，只要符合相应的规范，打印机就可以根据需要更换不同的墨盒和纸张。

软件设计与此类似，由于明确地定义了接口，在编写代码的时候，完全不用考虑和某个具体实现类的依赖关系，从而可以构建更复杂的系统。组件间的依赖关系和接口的重要性在将各个组件组装在一起的时候得以体现。通过这种开发模式，还可以根据需要方便地更换接口的实现，就像为打印机更换不同的墨盒和纸张一样。Spring 提倡面向接口编程也是基于这样的考虑。

print() 方法运行的时候是从哪里获得 Ink 和 Paper 的实例呢？

这时就需要提供“插槽”，以便组装的时候可以将 Ink 和 Paper 的实例“注入”进来，对 Java 代码来说就是定义 setter 方法。至此，Printer 类的开发工作就完成了。

3．开发 Ink 接口和 Paper 接口的实现类：ColorInk、GreyInk 和 TextPaper

示例 10

```
/**
 * 彩色墨盒。ColorInk 实现 Ink 接口
 */
public class ColorInk implements Ink {
    // 打印采用彩色
    public String getColor(int r, int g, int b) {
        Color color = new Color(r,g,b);
        return "#"+Integer.toHexString(color.getRGB()).substring(2);
    }
}
```

示例 11

```
/**
```

```
 * 灰色墨盒。GreyInk 实现 Ink 接口
 */
public class GreyInk implements Ink {
    // 打印采用灰色
    public String getColor(int r, int g, int b) {
        int c = (r+g+b)/3;
        Color color = new Color(c,c,c);
        return "#"+Integer.toHexString(color.getRGB()).substring(2);
    }
}
```

彩色墨盒的 getColor() 方法对传入的颜色参数做了简单的格式转换；灰色墨盒则对传入的颜色值进行计算，先转换成灰度颜色，再进行格式转换。这不是需要关注的重点，了解其功能即可。

示例 12

```
/**
 * 文本打印纸张实现。TextPaper 实现 Paper 接口
 */
public class TextPaper implements Paper {
    // 每行字符数
    private int charPerLine = 16;
    // 每页行数
    private int linePerPage = 5;
    // 纸张中内容
    private String content = "";
    // 当前横向位置，从 0 到 charPerLine-1
    private int posX = 0;
    // 当前行数，从 0 到 linePerPage-1
    private int posY = 0;
    // 当前页数
    private int posP = 1;

    public String getContent() {
        String ret = this.content;
        // 补齐本页空行，并显示页码
        if (!(posX==0 && posY==0)){
          int count = linePerPage - posY;
          for (int i=0;i<count;++i){
            ret += Paper.newline;
          }
          ret += "== 第 " + posP + " 页 ==";
        }
        return ret;
  }
```

```
    public void putInChar(char c) {
        content += c;
        ++posX;
        // 判断是否换行
        if (posX==charPerLine){
          content += Paper.newline;
          posX = 0;
          ++posY;
        }
        // 判断是否翻页
        if (posY==linePerPage){
          content += "== 第 " + posP + " 页 ==";
          content += Paper.newline + Paper.newline;
          posY = 0;
          ++posP;
        }
    }
    // setter 方法 , 用于注入每行的字符数
    public void setCharPerLine(int charPerLine) {
        this.charPerLine = charPerLine;
    }
    // setter 方法 , 用于注入每页的行数
    public void setLinePerPage(int linePerPage) {
        this.linePerPage = linePerPage;
    }
}
```

在 TextPaper 实现类的代码中，我们不用关心具体的逻辑实现，只需理解其功能即可。其中 content 用于保存当前纸张的内容。charPerLine 和 linePerPage 用于限定每行可以打印多少个字符和每页可以打印多少行。需要注意的是，setCharPerLine() 和 setLinePerPage() 这两个 setter 方法，与示例 9 中的 setter 方法类似，也是为了组装时"注入"数据留下的"插槽"。我们不仅可以注入某个类的实例，还可以注入基本数据类型、字符串等类型的数据。

4. 组装打印机，运行调试

组装打印机的工作在 Spring 的配置文件（applicationContext.xml）中完成。首先，创建几个待组装零件的实例，如示例 13 所示。

示例 13

```
<!-- 定义彩色墨盒 Bean，id 是 colorInk -->
<bean id="colorInk" class="cn.ink.ColorInk" />
<!-- 定义灰色墨盒 Bean,id 是 greyInk -->
<bean id="greyInk" class="cn.ink.GreyInk" />
<!-- 定义 A4 纸张 Bean,id 是 a4Paper -->
```

```
<!-- 通过 setCharPerLine() 方法为 charPerLine 属性注入每行字符数 -->
<!-- 通过 setLinePerPage() 方法为 linePerPage 属性注入每页行数 -->
<bean id="a4Paper" class="cn.paper.TextPaper">
    <property name="charPerLine" value="10" />
    <property name="linePerPage" value="8" />
</bean>
<!-- 定义 B5 纸张 Bean,id 是 b5Paper -->
<bean id="b5Paper" class="cn.paper.TextPaper">
    <property name="charPerLine" value="6" />
    <property name="linePerPage" value="5" />
</bean>
```

各“零件”都定义好后，下面来完成打印机的组装，如示例 14 所示。

示例 14

```
<!-- 组装打印机。定义打印机 Bean, 该 Bean 的 id 是 printer,class 指定该 Bean 实例的实现类 -->
<bean id="printer" class="cn.printer.Printer">
    <!-- 通过 ref 属性注入已经定义好的 bean -->
    <!-- 注入彩色墨盒 -->
    <property name="ink" ref="colorInk" />
    <!-- 注入 B5 打印纸张 -->
    <property name="paper" ref="b5Paper" />
</bean>
```

示例 14 的代码组装了一台彩色的、使用 B5 打印纸的打印机。需要注意的是，这里没有使用 <property> 的 value 属性，而是使用了 ref 属性。value 属性用于注入基本数据类型以及字符串类型的值。ref 属性用于注入已经定义好的 Bean，如刚刚定义好的 colorInk、greyInk、a4Paper 和 b5Paper。由于 Printer 的 setInk(Ink ink) 方法要求传入的参数是 Ink（接口）类型，所以任何 Ink 接口的实现类都可以注入。

完整的 Spring 配置文件代码如示例 15 所示。

示例 15

```
<?xml version="1.0" encoding="UTF-8"?>
<beans xmlns="http://www.springframework.org/schema/beans"
    xmlns:xsi="http://www.w3.org/2001/XMLSchema-instance"
    xsi:schemaLocation="http://www.springframework.org/schema/beans
    http://www.springframework.org/schema/beans/spring-beans-3.2.xsd">
    <!-- 定义墨盒 -->
    <bean id="colorInk" class="cn.ink.ColorInk" />
    <bean id="greyInk" class="cn.ink.GreyInk" />
    <!-- 定义纸张 -->
    <bean id="a4Paper" class="cn.paper.TextPaper">
        <property name="charPerLine" value="10" />
        <property name="linePerPage" value="8" />
    </bean>
    <bean id="b5Paper" class="cn.paper.TextPaper">
```

```
        <property name="charPerLine" value="6" />
        <property name="linePerPage" value="5" />
    </bean>
    <!-- 组装打印机 -->
    <bean id="printer" class="cn.printer.Printer">
        <property name="ink" ref="colorInk" />
        <property name="paper" ref="b5Paper" />
    </bean>
</beans>
```

从配置文件中可以看到 Spring 管理 Bean 的灵活性。Bean 与 Bean 之间的依赖关系放在配置文件里组织，而不是写在代码里。通过对配置文件的指定，Spring 能够精确地为每个 Bean 注入属性。

每个 Bean 的 id 属性是该 Bean 的唯一标识。程序通过 id 属性访问 Bean，Bean 与 Bean 的依赖关系也通过 id 属性完成。

打印机组装好之后如何工作呢？测试方法的关键代码如示例 16 所示。

示例 16

```
/**
 * 测试打印机
 */
ApplicationContext context = new ClassPathXmlApplicationContext(
        "applicationContext.xml");
// 通过 Printer bean 的 id 来获取 Printer 实例
Printer printer = (Printer) context.getBean("printer");
String content = " 几位轻量级容器的作者曾骄傲地对我说：这些容器非常有 " +
        " 用，因为它们实现了“控制反转”。这样的说辞让我深感迷惑：控 " +
        " 制反转是框架所共有的特征，如果仅仅因为使用了控制反转就认为 " +
        " 这些轻量级容器与众不同，就好像在说“我的轿车是与众不同的，"+
        " 因为它有 4 个轮子。” ";
printer.print(content);
```

运行结果如图 4.6 所示。

至此，打印机已经全部组装完成并可以正常使用了。现在我们来总结一下：和 Spring 有关的只有组装和运行两部分代码。仅这两部分代码就让我们获得了像更换打印机的墨盒和打印纸一样更换程序组件的能力。这就是 Spring 依赖注入的魔力。

通过 Spring 的强大组装能力，我们在开发每个程序组件的时候，只要明确关联组件的接口定义，而不需要关心具体实现，这就是所谓的“面向接口编程”。

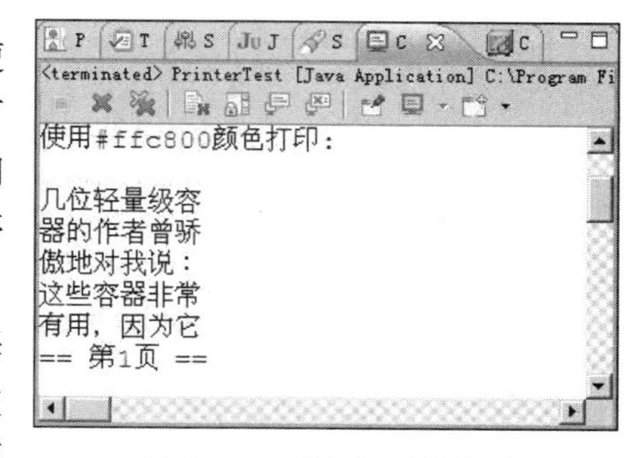

图 4.6 打印机打印的结果

技能训练

上机练习 2——模仿实现打印机功能

需求说明

模仿示例 7 至示例 16 的内容，自己动手实现打印机功能，并使用 Spring IoC 实现墨盒和纸张的灵活替换。

任务 3 Spring AOP 的简单运用

关键步骤如下。

- 掌握 Spring AOP 的原理。
- 使用 Spring AOP 实现自动的系统日志功能。

4.3.1 认识 AOP

AOP 的定义和原理

面向切面编程（Aspect Oriented Programming，AOP）是软件编程思想发展到一定阶段的产物，是对面向对象编程（Object Oriented Programming，OOP）的有益补充。AOP 一般适用于具有横切逻辑的场合，如访问控制、事务管理、性能监测等。

什么是横切逻辑呢？我们先来看下面这段程序代码。

```
/**
 * 用户业务类，实现对 User 功能的业务管理
 */
public class UserServiceImpl implements UserService {
    private static final Logger log = Logger.getLogger(UserServiceImpl.class);

    public boolean addNewUser(User user) {
        log.info(" 添加用户 " + user.getUsername());
        SqlSession sqlSession = null;
        boolean flag = false;
        try {
            sqlSession = MyBatisUtil.createSqlSession();
            if (sqlSession.getMapper(UserMapper.class).add(user) > 0)
                flag = true;
            sqlSession.commit();
            log.info(" 成功添加用户 " + user.getUsername());
        } catch (Exception e) {
            log.error(" 添加用户 " + user.getUsername() + " 失败 ", e);
            sqlSession.rollback();
            flag = false;
        } finally {
```

```
            MyBatisUtil.closeSqlSession(sqlSession);
        }
        return flag;
    }
}
```

在该段代码中，UserService 的 addNewUser() 方法根据需求增加了日志和事务功能。

这是一个再典型不过的业务处理方法。日志、异常处理、事务控制等，都是一个健壮的业务系统所必需的。但为了保证系统健壮可用，就要在众多的业务方法中反复编写类似的代码，使得原本就很复杂的业务处理代码变得更加复杂。业务功能的开发者还要关注这些“额外”的代码是否处理正确，是否有遗漏。如果需要修改日志信息的格式或者安全验证的规则，或者再增加新的辅助功能，都会导致业务代码频繁而大量的修改。

在业务系统中，总有一些散落、渗透到系统各处且不得不处理的事情，这些穿插在既定业务中的操作就是所谓的“横切逻辑”，也称为切面。怎样才能不受这些附加要求的干扰，专注于真正的业务逻辑呢？我们很容易想到的就是将这些重复性的代码抽取出来，放在专门的类和方法中处理，这样就便于管理和维护了。但即便如此，依然无法实现既定业务和横切逻辑的彻底解耦合，因为业务代码中还要保留对这些方法的调用代码，当需要增加或减少横切逻辑的时候，还是要修改业务方法中的调用代码才能实现。我们希望的是无须编写显式的调用，在需要的时候，系统能够“自动”调用所需的功能，这正是 AOP 要解决的主要问题。

面向切面编程，简单地说就是在不改变原有程序的基础上为代码段增加新的功能，对其进行增强处理。它的设计思想来源于代理设计模式，下面以图示的方式进行简单的说明。通常情况下调用对象的方法如图 4.7 所示。

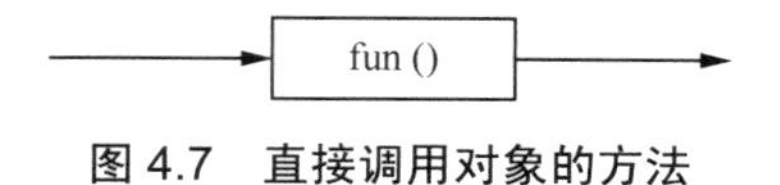

图 4.7　直接调用对象的方法

在代理模式中可以为对象设置一个代理对象，代理对象为 fun() 提供一个代理方法，当通过代理对象的 fun() 方法调用原对象的 fun() 方法时，就可以在代理方法中添加新的功能，这就是所谓的增强处理。增强的功能既可以插到原对象的 fun() 方法前面，也可以插到其后面，如图 4.8 所示。

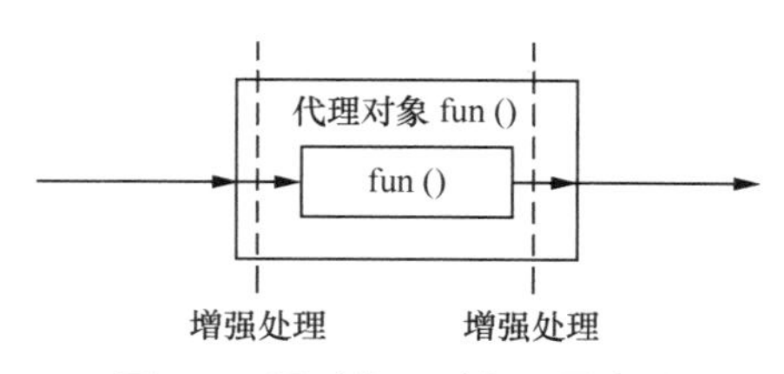

图 4.8　通过代理对象调用方法

在这种模式下，给编程人员的感觉就是在原有代码乃至原业务流程都不改变的情况下，直接在业务流程中切入新代码，增加新功能，这就是所谓的面向切面编程。对面向切面编程有了感性认识以后，还需要了解它的一些基本概念。

- 切面（Aspect）：一个模块化的横切逻辑（或称横切关注点），可能会横切多个对象。
- 连接点（Join Point）：程序执行中的某个具体的执行点。图 4.8 中原对象的 fun() 方法就是一个连接点。
- 增强处理（Advice）：切面在某个特定连接点上执行的代码逻辑。
- 切入点（Pointcut）：对连接点的特征进行描述，可以使用正则表达式。增强处理和一个切入点表达式相关联，并在与这个切入点匹配的某个连接点上运行。
- 目标对象（Target object）：被一个或多个切面增强的对象。
- AOP 代理（AOP proxy）：由 AOP 框架所创建的对象，实现执行增强处理方法等功能。
- 织入（Weaving）：将增强处理连接到应用程序中的类型或对象上的过程。
- 增强处理类型：如图 4.8 所示，在原对象的 fun() 方法之前插入的增强处理为前置增强，在该方法正常执行完以后插入的增强处理为后置增强，此外还有环绕增强、异常抛出增强、最终增强等类型。

说明

切面可以理解为由增强处理和切入点组成，既包含了横切逻辑的定义，也包含了连接点的定义。面向切面编程主要关心两个问题，即在什么位置执行什么功能。Spring AOP 是负责实施切面的框架，即由 Spring AOP 完成织入工作。

Advice 直译为“通知”，但这种叫法并不确切，在此处翻译成“增强处理”，更便于理解。

4.3.2 Spring AOP 初体验

问题

日志输出的代码直接嵌入在业务流程的代码中，不利于系统的扩展和维护。如何使用 Spring AOP 来实现日志输出，以解决这个问题呢？

实现思路及关键代码

（1）在项目中添加 Spring AOP 相关的 jar 文件。

（2）编写前置增强和后置增强实现日志功能。

（3）编写 Spring 配置文件，对业务方法进行增强处理。

（4）编写代码，获取带有增强处理的业务对象。

程序最终运行结果如图 4.9 所示。

```
08-31 14:21:45[INFO]aop.UserServiceLogger
 -调用 service.impl.UserServiceImpl@19e67d4 的 addNewUser 方法。方法入参：[entity.User@1ab7a89]
保存用户信息到数据库
08-31 14:21:45[INFO]aop.UserServiceLogger
 -调用 service.impl.UserServiceImpl@19e67d4 的 addNewUser 方法。方法返回值：null
```

图 4.9　使用 Spring AOP 实现日志功能

首先在项目中添加所需的 jar 文件，jar 文件清单如图 4.10 所示。spring-aop-3.2.13.RELEASE.jar 提供了 Spring AOP 的实现。同时，Spring AOP 还依赖 AOP Alliance 和 AspectJ 项目中的组件，相关版本的下载链接分别为 https://sourceforge.net/projects/aopalliance/files/aopalliance/1.0/ 和 http://mvnrepository.com/artifact/org.aspectj/aspectjweaver。

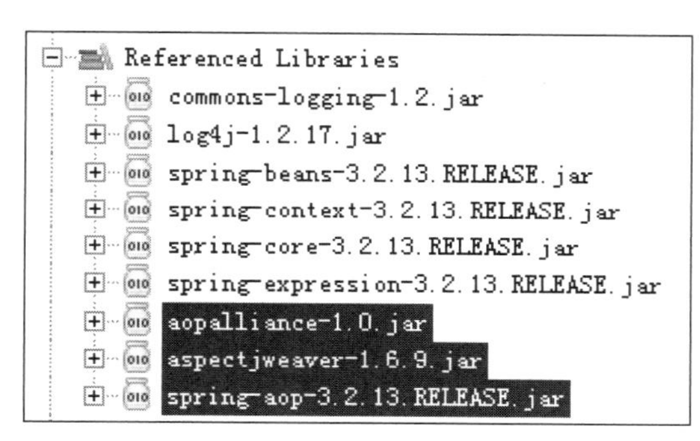

图 4.10　使用 Spring AOP 所需的 jar 文件

接下来，编写业务类 UserServiceImpl，代码如示例 17 所示。

示例 17

```
/**
 * 用户业务类，实现对 User 功能的业务管理
 */
public class UserServiceImpl implements UserService {

    // 声明接口类型的引用和具体实现类解耦合
    private UserDao dao;

    // dao 属性的 setter 访问器
    public void setDao(UserDao dao) {
        this.dao = dao;
    }

    public void addNewUser(User user) {
        // 调用用户 DAO 的方法保存用户信息
        dao.save(user);
    }
}
```

UserServiceImpl 业务类中有一个 addNewUser() 方法，实现用户业务的添加。可以发现，在该方法中并没有实现日志输出功能，接下来就以 AOP 的方式为该方法添加日志功能。编写增强类，代码如示例 18 所示。

示例 18

```
import java.util.Arrays;
import org.apache.log4j.Logger;
import org.aspectj.lang.JoinPoint;
/**
 * 定义包含增强方法的 JavaBean
 */
public class UserServiceLogger {
    private static final Logger log=Logger.getLogger(UserServiceLogger.class);
    // 代表前置增强的方法
    public void before(JoinPoint jp) {
        log.info(" 调用 " + jp.getTarget() + " 的 " + jp.getSignature().
          getName() + " 方法。方法入参： " + Arrays.toString(jp.getArgs()));
    }
    // 代表后置增强的方法
    public void afterReturning(JoinPoint jp, Object result) {
        log.info(" 调用 " + jp.getTarget() + " 的 " + jp.getSignature().
          getName() + " 方法。方法返回值： " + result);
    }
}
```

UserServiceLogger 类中定义了 before() 和 afterReturning() 两个方法。我们希望把 before() 方法作为前置增强使用，即将该方法添加到目标方法之前执行；把 afterReturning() 方法作为后置增强使用，即将该方法添加到目标方法正常返回之后执行。这里先以前置增强和后置增强为例，其他增强类型会在后续章节中介绍。

为了能够在增强方法中获得当前连接点的信息，以便实施相关的判断和处理，可以在增强方法中声明一个 JoinPoint 类型的参数，Spring 会自动注入实例。通过实例的 getTarget() 方法得到被代理的目标对象，通过 getSignature() 方法返回被代理的目标方法，通过 getArgs() 方法返回传递给目标方法的参数数组。对于实现后置增强的 afterReturning() 方法，还可以定义一个参数用于接收目标方法的返回值。

在 Spring 配置文件中对相关组件进行声明。配置如示例 19 所示。

示例 19

```
<bean id="dao" class="dao.impl.UserDaoImpl"></bean>
<bean id="service" class="service.impl.UserServiceImpl">
    <property name="dao" ref="dao"></property>
</bean>
<bean id="theLogger" class="aop.UserServiceLogger"></bean>
```

接下来在 Spring 配置文件中进行 AOP 相关的配置，首先定义切入点，代码如示例

20 所示。

示例 20

```
<?xml version="1.0" encoding="UTF-8"?>
<beans xmlns="http://www.springframework.org/schema/beans"
    xmlns:xsi="http://www.w3.org/2001/XMLSchema-instance"
    xmlns:aop="http://www.springframework.org/schema/aop"
    xsi:schemaLocation="http://www.springframework.org/schema/beans
    http://www.springframework.org/schema/beans/spring-beans-3.2.xsd
    http://www.springframework.org/schema/aop
    http://www.springframework.org/schema/aop/spring-aop-3.2.xsd">
    <bean id="dao" class="dao.impl.UserDaoImpl"></bean>
    <bean id="service" class="service.impl.UserServiceImpl">
        <property name="dao" ref="dao"></property>
    </bean>
    <bean id="theLogger" class="aop.UserServiceLogger"></bean>
    <aop:config>
        <!-- 定义一个切入点表达式，并命名为“pointcut” -->
        <aop:pointcut id="pointcut"
            expression="execution(public void addNewUser(entity.User))"/>
    </aop:config>
</beans>
```

注意

在 <beans> 元素中需要添加 aop 的名称空间，以导入与 AOP 相关的标签。

与 AOP 相关的配置都放在 <aop:config> 标签中，如配置切入点的标签 <aop:pointcut>。<aop:pointcut> 的 expression 属性可以配置切入点表达式，示例 20 中它的值为：

```
execution(public void addNewUser(entity.User))
```

execution 是切入点指示符，括号中是一个切入点表达式，用于配置需要切入增强处理的方法的特征。切入点表达式支持模糊匹配，下面介绍几种常用的模糊匹配。

- public * addNewUser(entity.User)：“*”表示匹配所有类型的返回值。
- public void *(entity.User)：“*”表示匹配所有方法名。
- public void addNewUser(..)：“..”表示匹配所有参数个数和类型。
- * com.service.*.*(..)：这个表达式匹配 com.service 包下所有类的所有方法。
- * com.service..*.*(..)：这个表达式匹配 com.service 包及其子包下所有类的所有方法。

具体使用时可以根据自己的需求来设置切入点的匹配规则。当然，匹配的规则和关键字还有很多，可以参考 Spring 的开发手册学习。

最后还需要在切入点处插入增强处理，这个过程的专业叫法是“织入”。实现织入的配置代码如示例 21 所示。

示例 21

```xml
<?xml version="1.0" encoding="UTF-8"?>
<beans xmlns="http://www.springframework.org/schema/beans"
    xmlns:xsi="http://www.w3.org/2001/XMLSchema-instance"
    xmlns:aop="http://www.springframework.org/schema/aop"
    xsi:schemaLocation="http://www.springframework.org/schema/beans
    http://www.springframework.org/schema/beans/spring-beans-3.2.xsd
    http://www.springframework.org/schema/aop
    http://www.springframework.org/schema/aop/spring-aop-3.2.xsd">
    <bean id="dao" class="dao.impl.UserDaoImpl"></bean>
    <bean id="service" class="service.impl.UserServiceImpl">
        <property name="dao" ref="dao"></property>
    </bean>
    <bean id="theLogger" class="aop.UserServiceLogger"></bean>
    <aop:config>
        <aop:pointcut id="pointcut"
            expression="execution(public void addNewUser(entity.User))" />
        <!-- 引用包含增强方法的 Bean -->
        <aop:aspect ref="theLogger">
            <!-- 将 before() 方法定义为前置增强并引用 pointcut 切入点 -->
            <aop:before method="before"
                    pointcut-ref="pointcut"></aop:before>
            <!-- 将 afterReturning() 方法定义为后置增强并引用 pointcut 切入点 -->
            <!-- 通过 returning 属性指定为名为 result 的参数注入返回值 -->
            <aop:after-returning method="afterReturning"
                    pointcut-ref="pointcut" returning="result"/>
        </aop:aspect>
    </aop:config>
</beans>
```

如示例 21 的配置所示，在 <aop:config> 中使用 <aop:aspect> 引用包含增强方法的 Bean，然后分别通过 <aop:before> 和 <aop:after-returning> 将方法声明为前置增强和后置增强，在 <aop:after-returning> 中通过 returning 属性指定需要注入返回值的属性名。方法的 JoinPoint 类型参数无须特殊处理，Spring 会自动为其注入连接点实例。

很明显，UserService 的 addNewUser() 方法可以和切入点 pointcut 相匹配，Spring 会生成代理对象，在它执行前后分别调用 before() 和 afterReturning() 方法，这样就完成了日志输出。

编写测试代码，如示例 22 所示。

示例 22

```
ApplicationContext ctx = new ClassPathXmlApplicationContext(
        "applicationContext.xml");
UserService service = (UserService) ctx.getBean("service");

User user = new User();
user.setId(1);
user.setUsername("test");
user.setPassword("123456");
user.setEmail("test@xxx.com");

service.addNewUser(user);
```

运行结果如图 4.9 所示。

从以上示例可以看出，业务代码和日志代码是完全分离的，经过 AOP 的配置以后，不做任何代码上的修改就在 addNewUser() 方法前后实现了日志输出。其实，只需稍稍修改切入点的指示符，不仅可以为 UserService 的 addNewUser() 方法增强日志功能，也可以为所有业务方法进行增强；并且可以增强日志功能，如实现访问控制、事务管理、性能监测等实用功能。

技能训练

上机练习 3——使用 Spring AOP 实现日志功能

需求说明

模仿示例 17 至示例 22，使用前置增强和后置增强对业务方法的执行过程进行日志记录。

提示

（1）在项目中添加 Spring AOP 相关的 jar 文件。

（2）编写前置增强和后置增强实现日志功能。

（3）编写 Spring 配置文件，定义切入点并对业务方法进行增强处理。

（4）编写代码，获取带有增强处理的业务对象。

（5）关键代码参考示例 17 至示例 22。

本章总结

- Spring 是一个轻量级的企业级框架，提供了 IoC 容器、AOP 实现、DAO/ORM 支持、Web 集成等功能，目标是使现有的 Java EE 技术更易用，并形成良好的编程习惯。

- 依赖注入让组件之间以配置文件的形式组织在一起，而不是以硬编码的方式耦合在一起。
- Spring 配置文件是完成组装的主要场所，常用节点包括 <bean> 及其子节点 <property>。
- AOP 的目的是从系统中分离出切面，将其独立于业务逻辑实现，并在程序执行时织入程序中运行。
- 面向切面编程主要关心两个问题：在什么位置，执行什么功能。
- 配置 AOP 主要使用 aop 命名空间下的元素完成，可以完成定义切入点和织入增强等操作。

本章练习

1．根据你的理解，讲讲什么是依赖注入，以及依赖注入给我们的项目开发带来了什么好处。

2．根据你的理解，讲讲什么是 AOP，以及使用 AOP 有什么好处。

3．某网络游戏程序中有如下类：

```
public class Equip{                              // 装备
    private String name;                         // 装备名称
    private String type;                         // 装备类型 , 头盔、铠甲等
    private Long speedPlus;                      // 速度增效
    private Long attackPlus;                     // 攻击增效
    private Long defencePlus;                    // 防御增效
    // 省略 getters & setters
    ……
}
public class Player {                            // 玩家
    private Equip armet;                         // 头盔
    private Equip loricae;                       // 铠甲
    private Equip boot;                          // 靴子
    private Equip ring;                          // 指环
    // 省略 getters & setters
    ……
    // 升级装备
    public updateEquip(Equip equip){
        if(" 头盔 ".equals(equip.getType())){
          System.out.println(armet.getName() + " 升级为 "
              + equip.getName());
          this.armet = equip;
```

```
        }
        // 省略其他装备判断
        ……
    }
}
```

根据以上信息，使用 Spring DI 配置一个拥有如表 4-1 所示装备的玩家。

表4-1 玩家的装备

装备	战神头盔	连环锁子甲	波斯追风靴	蓝魔指环
速度增效	2	6	8	8
攻击增效	4	4	2	12
防御增效	6	15	3	2

提示

```
<bean id="zhanShenArmet" class="Equip">
  <property name="name" value=" 战神头盔 " />
  <property name="type" value=" 头盔 " />
  <property name="speedPlus" value="2" />
  ……
</bean>
……
<bean id="zhangsan" class="Player">
  <property name="armet" ref="zhanShenArmet" />
  ……
</bean>
```

4．在练习 3 的基础上编写程序代码，以如下格式输出蓝魔指环的属性：

蓝魔指环 [速度增效：8；攻击增效：12；防御增效：2]

提示

```
Equip lanMoRing = (Equip)context.getBean("lanMoRing");
System.out.println(……);
```

5．在练习 4 的基础上使用 AOP 实现如下功能。

现举行免费升级指环的活动，可以免费将任意指环升级为“紫色梦幻”指环，新的装备名称为“紫色梦幻＋原指环名”，而且将在原指环基础上再加 6 点攻击、 6 点防御。

提示

使用前置增强，判断要升级的装备是否为指环，如果是，则按需求修改传入的参数的名称，以及攻击增效和防御增效属性。

第 5 章

IoC 和 AOP 扩展

技能目标

- ❖ 理解构造注入
- ❖ 理解不同数据类型的注入方法
- ❖ 掌握 p 命名空间注入
- ❖ 理解更多增强类型的使用方法
- ❖ 掌握使用注解实现 IoC 的方法
- ❖ 掌握使用注解实现 AOP 的方法

本章任务

学习本章，读者需要完成以下 5 个任务。记录学习过程中遇到的问题，并通过自己的努力或访问 kgc.cn 解决。

任务 1：依赖注入扩展

任务 2：掌握其他增强类型

任务 3：使用注解实现 IoC

本任务要求使用注解的方式进行 Spring IoC 的配置。

任务 4：使用注解实现 AOP

任务 5：掌握 Spring4.0 新特性

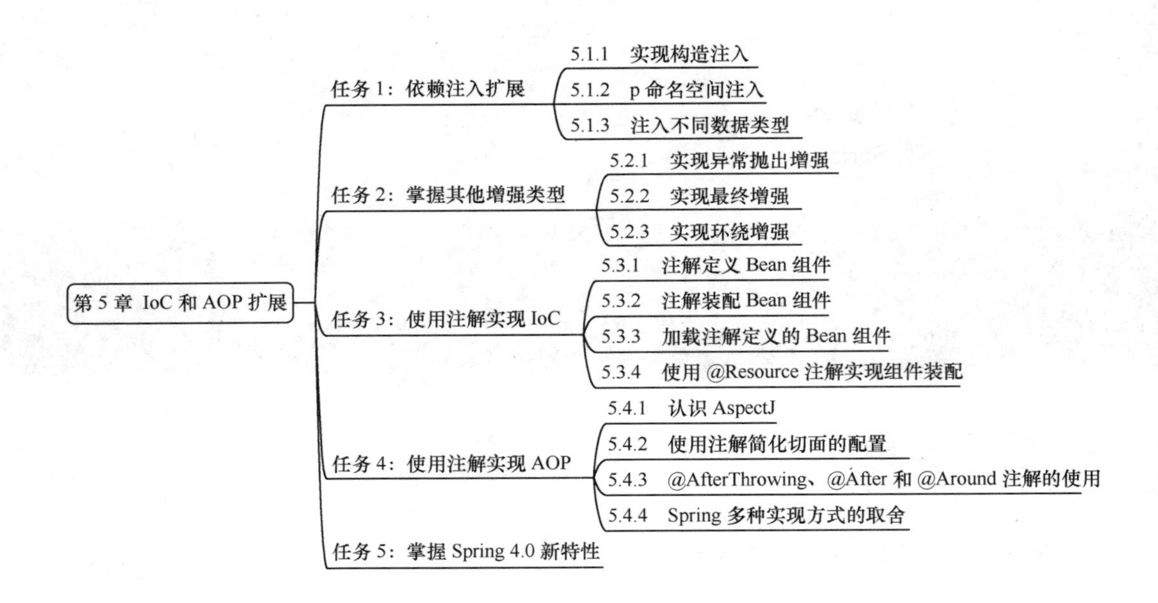

任务 1 依赖注入扩展

关键步骤如下。

- 使用 <constructor-arg> 元素配置构造注入。
- 使用 p 命名空间进行直接量和引用 Bean 的注入。
- 注入不同的数据类型。

上一章使用 Spring 通过 setter 访问器实现了对属性的赋值，这种做法称为设值注入。除此之外，Spring 还提供了通过构造方法赋值的能力，称为构造注入。

5.1.1 实现构造注入

问题

如何通过构造注入为业务类注入所依赖的数据访问层对象，实现保存用户数据的功能？

分析

解决问题的步骤如下。

（1）获取 Spring 开发包并为工程添加 Spring 支持。

（2）为业务层和数据访问层设计接口，声明所需方法。

（3）编写数据访问层接口 UserDao 的实现类，完成具体的持久化操作。

（4）在业务实现类中声明 UserDao 接口类型的属性，并添加适当的构造方法为属性赋值。

（5）在 Spring 的配置文件中将 DAO 对象以构造注入的方式赋值给业务实例中的 UserDao 类型的属性。

（6）在代码中获取 Spring 配置文件中装配好的业务类对象，实现程序功能。

在业务实现类中声明 UserDao 接口类型的属性，并添加构造方法的关键代码，如示例 1 所示。

示例 1

```
/**
 * 用户业务类，实现对 User 功能的业务管理
 */
public class UserServiceImpl implements UserService {
    // 声明接口类型的引用和具体实现类解耦合
    private UserDao dao;

    // 无参构造
    public UserServiceImpl() {
    }

    // 用于为 dao 属性赋值的构造方法
    public UserServiceImpl(UserDao dao) {
      this.dao = dao;
    }

    public void addNewUser(User user) {
      // 调用用户 DAO 的方法来保存用户信息
      dao.save(user);
    }
}
```

经验

使用设值注入时，Spring 通过 JavaBean 的无参构造方法实例化对象。当编写带参构造方法后，Java 虚拟机不会再提供默认的无参构造方法。为了保证使用的灵活性，建议自行添加一个无参构造方法。

在 Spring 的配置文件中将 DAO 对象以构造注入的方式赋值给业务类对象相关属性，关键代码如示例 2 所示。

示例 2

```
<?xml version="1.0" encoding="UTF-8"?>
<beans xmlns="http://www.springframework.org/schema/beans"
    xmlns:xsi="http://www.w3.org/2001/XMLSchema-instance"
    xsi:schemaLocation="http://www.springframework.org/schema/beans
    http://www.springframework.org/schema/beans/spring-beans-3.2.xsd">
    <!-- 定义 UserDao 对象，并指定 id 为 userDao -->
    <bean id="userDao" class="dao.impl.UserDaoImpl" />
    <!-- 定义 UserServiceImpl 对象，并指定 id 为 userService -->
    <bean id="userService" class="service.impl.UserServiceImpl">
        <!-- 通过定义的单参构造方法为 userService 的 dao 属性赋值 -->
        <constructor-arg>
            <!-- 引用 id 为 userDao 的对象为 userService 的 dao 属性赋值 -->
            <ref bean="userDao" />
        </constructor-arg>
    </bean>
</beans>
```

经验

（1）一个 <constructor-arg> 元素表示构造方法的一个参数，且使用时不区分顺序。当构造方法的参数出现混淆、无法区分时，可以通过 <constructor-arg> 元素的 index 属性指定该参数的位置索引，索引从 0 开始。<constructor-arg> 元素还提供了 type 属性用来指定参数的类型，避免字符串和基本数据类型的混淆。

（2）构造注入的时效性好，在对象实例化时就得到所依赖的对象，便于在对象的初始化方法中使用依赖对象；但受限于方法重载的形式，使用灵活性不足。设值注入使用灵活，但时效性不足，大量的 setter 访问器还增加了类的复杂性。Spring 并不倾向于某种注入方式，用户应该根据实际情况进行合理的选择。

当然 Spring 提供的注入方式不只这两种，只是这两种方式使用得最普遍，有兴趣的读者可以通过 Spring 的开发手册了解其他注入方式。

技能训练

上机练习 1——使用构造注入完成属性赋值

需求说明

➢ 输出：

张嘎说：“三天不打小鬼子，手都痒痒！”

Rod 说：“世界上有 10 种人，认识二进制的和不认识二进制的。”

➢ 说话人和说话内容都通过构造方法注入。
➢ 运行效果如图 5.1 所示。

```
08-06 11:04:19[INFO]org.springframework.conte
08-06 11:04:19[INFO]org.springframework.beans
08-06 11:04:20[INFO]org.springframework.beans
张嘎 说："三天不打小鬼子，手都痒痒！"
Rod 说："世界上有10种人，认识二进制的和不认识二进制的。"
```

图 5.1　使用构造注入的运行效果

提示

因说话人和说话内容均为字符串类型，需要使用 index 属性指定参数下标。

5.1.2　p 命名空间注入

Spring 配置文件从 2.0 版本开始采用 schema 形式，使用不同的命名空间管理不同类型的配置，使得配置文件更具扩展性。例如，前面曾使用 aop 命名空间下的标签实现织入切面的功能，而在本章及之后章节的学习中，还会接触更多其他命名空间下的配置。此外，Spring 基于 schema 的配置方案为许多领域的问题提供了简化的配置方法，大大降低了配置的工作量。在本节中，我们将使用 p 命名空间来简化属性的注入。

p 命名空间的特点是使用属性而不是子元素的形式来配置 Bean 的属性，从而简化 Bean 的配置。使用传统的 <property> 子元素配置的代码如示例 3 所示。

示例 3

```
<bean id="user" class="entity.User">
    <property name="username">
        <value> 张三 </value>
    </property>
    <property name="age">
        <value>23</value>
    </property>
    <property name="email">
        <value>zhangsan@xxx.com</value>
    </property>
</bean>
<bean id="userDao" class="dao.impl.UserDaoImpl" />
<bean id="userService" class="service.impl.UserServiceImpl">
    <property name="dao">
        <ref bean="userDao" />
    </property>
</bean>
```

使用 p 命名空间改进配置，使用前要注意先添加 p 命名空间的声明。关键代码如示例 4 所示。

示例 4

```
<?xml version="1.0" encoding="UTF-8"?>
<beans xmlns="http://www.springframework.org/schema/beans"
    xmlns:xsi="http://www.w3.org/2001/XMLSchema-instance"
    xmlns:p="http://www.springframework.org/schema/p"
    xsi:schemaLocation="http://www.springframework.org/schema/beans
    http://www.springframework.org/schema/beans/spring-beans-3.2.xsd">
    <!-- 使用 p 命名空间注入属性值 -->
    <bean id="user" class="entity.User"
        p:username=" 张三 " p:age="23" p:email="zhangsan@xxx.com" />
    <bean id="userDao" class="dao.impl.UserDaoImpl" />
    <bean id="userService" class="service.impl.UserServiceImpl"
        p:dao-ref="userDao" />
</beans>
```

通过对比可以看出，使用 p 命名空间简化配置的效果很明显。其使用方式总结如下。

对于直接量（基本数据类型、字符串）属性，使用方式如下：

语法 p: 属性名 =" 属性值 "

对于引用 Bean 的属性，使用方式如下：

语法 p: 属性名 -ref="Bean 的 id"

技能训练

上机练习 2——使用 p 命名空间注入直接量

需求说明

➢ 改造上机练习 1 的代码，说话人和说话内容使用 p 命名空间通过 setter 方法注入。

➢ 输出：

张嘎说：“三天不打小鬼子，手都痒痒！”

Rod 说：“世界上有 10 种人，认识二进制的和不认识二进制的。”

➢ 运行效果如图 5.1 所示。

上机练习 3——使用 p 命名空间注入 Bean 组件

需求说明

➢ 改造示例 1 和示例 2 的代码，使用 p 命名空间为业务 Bean 注入 DAO 对象。

5.1.3 注入不同数据类型

Spring 提供了不同的标签来实现各种不同类型参数的注入，这些标签对于设值注入和构造注入都适用。本节将以设值注入为例进行介绍，对于构造注入，只需要将介绍的标签添加到 <constructor-arg> 与 </constructor-arg> 中间即可。

1. 注入直接量（基本数据类型、字符串）

对于基本数据类型及其包装类、字符串，除了可以使用 value 属性，还可以通过 <value> 子元素进行注入，关键代码如示例 5 所示。

示例 5

```
<!-- 使用 <value> 子元素注入字符串，基本数据类型及其包装类 -->
<bean id="user" class="entity.User">
    <property name="username">
        <value> 张三 </value>
    </property>
    <property name="age">
        <value>23</value>
    </property>
</bean>
```

如果属性值中包含了 XML 中的特殊字符（&、<、>、"、'），则注入时需要进行处理。通常可以采用两种办法：使用 <![CDATA[ ]]> 标记或把特殊字符替换为实体引用。关键代码如示例 6 所示。

示例 6

```
<!-- 使用 <![CDATA[]]> 标记处理 XML 特殊字符 -->
<bean id="product" class="entity.Product">
    <property name="productName">
        <value> 高露洁牙膏 </value>
    </property>
    <property name="brand">
        <value><![CDATA[P&G]]></value>
    </property>
</bean>
<!-- 把 XML 特殊字符替换为实体引用 -->
<bean id="product" class="entity.Product">
    <property name="productName">
        <value> 高露洁牙膏 </value>
    </property>
    <property name="brand">
        <value>P&amp;G</value>
    </property>
</bean>
```

在 XML 中有 5 个预定义的实体引用，如表 5-1 所示。

表5-1　XML预定义的实体引用

符号	实体引用	符号	实体引用
<	<	'	'
>	>	"	"
&	&		

注意

严格地讲，在 XML 中只有字符“<”和“&”是非法的，其他 3 个符号都是合法的，但是把它们替换为实体引用是个好习惯。

2. **引用其他 Bean 组件**

Spring 中定义的 Bean 可以互相引用，从而建立依赖关系，除了使用 ref 属性，还可以通过 <ref> 子元素实现。关键代码如示例 7 所示。

示例 7

```
<!-- 定义 UserDao 对象 , 并指定 id 为 userDao -->
<bean id="userDao" class="dao.impl.UserDaoImpl" />
<!-- 定义 UserServiceImpl 对象 , 并指定 id 为 userService -->
<bean id="userService" class="service.impl.UserServiceImpl">
    <!-- 为 userService 的 dao 属性赋值，需要注意的是，这里要调用 setDao() 方法 -->
    <property name="dao">
        <!-- 引用 id 为 userDao 的对象，为 userService 的 dao 属性赋值 -->
        <ref bean="userDao" />
    </property>
</bean>
```

<ref> 标签中的 bean 属性用来指定要引用的 Bean 的 id。除了 bean 属性，再介绍下 local 属性的用法。关键代码如示例 8 所示。

示例 8

```
<!-- 定义 UserDao 对象 , 并指定 id 为 userDao -->
<bean id="userDao" class="dao.impl.UserDaoImpl" />
<!-- 定义 UserServiceImpl 对象 , 并指定 id 为 userService -->
<bean id="userService" class="service.impl.UserServiceImpl">
    <!-- 为 userService 的 dao 属性赋值，需要注意的是，这里要调用 setDao() 方法 -->
    <property name="dao">
        <!-- 引用 id 为 userDao 的对象，为 userService 的 dao 属性赋值 -->
        <ref local="userDao" />
    </property>
</bean>
```

从代码上看，local 属性和 bean 属性的用法似乎是一样的，都用来指定要引用的 Bean 的 id。它们的区别在于，Spring 的配置文件是可以拆分成多个的（关于 Spring 配置文件的拆分，会在后续章节中介绍），使用 local 属性只能在同一个配置文件中检索 Bean 的 id，而使用 bean 属性可以在其他配置文件中检索 id。

3. **使用内部 Bean**

如果一个 Bean 组件仅在一处使用，可以把它定义为内部 Bean。关键代码如示例 9

所示。

示例 9

```
<!-- 定义 UserServiceImpl 对象 , 并指定 id 为 userService -->
<bean id="userService" class="service.impl.UserServiceImpl">
    <!-- 为 userService 的 dao 属性赋值 , 需要注意的是 , 这里要调用 setDao() 方法 -->
    <property name="dao">
        <!-- 定义 UserDao 对象 -->
        <bean class="dao.impl.UserDaoImpl" />
    </property>
</bean>
```

这个 UserDaoImpl 类型的 Bean 就只能被 userService 使用，而无法被其他的 Bean 引用。

4. **注入集合类型的属性**

（1） List

对于 List 或数组类型的属性，可以使用 <list> 标签注入。关键代码如示例 10 所示。

示例 10

```
<bean id="user" class="entity.User">
    <property name="hobbies">
        <list>
          <!-- 定义 list 或数组中的元素 -->
          <value> 足球 </value>
          <value> 篮球 </value>
        </list>
    </property>
</bean>
```

在 <list> 标签中间可以使用 <value>、<ref> 等标签注入集合元素，甚至是另一个 <list> 标签。

（2） Set

对于 Set 类型的属性，可以使用 <set> 标签注入。关键代码如示例 11 所示。

示例 11

```
<bean id="user" class="entity.User">
    <property name="hobbies">
        <set>
          <!-- 定义 Set 中的元素 -->
          <value> 足球 </value>
          <value> 篮球 </value>
        </set>
    </property>
```

```
</bean>
```

在 <set> 标签中间也可以使用 <value>、<ref> 等标签注入集合元素。

（3） Map

对于 Map 类型的属性，可以使用示例 12 所示方式注入。

示例 12

```
<bean id="user" class="entity.User">
    <property name="hobbies">
        <map>
            <!-- 定义 Map 中的键值对 -->
            <entry>
                <key><value>football</value></key>
                <value> 足球 </value>
            </entry>
            <entry>
                <key><value>basketball</value></key>
                <value> 篮球 </value>
            </entry>
        </map>
    </property>
</bean>
```

如果 Map 中的键或值是 Bean 对象，可以把上面代码中的 <value> 换成 <ref>。

（4） Properties

对于 Properties 类型的属性，可以使用示例 13 所示方式注入。

示例 13

```
<bean id="user" class="entity.User">
    <property name="hobbies">
        <props>
            <!-- 定义 Properties 中的键值对 -->
            <prop key="football"> 足球 </prop>
            <prop key="basketball"> 篮球 </prop>
        </props>
    </property>
</bean>
```

Properties 中的键和值通常都是字符串类型。

5. 注入空字符串和 null 值

可以使用 <value></value> 注入空字符串值，使用 <null/> 注入 null 值。关键代码如示例 14 所示。

示例 14

```
<!-- 注入空字符串值 -->
```

```
<bean id="user" class="entity.User">
    <property name="email"><value></value></property>
</bean>
<!-- 注入 null 值 -->
<bean id="user" class="entity.User">
    <property name="email"><null/></property>
</bean>
```

任务 2　掌握其他增强类型

关键步骤如下。

- 使用 XML 配置的方式实现异常抛出增强。
- 使用 XML 配置的方式实现最终增强。
- 使用 XML 配置的方式实现环绕增强。

Spring 支持多种增强类型，除了之前介绍过的前置增强和后置增强，这里再补充介绍几种常用的增强类型。

5.2.1　实现异常抛出增强

异常抛出增强的特点是在目标方法抛出异常时织入增强处理。使用异常抛出增强，可以为各功能模块提供统一的、可拔插的异常处理方案。实现异常抛出增强的代码如示例 15 所示。

示例 15

```
import org.apache.log4j.Logger;
import org.aspectj.lang.JoinPoint;
/**
 * 定义包含增强方法的 JavaBean
 */
public class ErrorLogger {
    private static final Logger log = Logger.getLogger(ErrorLogger.class);

    public void afterThrowing(JoinPoint jp, RuntimeException e) {
        log.error(jp.getSignature().getName() + " 方法发生异常：" + e);
    }
}
```

Spring 配置文件中的关键代码如下。

```
<!-- 声明增强方法所在的 Bean -->
<bean id="theLogger" class="aop.ErrorLogger"></bean>
<!-- 配置切面 -->
```

```
<aop:config>
    <!-- 定义切入点 -->
    <aop:pointcut id="pointcut"
            expression="execution(* service.UserService.*(..))" />
    <!-- 引用包含增强方法的 Bean -->
    <aop:aspect ref="theLogger">
            <!-- 将 afterThrowing() 方法定义为异常抛出增强并引用 pointcut 切入点 -->
            <!-- 通过 throwing 属性指定为名为 e 的参数注入异常实例 -->
            <aop:after-throwing method="afterThrowing"
                    pointcut-ref="pointcut" throwing="e" />
    </aop:aspect>
</aop:config>
```

使用 <aop:after-throwing> 元素可以定义异常抛出增强。如果需要获取抛出的异常，可以为增强方法声明相关类型的参数，并通过 <aop:after-throwing> 元素的 throwing 属性指定该参数名称，Spring 会为其注入从目标方法抛出的异常实例。

5.2.2 实现最终增强

最终增强的特点是无论方法抛出异常还是正常退出，该增强都会被执行，类似于异常处理机制中 finally 块的作用，一般用于释放资源。使用最终增强，就可以为各功能模块提供统一的、可拔插的处理方案。实现最终增强的代码如示例 16 所示。

示例 16

```
import org.apache.log4j.Logger;
import org.aspectj.lang.JoinPoint;
/**
 * 定义包含增强方法的 JavaBean
 */
public class AfterLogger {
    private static final Logger log = Logger.getLogger(AfterLogger.class);

    public void afterLogger(JoinPoint jp) {
        log.info(jp.getSignature().getName() + " 方法结束执行。");
    }
}
```

Spring 配置文件中的关键代码如下：

```
<!-- 声明增强方法所在的 Bean -->
<bean id="theLogger" class="aop.AfterLogger"></bean>
<!-- 配置切面 -->
<aop:config>
    <!-- 定义切入点 -->
    <aop:pointcut id="pointcut"
        expression="execution(* service.UserService.*(..))" />
```

```
    <!-- 引用包含增强方法的 Bean -->
    <aop:aspect ref="theLogger">
        <!-- 将 afterLogger() 方法定义为最终增强并引用 pointcut 切入点 -->
        <aop:after method="afterLogger" pointcut-ref="pointcut"/>
    </aop:aspect>
</aop:config>
```

使用 <aop:after> 元素即可定义最终增强。

5.2.3 实现环绕增强

环绕增强是功能最强大的增强处理，Spring 把目标方法的控制权全部交给了它。环绕增强在目标方法的前后都可以织入增强处理。在环绕增强处理中，可以获取或修改目标方法的参数、返回值，可以对它进行异常处理，甚至可以决定目标方法是否被执行。实现环绕增强的代码如示例 17 所示。

示例 17

```
import java.util.Arrays;
import org.apache.log4j.Logger;
import org.aspectj.lang.ProceedingJoinPoint;
/**
 * 定义包含增强方法的 JavaBean
 */
public class AroundLogger {
    private static final Logger log = Logger.getLogger(AroundLogger.class);

    public Object aroundLogger(ProceedingJoinPoint jp) throws Throwable {
        log.info(" 调用 " + jp.getTarget() + " 的 " + jp.getSignature().
            getName() + " 方法。方法入参： " + Arrays.toString(jp.getArgs()));
        try {
            Object result = jp.proceed(); // 执行目标方法并获得返回值
            log.info(" 调用 " + jp.getTarget() + " 的 " + jp.getSignature().
                    getName() + " 方法。方法返回值： " + result);
            return result;
        } catch (Throwable e) {
            log.error(jp.getSignature().getName() + " 方法发生异常： " + e);
            throw e;
        } finally {
            log.info(jp.getSignature().getName() + " 方法结束执行。");
        }
    }
}
```

Spring 配置文件中的关键代码如下：

```
<!-- 声明增强方法所在的 Bean -->
```

```
<bean id="theLogger" class="aop.AroundLogger"></bean>
<!-- 配置切面 -->
<aop:config>
    <!-- 定义切入点 -->
    <aop:pointcut id="pointcut"
        expression="execution(* service.UserService.*(..))" />
    <!-- 引用包含增强方法的 Bean -->
    <aop:aspect ref="theLogger">
        <!-- 将 aroundLogger() 方法定义为环绕增强并引用 pointcut 切入点 -->
        <aop:around method="aroundLogger" pointcut-ref="pointcut"/>
    </aop:aspect>
</aop:config>
```

使用 <aop:around> 元素可以定义环绕增强。通过为增强方法声明 ProceedingJoinPoint 类型的参数，可以获得连接点信息，所用方法与 JoinPoint 相同。ProceedingJoinPoint 是 JoinPoint 的子接口，其不但封装了目标方法及其入参数组，还封装了被代理的目标对象，通过它的 proceed() 方法可以调用真正的目标方法，从而达到对连接点的完全控制。

任务 3 使用注解实现 IoC

关键步骤如下。

- ➢ 使用注解定义 Bean 组件。
- ➢ 使用注解装配 Bean 组件。
- ➢ 使用注解的配置信息启动 Spring 容器。
- ➢ 使用 @Resource 注解实现组件的装配。

使用注解实现 IoC

前面学习了多种和 Spring IoC 有关的配置技巧，这些技巧都是基于 XML 形式的配置文件进行的。除了 XML 形式的配置文件，Spring 从 2.0 版本开始引入注解的配置方式，将 Bean 的配置信息和 Bean 实现类结合在一起，进一步减少了配置文件的代码量。

5.3.1 注解定义 Bean 组件

我们可以在 JavaBean 中通过注解实现 Bean 组件的定义。其配置方式如示例 18 所示。

示例 18

```
import org.springframework.stereotype.Component;
/**
* 用户 DAO 类，实现 UserDao 接口，负责 User 类的持久化操作
*/
// 通过注解定义一个 DAO
```

```
@Component("userDao")
public class UserDaoImpl implements UserDao {
    public void save(User user) {
        // 这里并未实现完整的数据库操作，仅为说明问题
        System.out.println(" 保存用户信息到数据库 ");
    }
}
```

以上代码通过注解定义了一个名为 userDao 的 Bean。@Component("userDao") 的作用与在 XML 配置文件中编写 <bean id= "userDao" class=" dao.impl.UserDaoImpl"/> 等效。除了 @Component，Spring 还提供了 3 个特殊的注解。

- @Repository：用于标注 DAO 类。
- @Service：用于标注业务类。
- @Controller：用于标注控制器类。

使用特定的注解可以使组件的用途更加清晰，并且 Spring 在以后的版本中可能会为它们添加特殊的功能，所以推荐使用特定的注解来标注特定的实现类。

5.3.2 注解装配 Bean 组件

Spring 提供了 @Autowired 注解实现 Bean 的装配。关键代码如示例 19 所示。

示例 19

```
import org.springframework.stereotype.Service;
import org.springframework.beans.factory.annotation.Autowired;

/**
 * 用户业务类，实现对 User 功能的业务管理
 */
@Service("userService")
public class UserServiceImpl implements UserService {
    // 声明接口类型的引用和具体实现类解耦合
    @Autowired
    private UserDao dao;
    // 省略其他业务方法
}
```

以上代码通过 @Service 标注了一个业务 Bean，并使用 @Autowired 为 dao 属性注入所依赖的对象，Spring 将直接对 dao 属性进行赋值，此时类中可以省略属性相关的 setter 方法。

@Autowired 采用按类型匹配的方式为属性自动装配合适的依赖对象，即容器会查找和属性类型相匹配的 Bean 组件，并自动为属性注入。有关 Spring 自动装配的详细用法将在后续章节中介绍。

若容器中有一个以上类型相匹配的 Bean 时，则可以使用 @Qualifier 指定所需的 Bean 的名称。关键代码如示例 20 所示。

示例 20

```
import org.springframework.stereotype.Service;
import org.springframework.beans.factory.annotation.Autowired;
import org.springframework.beans.factory.annotation.Qualifier;
/**
 * 用户业务类，实现对 User 功能的业务管理
 */
@Service("userService")
public class UserServiceImpl implements UserService {
    // 为 dao 属性注入名为 userDao 的 Bean
    @Autowired
    @Qualifier("userDao")
    private UserDao dao;
    // 省略其他业务方法
}
```

5.3.3 加载注解定义的 Bean 组件

使用注解定义完 Bean 组件，接下来就可以使用注解的配置信息启动 Spring 容器。其关键代码如示例 21 所示。

示例 21

```
<?xml version="1.0" encoding="UTF-8"?>
<beans xmlns="http://www.springframework.org/schema/beans"
    xmlns:xsi="http://www.w3.org/2001/XMLSchema-instance"
    xmlns:context="http://www.springframework.org/schema/context"
    xsi:schemaLocation="http://www.springframework.org/schema/beans
    http://www.springframework.org/schema/beans/spring-beans-3.2.xsd
    http://www.springframework.org/schema/context
    http://www.springframework.org/schema/context/spring-context-3.2.xsd">
    <!-- 扫描包中注解标注的类 -->
    <context:component-scan base-package="service,dao" />
</beans>
```

以上代码中，首先在 Spring 配置文件中添加对 context 命名空间的声明，然后使用 context 命名空间下的 component-scan 标签扫描注解标注的类。base-package 属性指定了需要扫描的基准包（多个包名可用逗号隔开）。Spring 会扫描这些包中所有的类，获取 Bean 的定义信息。

技能训练

上机练习 4——使用注解实现依赖注入

需求说明

参照示例 18 至示例 21，使用注解完成 Bean 的定义和装配。

提示

参考实现步骤如下:

（1）编写Dao接口及其实现类，使用恰当的注解将实现类标注为Bean组件。

（2）编写业务接口及其实现类，使用恰当的注解将实现类标注为Bean组件。

（3）使用注解为业务Bean注入所依赖的Dao组件。

（4）编写Spring配置文件，使用注解配置信息启动Spring容器。

（5）编写测试代码，运行代码以检验效果。

知识扩展

（1）@Autowired也可以对方法的入参进行标注。关键代码如下所示:

```
@Service("userService")
public class UserServiceImpl implements UserService {
private UserDao dao;
// dao 属性的 setter 访问器
@Autowired
public void setDao(@Qualifier("userDao") UserDao dao) {
  this.dao = dao;
}
// 省略其他业务方法
}
```

也可用于构造方法，实现构造注入。关键代码如下所示:

```
@Service("userService")
public class UserServiceImpl implements UserService {
    private UserDao dao;
    public UserServiceImpl() {}
    @Autowired
    public UserServiceImpl(@Qualifier("userDao") UserDao dao) {
    this.dao = dao;
    }
   // 省略其他业务方法
}
```

（2）使用@Autowired注解进行装配时，如果找不到相匹配的Bean组件，Spring容器会抛出异常。此时如果依赖不是必需的，为避免抛出异常，可以将required属性设置为false，关键代码如下所示:

```
@Service("userService")
public class UserServiceImpl implements UserService {
```

```
    @Autowired(required = false)
    private UserDao dao;
    // 省略其他业务方法
}
```

required 属性默认为 true，即必须找到匹配的 Bean 完成装配，否则抛出异常。

（3）如果对类中集合类型的成员变量或方法入参使用 @Autowired 注解，Spring 会将容器中所有和集合中元素类型匹配的 Bean 组件都注入进来。如下列实现任务队列的代码中，Spring 会将 Job 类型的 Bean 组件都注入给 toDoList 属性。这样就可以轻松、灵活地实现任务组件的识别和注入工作。

```
@Component
public class TaskQueue {
    @Autowired(required = false)
    private List<Job> toDoList;
    // 省略其他业务方法
}
```

5.3.4 使用 @Resource 注解实现组件装配

除了提供 @Autowired 注解，Spring 还支持使用 JSR-250 中定义的 @Resource 注解实现组件装配，该注解也能对类的成员变量或方法入参提供注入功能。

说明

JSR 全称是 Java Specification Requests，即 Java 规范提案。Java 的版本及其功能在不断地更新和扩展，JSR 就是用来规范这些功能及其接口的标准，已经成为 Java 业界的一个重要标准。

@Resource 有一个 name 属性，默认情况下，Spring 将这个属性的值解释为要注入的 Bean 的名称。其用法如示例 22 所示。

示例 22

```
import org.springframework.stereotype.Service;
import javax.annotation.Resource;
/**
 * 用户业务类，实现对 User 功能的业务管理
 */
@Service("userService")
public class UserServiceImpl implements UserService {
    // 为 dao 属性注入名为 userDao 的 Bean
    @Resource(name = "userDao")
    private UserDao dao;
```

```
    // 省略其他业务方法
}
```

如果没有显式地指定 Bean 的名称，@Resource 注解将根据字段名或者 setter 方法名产生默认的名称：如果注解应用于字段，将使用字段名作为 Bean 的名称；如果注解应用于 setter 方法，Bean 的名称就是通过 setter 方法得到的属性名。代码如示例 23、示例 24 所示。

示例 23

```
import javax.annotation.Resource;
import org.springframework.stereotype.Service;
/**
 * 用户业务类，实现对 User 功能的业务管理
 */
@Service("userService")
public class UserServiceImpl implements UserService {
    // 查找名为 dao 的 Bean，并注入给 dao 属性
    @Resource
    private UserDao dao;
    // 省略其他业务方法
}
```

示例 24

```
import javax.annotation.Resource;
import org.springframework.stereotype.Service;
/**
 * 用户业务类，实现对 User 功能的业务管理
 */
@Service("userService")
public class UserServiceImpl implements UserService {
    private UserDao dao;
    // 查找名为 userDao 的 Bean，并注入给 setter 方法
    @Resource
    public void setUserDao(UserDao userDao) {
        this.dao = userDao;
    }
    // 省略其他业务方法
}
```

如果没有显式地指定 Bean 的名称，且无法找到与默认 Bean 名称匹配的 Bean 组件，@Resource 注解会由按名称查找的方式自动变为按类型匹配的方式进行装配。例如，示例 23 中没有显式指定要查找的 Bean 的名称，且如果不存在名为 dao 的 Bean 组件，@Resource 注解会转而查找和属性类型相匹配的 Bean 组件并注入。

技能训练

上机练习 5——使用 Java 标准注解实现装配

需求说明

改造上机练习 4 的代码，使用 Java 标准注解完成 Bean 组件的装配。

任务 4 使用注解实现 AOP

关键步骤如下。

➢ 使用注解简化切面的定义。

➢ 使用 @AfterThrowing、@After 和 @Around 注解进行增强的配置。

5.4.1 认识 AspectJ

AspectJ 是一个面向切面的框架，它扩展了 Java 语言、定义了 AOP 语法，能够在编译期提供代码的织入，它提供一个专门的编译器用来生成遵守字节编码规范的 Class 文件。

@AspectJ 是 AspectJ 5 新增的功能，使用 JDK 5.0 注解技术和正规的 AspectJ 切点表达式语言描述切面。因此在使用 @AspectJ 之前，需要保证所使用的 JDK 是 5.0 或更高版本，否则将无法使用注解技术。

Spring 通过集成 AspectJ 实现了以注解的方式定义切面，大大减轻了配置文件的工作量。此外，因为 Java 的反射机制无法获取方法参数名，Spring 还需要利用轻量级的字节码处理框架 asm（已集成在 Spring Core 模块中）处理 @AspectJ 中所描述的方法参数名。

了解了 AspectJ，接下来开始编写基于 @AspectJ 注解的切面。

5.4.2 使用注解简化切面的配置

问题

在 Spring 中如何使用注解来实现日志切面？

使用注解定义切面

分析

解决问题的步骤如下。

（1）使用注解定义前置增强和后置增强实现日志功能。

（2）编写 Spring 配置文件，完成切面织入。

使用注解定义切面以实现日志功能，代码如示例 25 所示。

示例 25

```
import java.util.Arrays;
import org.apache.log4j.Logger;
import org.aspectj.lang.JoinPoint;
import org.aspectj.lang.annotation.Aspect;
import org.aspectj.lang.annotation.Before;
import org.aspectj.lang.annotation.AfterReturning;
/**
 * 使用注解定义切面
 */
@Aspect
public class UserServiceLogger {
    private static final Logger log=Logger.getLogger(UserServiceLogger.class);

    @Before("execution(* service.UserService.*(..))")
    public void before(JoinPoint jp) {
        log.info(" 调用 " + jp.getTarget() + " 的 " + jp.getSignature()
            .getName() + " 方法。方法入参：" + Arrays.toString(jp.getArgs()));
    }

    @AfterReturning(pointcut = "execution(* service.UserService.*(..))",
                returning = "returnValue")
    public void afterReturning(JoinPoint jp, Object returnValue) {
        log.info(" 调用 " + jp.getTarget() + " 的 " + jp.getSignature()
            .getName() + " 方法。方法返回值：" + returnValue);
    }
}
```

在示例 25 中，使用 @Aspect 注解将 UserServiceLogger 定义为切面，并且使用 @Before 注解将 before() 方法定义为前置增强，使用 @AfterReturning 注解将 afterReturning() 方法定义为后置增强。为了能够获得当前连接点的信息，在增强方法中添加了 JoinPoint 类型的参数，Spring 会自动注入该实例。对于后置增强，还可以定义一个参数用于接收目标方法的返回值。需要注意的是，必须在 @AfterReturning 注解中通过 returning 属性指定该参数的名称，Spring 会将目标方法的返回值赋值给指定名称的参数。示例 25 中，@Before 注解和 @AfterReturning 注解分别指定了各自的切入点为 UserService 接口的所有方法。

对于相同的切入点要求，可以统一定义，以便于重用和维护。代码如示例 26 所示。

示例 26

```
import java.util.Arrays;
import org.apache.log4j.Logger;
import org.aspectj.lang.JoinPoint;
import org.aspectj.lang.annotation.Aspect;
import org.aspectj.lang.annotation.Before;
```

```
import org.aspectj.lang.annotation.AfterReturning;
import org.aspectj.lang.annotation.Pointcut;
/**
 * 使用注解定义切面
 */
@Aspect
public class UserServiceLogger {
    private static final Logger log=Logger.getLogger(UserServiceLogger.class);

    @Pointcut("execution(* service.UserService.*(..))")
    public void pointcut() {}

    @Before("pointcut()")
    public void before(JoinPoint jp) {
        log.info(" 调用 " + jp.getTarget() + " 的 " + jp.getSignature()
            .getName() + " 方法。方法入参：" + Arrays.toString(jp.getArgs()));
    }

    @AfterReturning(pointcut = "pointcut()", returning = "returnValue")
    public void afterReturning(JoinPoint jp, Object returnValue) {
        log.info(" 调用 " + jp.getTarget() + " 的 " + jp.getSignature()
            .getName() + " 方法。方法返回值：" + returnValue);
    }
}
```

切入点表达式使用 @Pointcut 注解来表示，而切入点签名则需通过一个普通的方法定义来提供，如示例 26 中的 pointcut() 方法，作为切入点签名的方法必须返回 void 类型。定义好切入点后，就可以使用“pointcut()”签名进行引用。

切面定义完后，还需要在 Spring 配置文件中完成织入工作。配置代码如示例 27 所示。

示例 27

```
<?xml version="1.0" encoding="UTF-8"?>
<beans xmlns="http://www.springframework.org/schema/beans"
    xmlns:xsi="http://www.w3.org/2001/XMLSchema-instance"
    xmlns:context="http://www.springframework.org/schema/context"
    xmlns:aop="http://www.springframework.org/schema/aop"
    xsi:schemaLocation="http://www.springframework.org/schema/beans
    http://www.springframework.org/schema/beans/spring-beans-3.2.xsd
    http://www.springframework.org/schema/context
    http://www.springframework.org/schema/context/spring-context-3.2.xsd
    http://www.springframework.org/schema/aop
    http://www.springframework.org/schema/aop/spring-aop-3.2.xsd">

    <context:component-scan base-package="service,dao" />
    <bean class="aop.UserServiceLogger"></bean>
    <aop:aspectj-autoproxy />
```

```
</beans>
```

配置文件中首先要导入 aop 命名空间。只需在配置文件中添加 <aop:aspectj-autoproxy/> 元素，就可以启用对于 @AspectJ 注解的支持，Spring 将自动为匹配的 Bean 创建代理。

为了注册定义好的切面，还要在 Spring 配置文件中声明 UserServiceLogger 的一个实例。如果不需要被其他 Bean 引用，可以不指定 id 属性。

编写测试代码并运行，结果如图 5.2 所示。

```
08-31 14:21:45[INFO]aop.UserServiceLogger
 -调用 service.impl.UserServiceImpl@19e67d4 的 addNewUser 方法。方法入参：[entity.User@1ab7a89]
保存用户信息到数据库
08-31 14:21:45[INFO]aop.UserServiceLogger
 -调用 service.impl.UserServiceImpl@19e67d4 的 addNewUser 方法。方法返回值：null
```

图 5.2　使用注解定义切面的运行结果

技能训练

上机练习 6——使用注解方式实现日志切面

需求说明

使用注解方式定义前置增强和后置增强，对业务方法的执行过程进行日志记录。

提示

关键代码参考示例 25 至示例 27。

5.4.3 @AfterThrowing、@After 和 @Around 注解的使用

使用 @AfterThrowing 注解可以定义异常抛出增强。如果需要获取抛出的异常，可以为增强方法声明相关类型的参数，并通过 @AfterThrowing 注解的 throwing 属性指定该参数名称，Spring 会为其注入从目标方法抛出的异常实例。定义异常抛出增强的代码如示例 28 所示。

示例 28

```java
import org.apache.log4j.Logger;
import org.aspectj.lang.annotation.Aspect;
import org.aspectj.lang.JoinPoint;
import org.aspectj.lang.annotation.AfterThrowing;
/**
 * 通过注解实现异常抛出增强
 */
@Aspect
public class ErrorLogger {
    private static final Logger log = Logger.getLogger(ErrorLogger.class);

    @AfterThrowing(pointcut = "execution(* service.UserService.*(..))",
                   throwing = "e")
    public void afterThrowing(JoinPoint jp, RuntimeException e) {
```

```
            log.error(jp.getSignature().getName() + " 方法发生异常：" + e);
        }
    }
```

使用 @After 注解可以定义最终增强。定义最终增强的代码如示例 29 所示。

示例 29

```
import org.apache.log4j.Logger;
import org.aspectj.lang.annotation.Aspect;
import org.aspectj.lang.JoinPoint;
import org.aspectj.lang.annotation.After;
/**
 * 通过注解实现最终增强
 */
@Aspect
public class AfterLogger {
    private static final Logger log = Logger.getLogger(AfterLogger.class);
    @After("execution(* service.UserService.*(..))")
    public void afterLogger(JoinPoint jp) {
        log.info(jp.getSignature().getName() + " 方法结束执行。");
    }
}
```

使用 @Around 注解可以定义环绕增强。通过为增强方法声明 ProceedingJoinPoint 类型的参数，可以获得连接点信息。通过它的 proceed( ) 方法可以调用真正的目标方法，从而实现对连接点的完全控制。定义环绕增强的代码如示例 30 所示。

示例 30

```
import java.util.Arrays;
import org.apache.log4j.Logger;
import org.aspectj.lang.annotation.Aspect;
import org.aspectj.lang.ProceedingJoinPoint;
import org.aspectj.lang.annotation.Around;
/**
 * 通过注解实现环绕增强
 */
@Aspect
public class AroundLogger {
    private static final Logger log = Logger.getLogger(AroundLogger.class);
    @Around("execution(* service.UserService.*(..))")
    public Object aroundLogger(ProceedingJoinPoint jp) throws Throwable {
        log.info(" 调用 " + jp.getTarget() + " 的 " + jp.getSignature()
            .getName() + " 方法。方法入参：" + Arrays.toString(jp.getArgs()));
        try {
            Object result = jp.proceed();
            log.info(" 调用 " + jp.getTarget() + " 的 " + jp.getSignature()
```

```
            .getName() + " 方法。方法返回值：" + result);
        return result;
    } catch (Throwable e) {
        log.error(jp.getSignature().getName() + " 方法发生异常：" + e);
        throw e;
    } finally {
        log.info(jp.getSignature().getName() + " 方法结束执行。");
    }
  }
}
```

5.4.4 Spring 多种实现方式的取舍

Spring 在处理同一个问题时提供了多种灵活选择，反而容易令初学者感到迷惑。我们应该根据项目的具体情况做出选择：如果项目采用 JDK 5.0 以上版本，可以考虑使用 @AspectJ 注解方式，减少配置的工作量；如果不愿意使用注解或项目采用的 JDK 版本较低而无法使用注解，则可以选择使用 <aop:aspect> 配合普通 JavaBean 的形式。

任务 5 掌握 Spring 4.0 新特性

关键步骤：掌握 Spring 4.0 新特性。

Spring 的每次版本升级都会有新特性加入，下面我们通过 Spring 4.0 的架构图来了解详细情况，如图 5.3 所示。

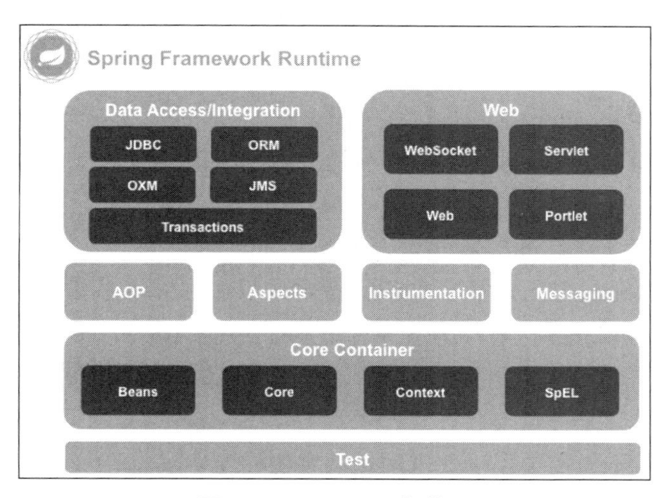

图 5.3 Spring 4.0 架构图

Spring 4.0 首次完全支持 Java 8 的功能，但依然可以使用较早的 Java 版本，只是现在所需的最低版本已经被提升到 Java SE 6。同时 Spring 4.0 还利用主版本发布的机会删除了很多废弃的类和方法。

1. **被删除的废弃包和方法**

所有被废弃的包和很多被废弃的类和方法已经从 4.0 版本中删除，如果想从 Spring 之前的发布版本中升级，要确保修正那些对被废弃的内容的调用，以免使用过期的 API。

2. **支持 Java 8（包括 6 和 7）**

Spring 4.0 提供了对几个 Java 8 功能的支持，可以通过 Spring 的回调接口来使用 lambda 表达式和方法引用。首先支持的类是 java.time(JSR-310) 和几个已经被改造成 @Repeatable 的既有标注，还可以使用 Java 8 的参数名称发现机制（-parameters 编译标记）来对调试信息的使用进行选择性编译。

Spring 保留了对 Java 和 JDK 较早版本的兼容性：Java SE 6（JDK 6 最低版本级别要升级到 18，这是 2010 年 2 月发布的版本）及以上版本依然完全支持。但是基于 Spring 4.0 最新开发的项目，推荐使用 Java 7/8。

3. **Java EE 6/7**

Spring 4.0 使用 Java EE 6 或以上版本来作为基线，同时包含了相关的 JPA 2.0 和 Servlet 3.0 的规范。为了保持跟 Google App 引擎和旧的应用服务的兼容性，可能要把 Spring 4 应用程序部署到 Servlet 2.5 的环境中。

4. **使用 Groovy 的 DSL（Domain Specific Language）来定义 Bean**

从 Spring 4.0 开始，可以使用 Groovy 的 DSL 来定义外部的 Bean 配置。这有点类似于使用 XML 定义 Bean 的概念，但是它允许使用更加简洁的语法。使用 Groovy 也允许更加方便地把 Bean 定义嵌入到应用程序的启动代码中。

5. **内核容器方面的改善**

以下是对核心容器的几个方面的常规改善：

- Spring 可以在注入 Bean 的时候处理修饰样式的泛型。例如，如果要使用 Spring 的数据资源库（Repository），就可以很容易地注入一个特定的实现：@Autowired Repository<Customer> customerRepository。
- 在列表和数组中的 Bean 是可以被排序的，它同时支持 @Order 注解和 Ordered 接口。
- 在注入点可以使用 @Lazy 注解，跟 @Bean 定义一样。
- 引入了 @Description 注解，方便开发者使用基于 Java 的配置。
- 通过 @Conditional 注解作为条件过滤 Bean 的常用模式。
- 基于 CGLIB 的代理类不再需要默认的构造器，它通过被重新包装在内部的 objenesis 类库来提供支持，这个类库作为 Spring 框架的一部分来发布。使用这种策略，就不再需要用于代理实例调用的构造器了。
- 通过框架提供对管理时区的支持，如 LocaleContext。

6. **常用的 Web 方面的改善**

部署到 Servlet 2.5 依然是一个可选项，但当前的 Spring 4.0 主要关注 Servlet 3.0+ 环境。如果是使用 Spring 的 MVC 测试框架，那么就需要确保在测试的类路径中有与

Servlet 3.0 兼容的 JAR 包。

下面是 Spring 的 Web 模块常规改善：

- 可以在 Spring 的 MVC 应用程序中使用新的 @RestController 注解，不再需要给每个 @RequestMapping 方法添加 @ResponseBody。
- 添加了 AsyncRestTemplate 类，它允许在开发 REST 客户端时支持非阻塞的异步支持。
- 在开发 Spring MVC 应用程序时，Spring 提供了全面的时区支持。

7. WebSocket、SockJS 和 STOMP 消息

新的 spring-websocket 模块提供了全面的基于 WebSocket 的支持，在 Web 应用程序的客户端和服务端之间提供两种通信方式。它跟 JSR-356 兼容，用于浏览器的 Java 的 WebSocket API 和额外提供的基于 SockJS 的回退选项（如 WebSocket 模拟器）依然不支持 WebSocket 协议（如 IE 之前的版本）。

新的 spring-messaging 模块添加了对 WebSocket 的子协议 STOMP 的支持，它在应用程序中跟注解编程模式一起用于路由和处理来自 WebSocket 客户端的 STOMP 消息。现在只需一个 @Controller 就能够包含处理 HTTP 请求，以及来自被连接的 WebSocket 客户端的 @RequestMapping 和 @MessageMapping 方法的结果。spring-messaging 模块还包含了来自 Spring 集成项目的关键抽象原型，如 Message、MessageChannel、Message Handler 以及其他的基于消息应用的基础服务。

8. 测试的改善

Spring 4.0 中删除了 spring-test 模块中的废弃代码，还引入了几个用于单元和集成测试的新功能：

- 在 spring-test 模块中几乎所有的注解（如 @ContextConfiguration、@WebAppConfiguration、@ContextHierarchy、@ActiveProfiles 等）都可以使用元注解来创建个性化的组合注解，并减少跨测试单元的配置成本。
- 通过简单的编程可以实现个性化的 ActiveProfilesResolver 接口，使用 @Active Profiles 的 resolver 属性就可以激活 bean 定义的配置。
- 在 spring-core 模块中引入了新的 SocketUtils 类，它确保可以扫描到本地主机上闲置的 TCP 和 UDP 服务端口。这个功能不是专门提供给测试的，它在编写需要使用套接字的集成测试代码时非常有用，例如，测试内存中启动的 SMTP 服务、FTP 服务、Servlet 容器等。
- 在 Spring 4.0 的 org.springframework.mock.web 包中，有一组基于 Servlet 3.0 API 的模拟器。此外，还增强了几个 Servlet 的 API 模拟器（如 MockHttpServletRequest、Mock ServletContext 等）的功能，并改善了可配置性。

本章总结

- Spring 提供了设值注入、构造注入等依赖注入方式。
- 使用 p 命名空间可以简化属性注入的配置。

- Spring 提供的增强处理类型包括前置增强、后置增强、异常抛出增强、环绕增强、最终增强等，本章重点介绍后三种。
- 通过 Schema 形式将 POJO 的方法配置成切面，所用标签包括 <aop:aspect>、<aop:before>、<aop:after-returning>、<aop:around>、<aop:after-throwing>、<aop:after> 等。
- 用来定义 Bean 组件的注解包括 @Component、@Repository、@Service、@Controller。
- Bean 组件的装配可以通过 @Autowired、@Qualifier 以及 @Resource 实现。
- 在 Spring 配置文件中使用 <context:component-scan> 元素扫描包含注解的类，来完成初始化。
- 使用注解方式定义切面可以简化配置工作，常用注解有 @Aspect、@Before、@AfterReturning、@Around、@AfterThrowing、@After 等。
- 通过在配置文件中添加 <aop:aspectj-autoproxy> 元素，就可以启用对于 @AspectJ 注解的支持。

本章练习

1. 简述 Spring 实现 AOP 的几种方式及各自的适用场合。
2. 使用 p 命名空间的方式重新实现第 4 章练习 3。
3. 使用注解方式重新实现第 4 章练习 5。

第 6 章

Spring 与 MyBatis 的整合

技能目标

- ❖ Spring 与 MyBatis 的集成
- ❖ 使用 SqlSessionTemplate 实现整合
- ❖ 使用 MapperFactoryBean 实现整合
- ❖ 使用 Spring 的事务切面实现声明式事务处理
- ❖ 使用注解实现声明式事务处理

本章任务

学习本章，读者需要完成以下 5 个任务。记录学习过程中遇到的问题，并通过自己的努力或访问 kgc.cn 解决。

任务 1：分析整合思路

任务 2：整合前的准备工作

任务 3：实现 Spring 对 MyBatis 的整合

任务 4：掌握注入映射器的两种方式

任务 5：添加声明式事务

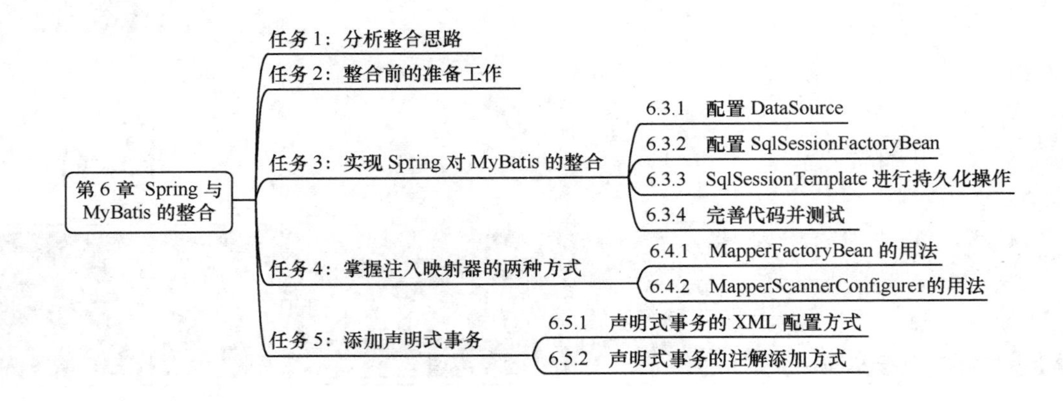

任务 1 分析整合思路

作为 Bean 容器，Spring 框架提供了 IoC 机制，可以接管所有组件的创建工作并进行依赖管理，因而整合的主要工作就是把 MyBatis 框架使用中所涉及的核心组件配置到 Spring 容器中，交给 Spring 来创建和管理。

具体来说，业务逻辑对象依赖基于 MyBatis 技术实现的 DAO 对象，核心是获取 SqlSession 实例。要获得 SqlSession 实例，则需要依赖 SqlSessionFactory 实例。而 SqlSessionFactory 是 SqlSessionFactoryBuilder 依据 MyBatis 配置文件中的数据源、SQL 映射文件等信息来构建的。

针对上述依赖关系，以往我们需要自行编码通过 SqlSessionFactoryBuilder 读取配置文件、构建 SqlSessionFactory，进而获得 SqlSession 实例，满足业务逻辑对象对于数据访问的需要。随着 Spring 框架的引入，以上流程将全部移交给 Spring，发挥 Spring 框架 Bean 容器的作用，接管组件的创建工作，管理组件的生命周期，并对组件之间的依赖关系进行解耦合管理。

任务 2 整合前的准备工作

关键步骤如下。

- 添加 jar 包。
- 建立开发目录结构，创建实体类。
- 创建数据访问接口。
- 配置 SQL 映射文件。

➢ 配置 MyBatis 配置文件。

我们以实现超市订单管理系统的功能为例来完成 Spring 与 MyBatis 的整合。

第一步：在项目中加入 Spring、MyBatis 及整合相关的 JAR 文件

在使用 Spring 整合 MyBatis 之前，首先要下载与整合相关的 JAR 文件。由于 Spring 3 的开发在 MyBatis 3 官方发布之前就结束了，Spring 开发团队不想发布一个基于非发布版本的 MyBatis 的整合支持，因此 Spring 3 并没有提供对 MyBatis 3 的支持。为了使 Spring 3 支持 MyBatis 3，MyBatis 团队按照 Spring 集成 ORM 框架的统一风格开发了相关整合组件，方便开发者在 Spring 中集成使用 MyBatis。

MyBatis-Spring 整合资源包（https://github.com/mybatis/spring/releases）可以在 GitHub 上找到，根据需要选择版本下载。这里选择的是 mybatis-spring 1.2.0 版本，下载 mybatis-spring-1.2.0.zip，解压后的目录如图 6.1 所示。

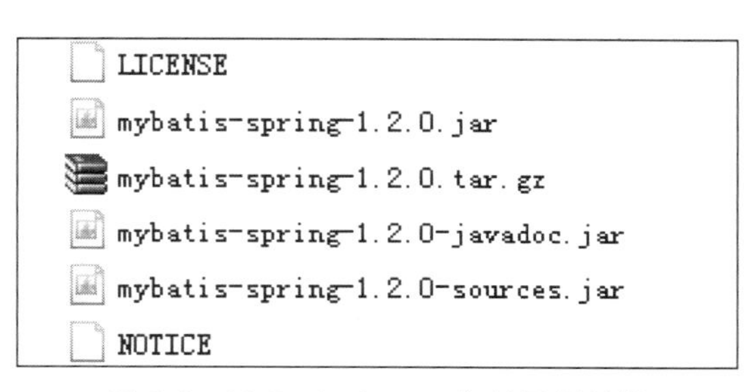

图 6.1　MyBatis-Spring 包的目录结构

整合时，在项目中只要包含 mybatis-spring-1.2.0.jar 就可以了，也可以根据需要配置源代码和 JavaDoc 资源以方便学习。

由于在整合中还会用到 Spring 的数据源支持以及事务支持，因此还需要在项目中加入 spring-jdbc-3.2.13.RELEASE.jar 和 spring-tx-3.2.13.RELEASE.jar 两个 jar 文件。

项目所需的 jar 文件如图 6.2 所示。

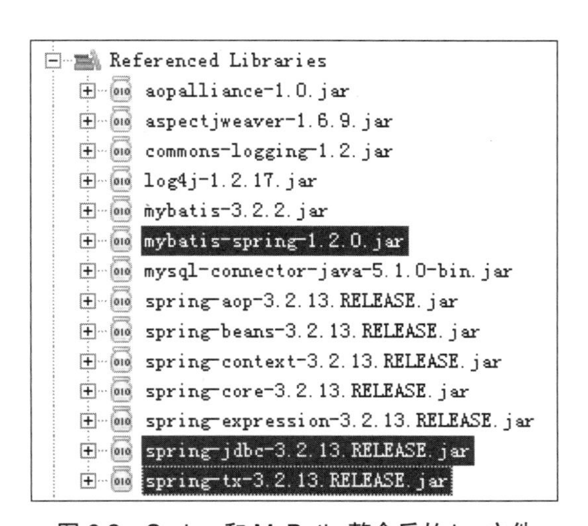

图 6.2　Spring 和 MyBatis 整合后的 jar 文件

第二步：建立开发目录结构，创建实体类

在 cn.smbms.pojo 包下，创建实体类 User。关键代码如示例 1 所示。

示例 1

```
public class User implements java.io.Serializable{
    private Integer id;                  // id
    private String  userCode;            // 用户编码
    private String  userName;            // 用户名称
    private String  userPassword;        // 用户密码
    private Integer gender;              // 性别
    private Date    birthday;            // 出生日期
    private String  phone;               // 电话
    private String  address;             // 地址
    private Integer userRole;            // 用户角色 ID
    private Integer createdBy;           // 创建者
    private Date    creationDate;        // 创建时间
    private Integer modifyBy;            // 更新者
    private Date    modifyDate;          // 更新时间
    private String  userRoleName;        // 用户角色名称
    // 省略其他属性及 getter,setter 方法
}
```

第三步：创建数据访问接口

在 cn.smbms.dao.user 包中创建实体类 User 对应的 DAO 接口 UserMapper。这里先添加一个根据用户名和角色查询用户信息的方法，其他方法可以在需要时添加。访问方法见示例 2。

示例 2

```
public interface UserMapper {
    public List<User> getUserList(User user);
}
```

第四步：配置 SQL 映射文件

同样在 cn.smbms.dao.user 包中，为 UserMapper 配置 SQL 语句映射文件 UserMapper.xml，实现指定的查询映射。关键代码如示例 3 所示。

示例 3

```
<?xml version="1.0" encoding="UTF-8" ?>
<!DOCTYPE mapper PUBLIC "-//mybatis.org//DTD Mapper 3.0//EN"
    "http://mybatis.org/dtd/mybatis-3-mapper.dtd">
<mapper namespace="cn.smbms.dao.user.UserMapper">
    <!-- 当数据库中的字段信息与对象的属性不一致时需要通过 resultMap 来映射 -->
    <resultMap type="User" id="userList">
        <result property="userRoleName" column="roleName" />
    </resultMap>
    <!-- 查询用户列表 ( 参数：对象入参 ) -->
```

```
    <select id="getUserList" resultMap="userList" parameterType="User">
        select u.*, r.roleName from smbms_user u, smbms_role r
        where u.userName like CONCAT ('%', #{userName}, '%')
        and u.userRole = #{userRole} and u.userRole = r.id
    </select>
</mapper>
```

第五步：配置 MyBatis 配置文件

编写 MyBatis 配置文件 mybatis-config.xml，设置所需参数。关键代码如示例 4 所示。

示例 4

```
<?xml version="1.0" encoding="UTF-8" ?>
<!DOCTYPE configuration PUBLIC "-//mybatis.org//DTD Config 3.0//EN"
    "http://mybatis.org/dtd/mybatis-3-config.dtd">
<configuration>
    <!-- 类型别名 -->
    <typeAliases>
        <package name="cn.smbms.pojo" />
    </typeAliases>
</configuration>
```

注意示例 4 中的 MyBatis 配置文件内容与之前相比简化了许多，这是因为 Spring 可以接管 MyBatis 配置信息的维护工作。我们选择把数据源配置和 SQL 映射信息转移至 Spring 配置文件中进行管理，以了解如何在 Spring 中配置 MyBatis。

任务 3　实现 Spring 对 MyBatis 的整合

关键步骤如下。

- 配置 DataSource 数据源。
- 配置 SqlSessionFactoryBean。
- 使用 SqlSessionTemplate 进行持久化操作。
- 编写测试类测试运行结果。

如前所述，Spring 需要依次完成加载 MyBatis 配置信息、构建 SqlSessionFactory 和 SqlSession 实例，以及对业务逻辑对象的依赖注入等工作。需要注意的是，这些工作大多以配置文件的方式实现，无需编写相关类，大大简化开发且更易维护。下面介绍 Spring 配置文件中的主要配置。

实现 Spring 对 MyBatis 的整合

6.3.1　配置 DataSource

对于任何持久化解决方案，数据库连接都是首先要解决的问题。在 Spring 中，数据源作为一个重要的组件可以单独进行配置和维护。在示例 4 中，我们将 MyBatis 配置文件中有关数据源的配置转移到 Spring 配置文件中单独进行维护。

在 Spring 中配置数据源，首先要选择一种具体的数据源实现技术。目前流行的数据源实现有 dbcp、c3p0、Proxool 等，它们都实现了连接池功能。这里以配置 dbcp 数据源为例进行讲解，其他数据源的配置方法与此类似，大家可以自行查阅相关资料学习。dbcp 数据源隶属于 Apache Commons 项目，使用 dbcp 数据源，需要下载并在项目中添加 commons-dbcp-1.4.jar 和 commons-pool-1.6.jar，如图 6.3 所示。Spring 配置数据源的方法如示例 5 所示。

```
Referenced Libraries
    aopalliance-1.0.jar
    aspectjweaver-1.6.9.jar
    commons-logging-1.2.jar
    log4j-1.2.17.jar
    mybatis-3.2.2.jar
    mybatis-spring-1.2.0.jar
    mysql-connector-java-5.1.0-bin.jar
    spring-aop-3.2.13.RELEASE.jar
    spring-beans-3.2.13.RELEASE.jar
    spring-context-3.2.13.RELEASE.jar
    spring-core-3.2.13.RELEASE.jar
    spring-expression-3.2.13.RELEASE.jar
    spring-jdbc-3.2.13.RELEASE.jar
    spring-tx-3.2.13.RELEASE.jar
    commons-dbcp-1.4.jar
    commons-pool-1.6.jar
```

图 6.3　添加 dbcp 数据源所需的 jar 文件

示例 5

建立 Spring 配置文件 applicationContext-mybatis.xml，配置数据源的关键代码如下。

```
<bean id="dataSource" class="org.apache.commons.dbcp.BasicDataSource"
      destroy-method="close">
    <property name="driverClassName" value="com.mysql.jdbc.Driver" />
    <property name="url">
        <value><![CDATA[jdbc:mysql://127.0.0.1:3306/smbms?
                useUnicode=true&characterEncoding=utf-8]]></value>
    </property>
    <property name="username" value="root" />
    <property name="password" value="root" />
</bean>
```

注意

因为 url 属性的值包含特殊符号“&”，所以赋值时使用了 <![CDATA[ ]]> 标记。也可将其替换为实体引用“&”，代码如下所示。

```
<property name="url" value="jdbc:mysql://127.0.0.1:3306/smbms?
                useUnicode=true&amp;characterEncoding=utf-8" />
```

6.3.2　配置SqlSessionFactoryBean

配置完数据源，就可以在此基础上集合SQL映射文件信息以及MyBatis配置文件中的其他信息，创建SqlSessionFactory实例。

在MyBatis中，SqlSessionFactory的实例需要使用SqlSessionFactoryBuilder创建；而在集成环境中，则可以使用MyBatis-Spring整合包中的SqlSessionFactoryBean来代替。SqlSessionFactoryBean封装了使用SqlSessionFactoryBuilder创建SqlSessionFactory的过程，我们可以在Spring中以配置文件的形式，通过配置SqlSessionFactoryBean获得SqlSessionFactory实例。关键代码如示例6所示。

示例6

```
<!-- 配置SqlSessionFactoryBean -->
<bean id="sqlSessionFactory"
        class="org.mybatis.spring.SqlSessionFactoryBean">
    <!-- 引用数据源组件 -->
    <property name="dataSource" ref="dataSource" />
    <!-- 引用MyBatis配置文件中的配置 -->
    <property name="configLocation"
        value="classpath:mybatis-config.xml" />
    <!-- 配置SQL映射文件信息 -->
    <property name="mapperLocations">
        <list>
            <value>classpath:cn/smbms/dao/**/*.xml</value>
        </list>
    </property>
</bean>
```

通过示例6中配置的id为sqlSessionFactory的Bean即可获得SqlSessionFactory实例。

注意

逐个列出所有的SQL映射文件比较烦琐，在SqlSessionFactoryBean的配置中可以使用mapperLocations属性扫描式加载SQL映射文件。例如，“classpath:cn/smbms/dao/**/*.xml”表示扫描cn.smbms.dao包及其任意层级子包中任意名称的xml类型的文件。

除了数据源和SQL映射信息，其他的MyBatis配置信息也可以转移至Spring配置文件中进行维护，只需通过SqlSessionFactoryBean的对应属性进行赋值即可。读者可查阅相关资料学习。

6.3.3　SqlSessionTemplate进行持久化操作

对于MyBatis而言，得到SqlSessionFactory实例，就可以进一步获取SqlSession实例进行数据库操作了。而在集成环境中，为了更好地使用SqlSession，充分利用Spring

框架提供的服务，MyBatis-Spring 整合包提供了 SqlSessionTemplate 类。

SqlSessionTemplate 类实现了 MyBatis 的 SqlSession 接口，可以替换 MyBatis 中原有的 SqlSession 实现类来提供数据库访问操作。使用 SqlSessionTemplate 可以更好地与 Spring 服务融合并简化部分流程化的工作，还可以保证和当前 Spring 事务相关联、自动管理会话的生命周期，包括必要的关闭、提交和回滚操作。

配置 SqlSessionTemplate 并在 UserMapper 实现类中使用的代码如示例 7 所示。

示例 7

```
/** 定义 DAO 接口的实现类，实现 UserMapper 接口 */
public class UserMapperImpl implements UserMapper {
    private SqlSessionTemplate sqlSession;

    @Override
    public List<User> getUserList(User user) {
        return sqlSession.selectList(
                "cn.smbms.dao.user.UserMapper.getUserList", user);
    }

    public SqlSessionTemplate getSqlSession() {
        return sqlSession;
    }

    public void setSqlSession(SqlSessionTemplate sqlSession) {
        this.sqlSession = sqlSession;
    }
}
```

Spring 配置文件中的关键代码：

```
<!-- 省略 DataSource 和 SqlSessionFactoryBean 的配置 -->
<!-- 配置 SqlSessionTemplate -->
<bean id="sqlSessionTemplate" class="org.mybatis.spring.SqlSessionTemplate">
    <constructor-arg name="sqlSessionFactory" ref="sqlSessionFactory" />
</bean>
<!-- 配置 DAO 组件并注入 SqlSessionTemplate 实例 -->
<bean id="userMapper" class="cn.smbms.dao.user.UserMapperImpl">
    <property name="sqlSession" ref="sqlSessionTemplate" />
</bean>
```

注意

（1）创建 SqlSessionTemplate 实例时，需要通过其构造方法注入 SqlSessionFactory 实例。这里引用的是前面配置过的 id 为 sqlSessionFactory 的 Bean。

（2）与 MyBatis 中默认的 SqlSession 实现不同，SqlSessionTemplate 是线程安全的，可以以单例模式配置并被多个 DAO 对象共用（单例模式会在后续课程中介绍），而不必为每个 DAO 单独配置一个 SqlSessionTemplate 实例。

6.3.4 完善代码并测试

完成 DAO 组件的装配，接下来就可以在 cn.smbms.service.user 包中开发业务组件并通过 Spring 装配。关键代码如示例 8 所示。

示例 8

业务接口的关键代码：

```
public interface UserService {
    public List<User> findUsersWithConditions(User user);
}
```

业务实现类的关键代码：

```
public class UserServiceImpl implements UserService {
    private UserMapper userMapper; // 声明 UserMapper 接口引用

    @Override
    public List<User> findUsersWithConditions(User user) {
        try {
            return userMapper.getUserList(user); // 调用 DAO 方法实现查询
        } catch (RuntimeException e) {
            e.printStackTrace();
            throw e;
        }
    }

    public UserMapper getUserMapper() {
        return userMapper;
    }

    public void setUserMapper(UserMapper userMapper) {
        this.userMapper = userMapper;
    }
}
```

Spring 配置文件中的关键代码：

```
<!-- 配置业务 Bean 并注入 DAO 实例 -->
<bean id="userService" class="cn.smbms.service.user.UserServiceImpl">
    <property name="userMapper" ref="userMapper" />
</bean>
```

完成所有组件的开发和装配后，接下来就可以测试整合的效果了。测试方法中的关键代码如示例 9 所示。

示例 9

```
ApplicationContext ctx = new ClassPathXmlApplicationContext(
                "applicationContext.xml");
```

```
UserService userService = (UserService) ctx.getBean("userService");
User userCondition = new User();
userCondition.setUserName("赵");
userCondition.setUserRole(3);
List<User> userList = new ArrayList<User>();
userList = userService.findUsersWithConditions(userCondition);
for (User userResult : userList) {
    logger.debug("testGetUserList userCode: "
                + userResult.getUserCode() + " and userName: "
                + userResult.getUserName() + " and userRole: "
                + userResult.getUserRole() + " and userRoleName: "
                + userResult.getUserRoleName() + " and address: "
                + userResult.getAddress());
}
```

小结

利用 Spring 框架和 MyBatis-Spring 整合资源包提供的组件，能够以配置的方式得到数据源、SqlSessionFactoryBean、SqlSessionTemplate 等组件，并在此基础上完成 DAO 模块和业务模块的开发和装配，简化了开发过程且便于维护。

知识扩展

MyBatis-Spring 提供了 SqlSessionDaoSupport 类来简化 SqlSessionTemplate 的配置和获取。SqlSessionDaoSupport 的用法如下：

```
public class UserMapperImpl extends SqlSessionDaoSupport
            implements UserMapper {
    @Override
    public List<User> getUserList(User user) {
        return this.getSqlSession().selectList(
                "cn.smbms.dao.user.UserMapper.getUserList", user);
    }
}
```

Spring 配置文件中的关键代码：

```
<!-- 省略数据源配置 -->
<!-- 配置 SqlSessionFactoryBean -->
<bean id="sqlSessionFactory"
      class="org.mybatis.spring.SqlSessionFactoryBean">
    <!-- 省略部分属性 -->
```

```
    </bean>
    <!-- 配置 DAO -->
    <bean id="userMapper" class="cn.smbms.dao.user.UserMapperImpl">
        <property name="sqlSessionFactory" ref="sqlSessionFactory" />
    </bean>
    <!-- 省略业务 Bean 配置 -->
```

SqlSessionDaoSupport 类提供了 setSqlSessionFactory( ) 方法用来注入 SqlSessionFactory 实例并创建 SqlSessionTemplate 实例，同时提供了 getSqlSession( ) 方法用来返回创建好的 SqlSessionTemplate 实例。因此，DAO 实现类只需继承 SqlSessionDaoSupport 类即可通过 getSqlSession( ) 方法获得创建好的 SqlSessionTemplate 实例，无需额外定义 SqlSession 属性和 setter 方法。而 Spring 配置文件中也无需再配置 SqlSessionTemplate，只要通过该 DAO 对象的 setSqlSessionFactory( ) 方法为其注入 SqlSessionFactory 即可，从而进一步简化了 DAO 组件的开发工作。

技能训练

上机练习 1——在超市订单管理系统中实现供应商表的查询操作

需求说明

（1）根据整合步骤实现 Spring 和 MyBatis 的整合。

（2）查询出全部供应商数据。

（3）直接注入 SqlSessionTemplate（或通过 SqlSessionDaoSupport）实现。

上机练习 2——根据供应商名称查询供应商信息

需求说明

（1）在上机练习 1 的基础上增加功能。

（2）增加按照供应商名称模糊查询供应商信息的功能。

（3）直接注入 SqlSessionTemplate（或通过 SqlSessionDaoSupport）实现。

任务 4　掌握注入映射器的两种方式

关键步骤如下。

- 配置 MapperFactoryBean 生成映射器实现并注入到业务组件。
- 配置 MapperScannerConfigurer 生成映射器实现并注入到业务组件。

在上面的 DAO 实现中使用 SqlSessionTemplate 的方法，都是采用字符串来指定映射项，这种方式比较容易产生错误，如果存在编译器无法识别的拼写错误，只能等到运行时才能发现。而且如果命名空间发生变化，将会导致很多地方需要修改，不易维护。

MyBatis 中可以使用 SqlSession 的 getMapper(Class<T> type) 方法，根据指定的映射器和映射文件直接生成实现类。这样不必自行编写映射器的实现类，就可以调用映射器的方法进行功能实现。

SqlSessionTemplate 作为 SqlSession 接口的实现，自然也具备相同作用的 getMapper() 方法实现，但在集成环境中，直接在代码中使用 getMapper() 方法并非最佳选择。利用 MyBatis-Spring 提供的组件，可以不必每次都调用 getMapper() 方法，而是通过配置的方式直接为业务对象注入映射器实现，不需额外的编码。对于不包含其他非 MyBatis 工作的数据访问操作，这是首选的做法。

6.4.1 MapperFactoryBean 的用法

使用 Mapper FactoryBean 注入映射器

如果仅使用 SqlSessionTemplate 执行基本的数据访问操作，而不包含其他非 MyBatis 的工作，可以不必手工编码使用 SqlSessionTemplate 或 SqlSessionDaoSupport 来实现此类 DAO。MyBatis-Spring 提供了 MapperFactoryBean，能够以配置的方式生成映射器实现并注入到业务组件。

注意

SQL 映射文件中须遵循以下命名原则。

（1）映射的命名空间和映射器接口的名称相同。

（2）映射元素的 id 和映射器接口的方法相同。

在之前示例的基础上，删除 UserMapper 的实现类 UserMapperImpl，仅保留 UserMapper 接口和相关的 SQL 映射文件，在 Spring 配置文件中按照示例 10 所示配置 DAO 组件。

示例 10

```
<!-- 省略数据源配置 -->
<!-- 配置 SqlSessionFactoryBean -->
<bean id="sqlSessionFactory"
      class="org.mybatis.spring.SqlSessionFactoryBean">
    <!-- 引用数据源组件 -->
    <property name="dataSource" ref="dataSource" />
    <!-- 引用 MyBatis 配置文件中的配置 -->
    <property name="configLocation" value="classpath:mybatis-config.xml" />
</bean>
<!-- 配置 DAO -->
<bean id="userMapper" class="org.mybatis.spring.mapper.MapperFactoryBean">
    <property name="mapperInterface" value="cn.smbms.dao.user.UserMapper"/>
    <property name="sqlSessionFactory" ref="sqlSessionFactory"/>
</bean>
```

```
<!-- 省略业务 Bean 配置 -->
```

业务组件的定义和配置及测试代码与之前相同。无需手工编码定义 UserMapper 的实现类，通过配置 MapperFactoryBean 即可自动生成，能减少 DAO 模块的编码工作量。

注意

（1）配置 DAO 组件 userMapper 时，class 属性不是某个实现类，而是 MapperFactoryBean。

（2）通过 mapperInterface 属性指定映射器，只能是接口类型，不能是某个实现类。

（3）MapperFactoryBean 是 SqlSessionDaoSupport 的子类，需要通过 setSqlSessionFactory( ) 方法注入 SqlSessionFactory 实例以创建 SqlSessionTemplate 实例。

（4）如果映射器对应的 SQL 映射文件与映射器的类路径相同，该映射文件可以自动被 MapperFactoryBean 解析。在此情况下，配置 SqlSessionFactoryBean 时可以不必指定 SQL 映射文件的位置，如示例 10 所示。反之，如果映射器与映射文件的类路径不同，则需在配置 SqlSessionFactoryBean 时明确指定映射文件的位置。

6.4.2 MapperScannerConfigurer 的用法

在 Spring 配置文件中使用 MapperFactoryBean 对映射器进行配置，大大简化了 DAO 模块的编码，不过如果映射器很多，相应的配置项也会很多。为了简化配置工作量，MyBatis-Spring 中提供了 MapperScannerConfigurer，它可以扫描指定包中的接口并将它们直接注册为 MapperFactoryBean。MapperScannerConfigurer 的配置方法如示例 11 所示。

示例 11

```
<!-- 省略数据源配置 -->
<!-- 配置 SqlSessionFactoryBean -->
<bean id="sqlSessionFactory"
        class="org.mybatis.spring.SqlSessionFactoryBean">
    <property name="dataSource" ref="dataSource" />
    <property name="configLocation" value="classpath:mybatis-config.xml" />
</bean>
<!-- 配置 DAO -->
<bean class="org.mybatis.spring.mapper.MapperScannerConfigurer">
    <property name="basePackage" value="cn.smbms.dao" />
</bean>
```

basePackage 属性指定了扫描的基准包，MapperScannerConfigurer 将递归扫描基准包（包括各层级子包）下所有的接口。如果它们在 SQL 映射文件中已被定义过，则将它们动态注册为 MapperFactoryBean，如此即可批量产生映射器实现类。

注意

（1）basePackage 属性中可以包含多个包名，多个包名之间使用逗号或分号隔开。

（2）MapperScannerConfigurer 会为所有由它创建的映射器实现开启自动装配。也就是说，MapperScannerConfigurer 创建的所有映射器实现都会被自动注入 SqlSessionFactory 实例。因此在示例 11 中配置 DAO 组件时无需显式注入 SqlSessionFactory 实例。

（3）若环境中出于不同目的配置了多个 SqlSessionFactory 实例，将无法进行自动装配，此时应显式指定所依赖的 SqlSessionFactory 实例。配置方式如下所示。

```
<bean class="org.mybatis.spring.mapper.MapperScannerConfigurer">
    <property name="sqlSessionFactoryBeanName"
              value="sqlSessionFactory" />
    <property name="basePackage" value="cn.smbms.dao" />
</bean>
```

注意这里使用的是 sqlSessionFactoryBeanName 属性而不是 sqlSessionFactory 属性。正如该属性名所表达的，这个属性关注的是 Bean 的名称，所以为其赋值使用的是 value 而不是 ref。

通过配置 MapperScannerConfigurer 可以批量生成映射器实现，接下来考虑如何将这些实现注入业务组件。

映射器被注册到 Spring 的容器时，Spring 会根据其接口名称为其命名，默认规则是首字母小写的非完全限定类名。例如，UserMapper 类型的组件会被默认命名为 userMapper。按此命名规则，依然可以在 Spring 配置文件中按如下方式为业务组件注入映射器。

```
<bean id="userService" class="cn.smbms.service.user.UserServiceImpl">
    <property name="userMapper" ref="userMapper" />
</bean>
```

更普遍的做法是，在使用 MapperScannerConfigurer 自动完成映射器注册后，使用 @Autowired 或者 @Resource 注解实现对业务组件的依赖注入，以简化业务组件的配置。业务组件的定义和配置如示例 12 所示。

示例 12

```
@Service("userService")
public class UserServiceImpl implements UserService {
```

```
    @Autowired // 或 @Resource
    private UserMapper userMapper;

    @Override
    public List<User> findUsersWithConditions(User user) {
        try {
            return userMapper.getUserList(user);
        } catch (RuntimeException e) {
            e.printStackTrace();
            throw e;
        }
    }
}
```

Spring 配置文件中的关键代码：

```
<!-- 省略数据源配置 -->
<!-- 省略 SqlSessionFactoryBean 配置 -->
<!-- 配置 DAO -->
<bean class="org.mybatis.spring.mapper.MapperScannerConfigurer">
    <property name="basePackage" value="cn.smbms.dao" />
</bean>
<!-- 配置扫描注解定义的业务 Bean -->
<context:component-scan base-package="cn.smbms.service" />
```

测试代码与之前相同。

注意

Spring 配置文件中需要引入 context 命名空间。

小结

MapperScannerConfigurer 与 @Autowired 注解或 @Resource 注解配合使用，自动创建映射器实现并注入给业务组件，能够最大限度地减少 DAO 组件与业务组件的编码和配置工作。

技能训练

上机练习 3——在超市订单管理系统中实现订单表的查询操作

需求说明

（1）实现按条件查询订单表，查询条件包括：商品名称（模糊查询）、供应商（供应商 id）、是否付款。

（2）查询结果列显示：订单编码、商品名称、供应商名称、账单金额、是否付款、创建时间。

（3）使用 resultMap 来做显示列表字段的自定义映射。

（4）采用 MapperFactoryBean 注册映射器实现。

上机练习 4——使用 MapperScannerConfigurer 注入映射器

需求说明

（1）对上机练习 1、2、3 中的功能实现进行改造。

（2）采用 MapperScannerConfigurer 加 @Autowired（或 @Resource）注解实现映射器注入。

任务 5 添加声明式事务

添加声明式事务

关键步骤如下。

➢ 使用 XML 配置方法配置声明式事务。

➢ 使用注解添加声明式事务。

业务层的职能不仅仅是调用 DAO 这么简单，事务处理是任何企业级应用开发中不能回避的一个重要问题。以往我们通过在业务方法中用硬编码的方式进行事务控制，这样做的弊端显而易见：事务代码分散在业务方法中难以重用，需要调整时工作量也比较大；复杂事务的编码不易实现，增加了开发难度等。Spring 提供了声明式事务处理机制，它基于 AOP 实现，无须编写任何事务管理代码，所有的工作全在配置文件中完成。这意味着与业务代码完全分离，配置即可用，降低了开发和维护的难度。

6.5.1 声明式事务的 XML 配置方式

这里以添加用户的功能为例，介绍如何实现声明式事务处理。首先在 UserMapper 和 UserMapper.xml 中添加相关方法和 SQL 映射，关键代码如示例 13 所示。

示例 13

UserMapper 中添加的关键代码：

```
public int add(User user);
```

UserMapper.xml 中添加的关键代码：

```
<insert id="add" parameterType="User">
    insert into smbms_user (userCode,userName,userPassword,gender,
        birthday,phone,address,userRole,createdBy,creationDate)
```

```
    values (#{userCode},#{userName},#{userPassword},#{gender},
        #{birthday},#{phone},#{address},#{userRole},
        #{createdBy},#{creationDate})
</insert>
```

由于使用 MapperScannerConfigurer 动态创建映射器实现，没有自定义的接口实现类，也就没有相关代码需要修改。

在业务组件中添加相应的业务方法，关键代码如示例 14 所示。

示例 14

业务接口中添加的关键代码：

```
public boolean addNewUser(User user);
```

业务实现类中的方法实现代码：

```
@Override
public boolean addNewUser(User user) {
    boolean result = false;
    try {
        if (userMapper.add(user) == 1)
            result = true;
    } catch (RuntimeException e) {
        e.printStackTrace();
        throw e;
    }
    return result;
}
```

注意

业务方法中没有事务控制的相关代码。

接下来为业务方法配置事务切面，这需要用到 tx 和 aop 两个命名空间下的标签，所以首先要在 Spring 配置文件中导入这两个命名空间。关键代码如示例 15 所示。

示例 15

```
<?xml version="1.0" encoding="UTF-8"?>
<beans xmlns="http://www.springframework.org/schema/beans"
    xmlns:xsi="http://www.w3.org/2001/XMLSchema-instance"
    xmlns:p="http://www.springframework.org/schema/p"
    xmlns:context="http://www.springframework.org/schema/context"
    xmlns:aop="http://www.springframework.org/schema/aop"
    xmlns:tx="http://www.springframework.org/schema/tx"
    xsi:schemaLocation="http://www.springframework.org/schema/beans
```

```
        http://www.springframework.org/schema/beans/spring-beans-3.2.xsd
        http://www.springframework.org/schema/context
        http://www.springframework.org/schema/context/spring-context-3.2.xsd
        http://www.springframework.org/schema/tx
        http://www.springframework.org/schema/tx/spring-tx-3.2.xsd
        http://www.springframework.org/schema/aop
        http://www.springframework.org/schema/aop/spring-aop-3.2.xsd">
        <!-- 省略具体配置 -->
</beans>
```

接下来需要配置一个事务管理器组件，它提供对事务处理的全面支持和统一管理，在切面中相当于增强处理的角色。这里使用 Spring 提供的事务管理器类 DataSourceTransactionManager 来实现，其配置方式如示例 16 所示。

示例 16

```
<!-- 省略数据源、SqlSessionFactoryBean、DAO 及业务 Bean 的配置 -->
<!-- 定义事务管理器 -->
<bean id="txManager"
   class="org.springframework.jdbc.datasource.DataSourceTransactionManager">
      <property name="dataSource" ref="dataSource" />
</bean>
```

注意

配置 DataSourceTransactionManager 时，要为其注入事先定义好的数据源组件。

与之前接触过的增强处理不同，事务管理器还可以进一步的配置，以便更好地适应不同业务方法对于事务的不同要求。

可以通过 <tx:advice> 标签配置事务增强，设定事务的属性，为不同的业务方法指定具体的事务规则。其关键代码如示例 17 所示。

示例 17

```
<!-- 省略其他配置 -->
<!-- 通过 <tx:advice> 标签为指定的事务管理器设置事务属性 -->
<tx:advice id="txAdvice" transaction-manager="txManager">
    <!-- 定义属性，声明事务规则 -->
    <tx:attributes>
        <tx:method name="find*" propagation="SUPPORTS" />
        <tx:method name="add*" propagation="REQUIRED" />
        <tx:method name="del*" propagation="REQUIRED" />
        <tx:method name="update*" propagation="REQUIRED" />
        <tx:method name="*" propagation="REQUIRED" />
    </tx:attributes>
</tx:advice>
```

在 <tx:advice> 标签内可以设置 id 属性和 transaction-manager 属性。其中 transactionmanager 属性引用一个事务管理器 Bean。

注意

transaction-manager 属性的默认值是 transactionManager，也就是说，如果定义的事务管理器 Bean 的名称是 transactionManager，则可以不用指定该属性值。

除了这两个属性外，还可以通过 <tx:attributes> 子标签定制事务属性。事务属性通过 <tx:method> 标签进行设置。Spring 支持对不同的方法设置不同的事务属性，所以可以为一个 <tx:advice> 设置多个 <tx:method>。

<tx:method> 标签中的 name 属性是必需的，用于指定匹配的方法。这里需要对方法名进行约定，可以使用通配符（*）。其他属性均为可选，用于指定具体的事务规则，这些属性的解释如下：

- propagation：事务传播机制。该属性的可选值如下：
  - REQUIRED：默认值，表示如果存在一个事务，则支持当前事务；如果当前没有事务，则开启一个新的事务。
  - REQUIRES_NEW：表示总是开启一个新的事务。如果一个事务已经存在，则将这个存在的事务挂起，开启新事务执行该方法。
  - MANDATORY：表示如果存在一个事务，则支持当前事务；如果当前没有一个活动的事务，则抛出异常。
  - NESTED：表示如果当前存在一个活动的事务，则创建一个事务作为当前事务的嵌套事务运行；如果当前没有事务，该取值与 REQUIRED 相同。
  - SUPPORTS：表示如果存在一个事务，则支持当前事务；如果当前没有事务，则按非事务方式执行。
  - NOT_SUPPORTED：表示总是以非事务方式执行。如果一个事务已经存在，则将这个存在的事务挂起，然后执行该方法。
  - NEVER：表示总是以非事务方式执行。如果当前存在一个活动的事务，则抛出异常。

经验

REQUIRED 能够满足大多数的事务需求，可以作为首选的事务传播行为。

- isolation：事务隔离等级。即当前事务和其他事务的隔离程度，在并发事务处理的情况下需要考虑它的设置。该属性的可选值如下：
  - DEFAULT：默认值，表示使用数据库默认的事务隔离级别。
  - READ_UNCOMMITTED：未提交读。
  - READ_COMMITTED：提交读。
  - REPEATABLE_READ：可重复读。

- ♦ SERIALIZABLE：串行读。
- ➢ timeout：事务超时时间。允许事务运行的最长时间，以秒为单位，超过给定的时间自动回滚，防止事务执行时间过长而影响系统性能。该属性需要底层的实现支持。默认值为 -1，表示不超时。
- ➢ read-only：事务是否为只读，默认值为 false。对于只执行查询功能的事务，把它设置为 true，能提高事务处理的性能。
- ➢ rollback-for：设定能够触发回滚的异常类型。Spring 默认只在抛出 Runtime Exception 时才标识事务回滚。可以通过全限定类名自行指定需要回滚事务的异常，多个类名用英文逗号隔开。
- ➢ no-rollback-for：设定不触发回滚的异常类型。Spring 默认 checked Exception 不会触发事务回滚。可以通过全限定类名自行指定不需回滚事务的异常，多个类名用英文逗号隔开。

设置完事务规则，最后还要定义切面，将事务规则应用到指定的方法上。关键代码如示例 18 所示。

示例 18

```
<!-- 定义切面 -->
<aop:config>
    <!-- 定义切入点 -->
    <aop:pointcut id="serviceMethod"
        expression="execution(* cn.smbms.service..*.*(..))" />
    <!-- 将事务增强与切入点组合 -->
    <aop:advisor advice-ref="txAdvice" pointcut-ref="serviceMethod" />
</aop:config>
```

注意

aop:advisor 的 advice-ref 属性引用的是通过 <tx:advice> 标签设定了事务属性的组件。

至此，Spring 的声明式事务就配置完成了，最后再总结一下配置的步骤。

（1）导入 tx 和 aop 命名空间。

（2）定义事务管理器 Bean，并为其注入数据源 Bean。

（3）通过 <tx:advice> 配置事务增强，绑定事务管理器并针对不同方法定义事务规则。

（4）配置切面，将事务增强与方法切入点组合。

测试方法的关键代码如示例 19 所示。

示例 19

```
ApplicationContext ctx = new ClassPathXmlApplicationContext(
                "applicationContext.xml");
UserService userService = (UserService) ctx.getBean("userService");
```

```
User user = new User();
// 省略为 user 的属性进行赋值的相关代码

boolean result = userService.addNewUser(user);
logger.debug("testAdd result : " + result);
```

技能训练

上机练习 5——在超市订单管理系统中实现对供应商表的添加操作

需求说明

（1）实现供应商表的添加操作。

（2）配置事务管理器组件。

（3）在 Spring 配置文件中使用 tx 和 aop 命名空间下的标签配置声明式事务。

6.5.2　声明式事务的注解添加方式

Spring 还支持使用注解配置声明式事务，所使用的注解是 @Transactional。首先仍然需要在 Spring 配置文件中配置事务管理类，并添加对注解配置的事务的支持，关键代码如示例 20 所示。

示例 20

```
<bean id="txManager"
  class="org.springframework.jdbc.datasource.DataSourceTransactionManager">
    <property name="dataSource" ref="dataSource" />
</bean>
<tx:annotation-driven transaction-manager="txManager"/>
```

经过以上配置，程序便支持使用 @Transactional 注解来配置事务了，关键代码如示例 21 所示。

示例 21

```
import org.springframework.transaction.annotation.Transactional;
// 省略其他 import 代码

@Transactional
@Service("userService")
public class UserServiceImpl implements UserService {
    @Autowired // 或者使用 @Resource
    private UserMapper userMapper;

    @Override
    @Transactional(propagation = Propagation.SUPPORTS)
    public List<User> findUsersWithConditions(User user) {
        // 省略实现代码
    }

    @Override
```

```
    public boolean addNewUser(User user) {
        // 省略实现代码
    }
}
```

在业务实现类上添加 @Transactional 注解即可为该类的所有业务方法统一添加事务处理。如果某一业务方法需要采用不同的事务规则，可以在该业务方法上添加 @Transactional 注解进行单独设置。

@Transactional 注解也可以设置事务属性的值，默认的 @Transactional 设置如下：

- 事务传播设置是 PROPAGATION_REQUIRED。
- 事务隔离级别是 ISOLATION_DEFAULT。
- 事务是读 / 写。
- 事务超时默认是依赖于事务系统的，或者不支持事务超时。
- 任何 RuntimeException 将触发事务回滚，但是任何 checked Exception 不会触发事务回滚。

这些默认设置当然也是可以改变的。@Transactional 注解的各属性如表 6-1 所示。

表6-1 @Transactional 注解的属性

属性	类型	说明
propagation	枚举型：Propagation	可选的传播性设置。使用举例：@Transactional(propagation=Propagation.REQUIRES_NEW)
isolation	枚举型：Isolation	可选的隔离性级别。使用举例：@Transactional(isolation=Isolation.READ_COMMITTED)
readOnly	布尔型	是否为只读型事务。使用举例：@Transactional(readOnly=true)
timeout	int型（以秒为单位）	事务超时。使用举例：@Transactional(timeout=10)
rollbackFor	一组Class类的实例，必须是 Throwable 的子类	一组异常类，遇到时必须进行回滚。使用举例：@Transactional(rollbackFor={SQLException.class})，多个异常可用英文逗号隔开
rollbackForClassName		一组异常类名，遇到时必须进行回滚。使用举例：@Transactional(rollbackForClassName={"SQLException"})，多个异常可用英文逗号隔开
noRollbackFor		一组异常类，遇到时必须不回滚
noRollbackForClassName		一组异常类名，遇到时必须不回滚

技能训练

上机练习 6——使用注解实现事务处理

需求说明

（1）使用注解实现声明式事务处理。

（2）实现根据供应商 id 修改供应商信息的操作。

（3）实现根据供应商 id 删除供应商信息的操作。

本章总结

- MyBatis-Spring 提供了 SqlSessionTemplate 模板类操作数据库，常用的方法有 selectList()、insert()、update() 等，使用 getMapper(Class<T>Type) 可以直接访问接口实例，能够减少错误的发生，另外可以不用写 DAO 的实现类。
- 使用 MapperFactoryBean 能够以配置的方式得到映射器实现，简化 DAO 开发。前提是保证映射命名空间名和接口名称相同，以及映射元素的 id 和接口方法相同。
- 使用 MapperScannerConfigurer 可以递归扫描 basePackage 所指定的包下的所有接口类，在 Service 中可以使用 @Autowired 或 @Resource 注解注入这些映射接口的 Bean。
- Spring 和 MyBatis 整合可以采用 Spring 的事务管理，包括使用 XML 和注解配置事务管理。

本章练习

1．简述使用 Spring 整合 MyBatis 的基本步骤。

2．简述有哪几种方式可以实现数据映射接口的配置，替代 DAO 的实现类。

3．在超市订单管理系统中以 Spring 和 MyBatis 集成的方式实现对角色表（smbms_role）的查询和添加操作，具体要求如下：

（1）实现根据角色名称模糊查询角色信息列表的操作。

（2）实现角色信息的添加操作，使用 Spring 事务切面实现声明式事务管理。

随手笔记

第 7 章

Spring 应用扩展

技能目标

- ❖ 掌握更多配置数据源的方法
- ❖ 理解 Bean 的作用域
- ❖ 会使用 Spring 自动装配
- ❖ 会拆分 Spring 配置文件

本章任务

学习本章，读者需要完成以下 4 个任务。记录学习过程中遇到的问题，并通过自己的努力或访问 kgc.cn 解决。

任务 1：使用多种方式配置数据源

任务 2：深入理解和配置 Bean 的作用域

任务 3：基于 XML 配置 Spring 的自动装配

任务 4：Spring 配置文件的拆分策略和拆分方法

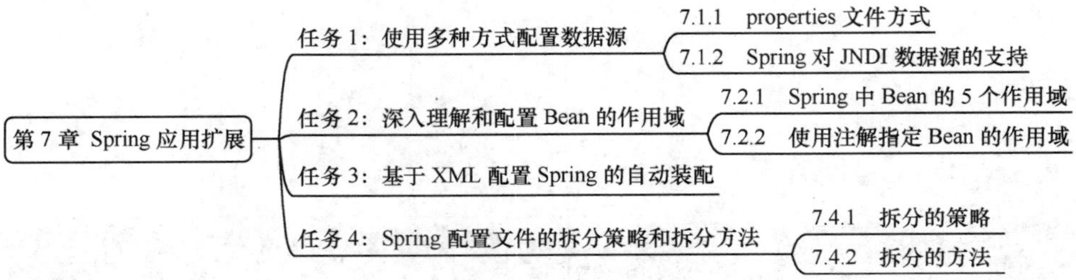

第 7 章 Spring 应用扩展
- 任务 1：使用多种方式配置数据源
  - 7.1.1 properties 文件方式
  - 7.1.2 Spring 对 JNDI 数据源的支持
- 任务 2：深入理解和配置 Bean 的作用域
  - 7.2.1 Spring 中 Bean 的 5 个作用域
  - 7.2.2 使用注解指定 Bean 的作用域
- 任务 3：基于 XML 配置 Spring 的自动装配
- 任务 4：Spring 配置文件的拆分策略和拆分方法
  - 7.4.1 拆分的策略
  - 7.4.2 拆分的方法

任务 1 使用多种方式配置数据源

关键步骤如下。

➢ 配置 PropertyPlaceholderConfigurer 类加载 properties 文件中的数据库配置信息。

➢ 使用 JNDI 的方式配置数据源。

在实现 Spring 和 MyBatis 集成的过程中，我们使用了在 Spring 中配置数据源的方法。实际开发中，数据源还有很多灵活的配置方式可供选择。

7.1.1 properties 文件方式

之前的学习中我们了解了使用属性文件管理配置信息的优点，即将数据库连接信息写在属性文件中，使 DataSource 的可配置性更强，更便于维护。Spring 也支持从属性文件中获取信息来进行数据源配置。使用 Spring 提供的 PropertyPlaceholderConfigurer 类可以加载属性文件。在 Spring 配置文件中可以采用 ${……} 的方式引用属性文件中的键值对。读取属性文件配置 DataSource 的方法如示例 1 所示。

示例 1

```
<!-- 引入 properties 文件 -->
<bean class="org.springframework.beans.factory.config
                .PropertyPlaceholderConfigurer">
    <property name="location">
        <value>classpath:database.properties</value>
    </property>
</bean>
<!-- 配置 DataSource -->
<bean id="dataSource" destroy-method="close"
    class="org.apache.commons.dbcp.BasicDataSource">
```

```
        <property name="driverClassName" value="${driver}" />
        <property name="url" value="${url}" />
        <property name="username" value="${user}" />
        <property name="password" value="${password}" />
    </bean>
    <!-- 省略 SqlSessionFactoryBean 配置 -->
    <!-- 省略 DAO 及业务 Bean 配置 -->
    <!-- 省略事务管理配置 -->
```

database.properties 属性文件内容如示例 2 所示。

示例 2

```
driver=com.mysql.jdbc.Driver
url=jdbc:mysql://127.0.0.1:3306/smbms?useUnicode=true&characterEncoding=utf-8
user=root
password=root
```

注意

经常有开发者在 ${……} 的前后不小心输入一些空格，这些空格将和变量合并作为属性的值，最终将引发异常，因此需要特别小心。

7.1.2　Spring 对 JNDI 数据源的支持

如果应用部署在高性能的应用服务器（如 Tomcat、WebLogic 等）上，我们可能更希望使用应用服务器本身提供的数据源。应用服务器的数据源使用 JNDI 方式供使用者调用，Spring 为此专门提供了引用 JNDI 资源的 JndiObjectFactory Bean 类。

使用 JNDI 的方式配置数据源，前提是必须在应用服务器上配置好数据源。我们以 Tomcat 为例，配置数据源需要把数据库驱动文件放到 Tomcat 的 lib 目录下，并修改 Tomcat 的 conf 目录下的 context.xml 文件，配置数据源代码如示例 3 所示。

示例 3

```
<Context>
<Resource name="jdbc/smbms" auth="Container" type="javax.sql.DataSource"
    maxActive="100" maxIdle="30" maxWait="10000" username="root"
    password="root" driverClassName="com.mysql.jdbc.Driver"
    url="jdbc:mysql://127.0.0.1:3306/smbms?
            useUnicode=true&amp;characterEncoding=utf-8"/>
</Context>
```

<Resource> 标签的 name 属性指定了数据源的名称，要与 Spring 配置文件中 jndiName 值 java:comp/env/ 后的名称保持一致。Spring 配置文件内容如示例 4 所示。

示例 4

```
<!-- 通过 JNDI 配置 DataSource -->
<bean id="dataSource" class="org.springframework.jndi.JndiObjectFactoryBean">
    <!-- 通过 jndiName 指定引用的 JNDI 数据源名称 -->
    <property name="jndiName">
        <value>java:comp/env/jdbc/smbms</value>
    </property>
</bean>
<!-- 省略其他代码 -->
```

注意

需在 Web 环境下测试使用 JNDI 获得数据源对象。可将测试代码编写在 Servlet 中，通过浏览器访问 Servlet 进行测试。

通过以上示例我们发现，使用 JNDI 获得数据源的代码很简洁，这充分体现了 Spring 追求实用、简洁的目标。

技能训练

上机练习 1——使用属性文件和 JNDI 配置数据源

需求说明

在超市订单管理系统的基础上，使用属性文件和 JNDI 两种方式改造原有系统的 Spring 配置，并调试运行成功。

任务 2　深入理解和配置 Bean 的作用域

关键步骤如下。

- 了解 Spring 中 Bean 的 5 个作用域。
- 基于 XML 配置 Spring Bean 的作用域。

7.2.1　Spring 中 Bean 的 5 个作用域

Spring Bean 的作用域

在 Spring 中定义 Bean，除了可以创建 Bean 实例并对 Bean 的属性进行注入外，还可以为定义的 Bean 指定一个作用域。这个作用域的取值决定了 Spring 创建该组件实例的策略，进而影响程序的运行效率和数据安全。在 Spring 2.0 及之后的版本中，Bean 的作用域被划分为 5 种，如表 7-1 所示。

表7-1 Bean的作用域

作用域	说明
singleton	默认值。以单例模式创建Bean的实例，即容器中该Bean的实例只有一个
prototype	每次从容器中获取Bean时，都会创建一个新的实例
request	用于Web应用环境，针对每次HTTP请求都会创建一个实例
session	用于Web应用环境，同一个会话共享同一个实例，不同的会话使用不同的实例
global session	仅在Portlet的Web应用中使用，同一个全局会话共享一个实例。对于非Portlet环境，等同于session

singleton 是默认的作用域，即默认情况下 Spring 为每个 Bean 仅创建一个实例。对于不存在线程安全问题的组件，采用这种方式可以大大减少创建对象的开销，提高运行效率。而对于存在线程安全问题的组件，可以使用 prototype 作用域，设置 scope 属性，关键代码如下。

```
<!-- 指定 Bean 的作用域为 prototype -->
<bean id="……" class="……" scope="prototype">
    ……
</bean>
```

Spring 在每次获取该组件时，都会创建一个新的实例，避免因为共用同一个实例而产生线程安全问题。

对于 Web 环境下使用的 request、session、global session 作用域，其配置细节会在后续课程中用到时再详细讲解，这里先了解即可。

7.2.2 使用注解指定 Bean 的作用域

对于使用注解声明的 Bean 组件，如需修改其作用域，可以使用 @Scope 注解实现。关键代码如示例 5 所示。

示例 5

```
import org.springframework.context.annotation.Scope;
import org.springframework.stereotype.Service;

/**
 * 用户业务类，实现对 User 功能的业务管理
 */
@Scope("prototype")
@Service("userService")
public class UserServiceImpl implements UserService {
    // 省略其他代码
}
```

任务 3 基于 XML 配置 Spring 的自动装配

关键步骤如下。

- 了解 Spring 自动装配的方式。
- 为每个 Bean 组件指定自动装配方式。
- 设置全局自动装配。

之前章节中介绍通过 @Autowired 或 @Resource 注解实现依赖注入时，曾经提到 Spring 的自动装配功能。在没有显式指定所依赖的 Bean 组件 id 的情况下，通过自动装配，可以将与属性类型相符的（对于 @Resource 注解而言还会尝试 id 和属性名相符）Bean 自动注入给属性，从而简化配置。

Spring 自动装配

不仅通过注解实现依赖注入时可以使用自动装配，基于 XML 的配置中也同样可以使用自动装配简化配置。

采用传统的 XML 方式配置 Bean 组件的关键代码如下所示。

```
<!-- 省略 DataSource 和 SqlSessionFactoryBean 的配置 -->
<!-- 配置 DAO -->
<bean id="userMapper" class="cn.smbms.dao.user.UserMapperImpl">
    <property name="sqlSessionFactory" ref="sqlSessionFactory" />
</bean>
<!-- 配置业务 Bean 并注入 DAO 实例 -->
<bean id="userService" class="cn.smbms.service.user.UserServiceImpl">
    <property name="userMapper" ref="userMapper" />
</bean>
```

我们通过 <property> 标签为 Bean 的属性注入所需的值，当需要维护的 Bean 组件及需要注入的属性增多时，势必会增加配置的工作量。这时可以使用自动装配。

使用自动装配修改配置代码，如示例 6 所示。

示例 6

```
<!-- 省略 DataSource 和 SqlSessionFactoryBean 的配置 -->
<!-- 配置 DAO，根据属性名称自动装配 -->
<bean id="userMapper" class="cn.smbms.dao.user.UserMapperImpl"
    autowire="byName" />
<!-- 配置业务 Bean，根据属性名称自动装配 -->
<bean id="userService" class="cn.smbms.service.user.UserServiceImpl"
    autowire="byName" />
```

示例 6 通过设置 <bean> 元素的 autowire 属性指定自动装配，代替了通过 <property> 标签显式指定 Bean 的依赖关系。这就是 Spring 自动装配的神奇之处，由 BeanFactory 检查 XML 配置文件的内容，为 Bean 自动注入依赖关系，大大简化了维护 Bean 注入的配置。

Spring 提供了多种自动装配方式，autowire 属性常用的取值如表 7-2 所示。

表7-2　autowire属性值及其说明

autowire属性值	说明
no	不使用自动装配。Bean依赖关系必须通过property元素定义
byType	根据属性类型自动装配。BeanFactory查找容器中的全部Bean，如果正好有一个与依赖属性类型相同的Bean，就自动装配这个属性；如果有多个这样的Bean，Spring无法决定注入哪个Bean，就抛出一个致命异常；如果没有匹配的Bean，就什么都不会发生，属性不会被设置
byName	根据属性名自动装配。BeanFactory查找容器中的全部Bean，找出id与属性的setter方法匹配的Bean。找到即自动注入，否则什么都不做
constructor	与byType的方式类似，不同之处在于它应用于构造器参数。如果在容器中没有找到与构造器参数类型一致的Bean，那么将会抛出异常

问题

在 Spring 配置文件中通过 <bean> 元素的 autowire 属性可以实现自动装配。但是，如果要配置的 Bean 很多，每个 Bean 都配置 autowire 属性也会很烦琐，可不可以统一设置自动注入而不必分别配置每个 Bean 呢？

解决方案

<beans> 元素提供了 default-autowire 属性。可以使用表 7-2 中的属性值为 <beans> 设置 default-autowire 属性以影响全局，减化维护单个 Bean 的注入方式。

修改 Spring 配置文件，设置全局自动装配，关键代码如示例 7 所示。

示例 7

```
<?xml version="1.0" encoding="UTF-8"?>
<beans xmlns="http://www.springframework.org/schema/beans"
    xmlns:xsi="http://www.w3.org/2001/XMLSchema-instance"
    xmlns:p="http://www.springframework.org/schema/p"
    xmlns:context="http://www.springframework.org/schema/context"
    xmlns:aop="http://www.springframework.org/schema/aop"
    xmlns:tx="http://www.springframework.org/schema/tx"
    xsi:schemaLocation="http://www.springframework.org/schema/beans
    http://www.springframework.org/schema/beans/spring-beans-3.2.xsd
    http://www.springframework.org/schema/context
    http://www.springframework.org/schema/context/spring-context-3.2.xsd
    http://www.springframework.org/schema/tx
    http://www.springframework.org/schema/tx/spring-tx-3.2.xsd
```

```
    http://www.springframework.org/schema/aop
    http://www.springframework.org/schema/aop/spring-aop-3.2.xsd"
    default-autowire="byName">
    <!-- 省略其他代码 -->
</beans>
```

在 <beans> 节点上设置 default-autowire 时，依然可以为 <bean> 节点设置 autowire 属性。这时该 <bean> 节点上的自动装配设置将覆盖全局设置，成为该 Bean 的自动装配策略。

对于大型的应用，不鼓励使用自动装配。虽然使用自动装配可减少配置工作量，但也大大降低了依赖关系的清晰性和透明性。依赖关系的装配仅依赖于源文件的属性名或类型，导致 Bean 与 Bean 之间的耦合降低到代码层次，不利于高层次解耦合。

任务 4 Spring 配置文件的拆分策略和拆分方法

关键步骤如下。

- 了解两种拆分策略。
- 掌握具体拆分和引入的方法。

7.4.1 拆分的策略

对于使用 XML 方式进行配置的 Spring 项目，项目规模较大时，庞大的 Spring 配置文件可读性、可维护性差。此外，在进行团队开发时，多人修改同一配置文件也容易发生冲突，降低开发效率。鉴于以上原因，对于使用 XML 方式进行配置的 Spring 项目，建议将一个大的配置文件分解成多个小的配置文件，每个配置文件仅仅配置功能近似的 Bean。

那么采用什么策略拆分 Spring 配置文件呢？

- 如果一个开发人员负责一个模块，我们采用公用配置（包含数据源、事务等）+ 每个系统模块一个单独配置文件（包含 Dao、Service 及 Web 控制器）的形式。
- 如果开发是按照分层进行的分工，我们采用公用配置（包含数据源、事务等）+DAO Bean 配置 + 业务逻辑 Bean 配置 +Web 控制器配置的形式。

两种拆分策略各有特色，拆分 Spring 配置文件，不仅可以分散配置文件，降低修改配置文件的难度和冲突的风险，而且更符合“分而治之”的软件工程原理。

7.4.2 拆分的方法

上面我们分析了为什么要拆分 Spring 配置文件，以及采用什么策略拆分 Spring 配置文件。那么如果将配置文件拆分为多个，Spring 如何找到拆分后的多个配置文件呢？

根据 ClassPathXmlApplicationContext 类的构造方法的几种重载形式：

- public ClassPathXmlApplicationContext(String configLocation);
- public ClassPathXmlApplicationContext(String… configLocations);

如果有多个配置文件需要载入，可以分别传入多个配置文件名，或以 String[ ] 方式传入多个配置文件名。关键代码如示例 8 和示例 9 所示。

示例 8

```
ApplicationContext ctx = new ClassPathXmlApplicationContext(
                "applicationContext.xml",
                "applicationContext-dao.xml",
                "applicationContext-service.xml");
// 省略其他代码
```

示例 9

```
String[] configs = {"applicationContext.xml",
                    "applicationContext-dao.xml",
                    "applicationContext-service.xml"};
ApplicationContext ctx = new ClassPathXmlApplicationContext(configs);
// 省略其他代码
```

或者还可以采用通配符（*）来加载多个具有一定命名规则的配置文件，关键代码如示例 10 所示。

示例 10

```
ApplicationContext ctx = new ClassPathXmlApplicationContext(
                "applicationContext*.xml");
// 省略其他代码
```

经验

实际项目开发过程中，建议通过通配符（*）的方式配置多个 Spring 配置文件。为了方便采用通配符，建议在给 Spring 配置文件命名时遵循一定的规律。

此外，Spring 配置文件本身也可以通过 import 子元素导入其他配置文件，将多个配置文件整合到一起，形成一个完整的 Spring 配置文件。例如，在 applicationContext.xml 文件中添加示例 11 所示的代码，则只需引用 applicationContext.xml 即可加载所有配置文件。

示例 11

```
<!-- 省略其他代码 -->
```

```
<!-- 导入多个 Spring 配置文件 -->
<import resource="applicationContext-dao.xml" />
<import resource="applicationContext-service.xml" />
<!-- 省略其他代码 -->
```

测试方法中加载 Spring 配置文件的关键代码：

```
ApplicationContext ctx = new ClassPathXmlApplicationContext(
            "applicationContext.xml");
// 省略其他代码
```

技能训练

上机练习 2——在超市订单管理系统中实现对订单表的增删改操作

需求说明

（1）以 Spring 集成 MyBatis 为基础实现。

（2）使用 Spring 事务切面实现声明式事务管理。

（3）分别使用 SqlSessionTemplate、MapperFactoryBean、MapperScannerConfigurer 几种不同方案实现。

（4）实现订单表的添加操作。

（5）实现根据订单 id 修改订单信息的操作。

（6）实现根据订单 id 删除订单信息的操作。

上机练习 3——在超市订单管理系统中实现对用户表的删除、修改和修改密码操作

需求说明

（1）以 Spring 集成 MyBatis 为基础实现。

（2）使用 Spring 事务切面实现声明式事务管理。

（3）分别使用 SqlSessionTemplate、MapperFactoryBean、MapperScannerConfigurer 几种不同方案实现。

（4）实现根据用户 id 修改用户信息的操作。

（5）实现根据用户 id 删除用户信息的操作。

（6）实现根据用户 id 修改用户密码的操作。

本章总结

- 使用 PropertyPlaceholderConfigurer 可以加载属性文件，实现更灵活的配置。
- Spring 可以从环境中获取 JNDI 资源。
- Spring 中配置 Bean 组件时，可以指定 singleton、prototype、request、session、global session 几种不同的作用域，其中 singleton 是默认采用的作用域类型。
- Spring 提供了自动装配（autowire）功能，常用方式包括 byName 和 byType。
- 配置多个配置文件，可以通过数组方式或使用通配符（*）加载，也可以在 Spring 主配置文件中使用 <import resource="xxx.xml"/> 方式引入多个配置文件。

本章练习

1．简述 Spring 自动装配的优缺点。

2．描述 Spring 配置文件的拆分策略。

3．在超市订单管理系统中以 Spring 和 MyBatis 集成的方式实现对角色表（smbms_role）的修改和删除操作，具体要求：

（1）实现根据角色 id 修改角色信息的操作。

（2）实现根据角色 id 删除角色信息的操作。注意：删除角色之前，需要先判断该角色下是否有用户信息，若有，需要先删除该角色下的用户信息，再删除该角色；若无，直接删除该角色信息。

（3）使用 Spring 事务切面实现声明式事务管理。

随手笔记

第 8 章

Spring MVC 体系结构和处理请求控制器

技能目标

- ❖ 了解 Spring MVC 的架构以及请求处理流程
- ❖ 掌握 Spring MVC 开发环境的搭建
- ❖ 掌握 Controller 和 View 之间的映射
- ❖ 掌握参数传递（View-Controller）
- ❖ 掌握模型数据的处理

本章任务

学习本章，读者需要完成以下 3 个任务。记录学习过程中遇到的问题，并通过自己的努力或访问 kgc.cn 解决。

任务 1：使用 Spring MVC 进行环境搭建

任务 2：理解 Spring MVC 传参的方式

任务 3：配置视图解析器——ViewResolver

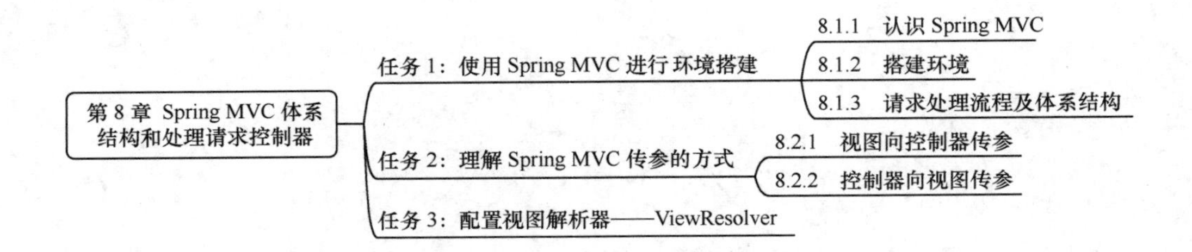

任务 1 使用 Spring MVC 进行环境搭建

关键步骤如下。

- 了解 Spring MVC 的概念。
- 进行 Spring MVC 环境搭建。
- 掌握 Spring MVC 的请求处理流程及体系结构。

8.1.1 认识 Spring MVC

Spring MVC 是 Spring 框架中用于 Web 应用开发的一个模块，是 Spring 提供的一个基于 MVC 设计模式的优秀 Web 开发框架，它本质上相当于 Servlet。在 MVC 设计模式中，Spring MVC 作为控制器（Controller）来建立模型与视图的数据交互，是结构最清晰的 MVC Model2 实现，是一个典型的 MVC 框架，如图 8.1 所示。

在 Spring MVC 框架中，Controller 替代 Servlet 来担负控制器的职责，Controller 接收请求，调用相应的 Model 进行处理，处理器完成业务处理后返回处理结果。Controller 调用相应的 View 并对处理结果进行视图渲染，最终传送响应消息到客户端。

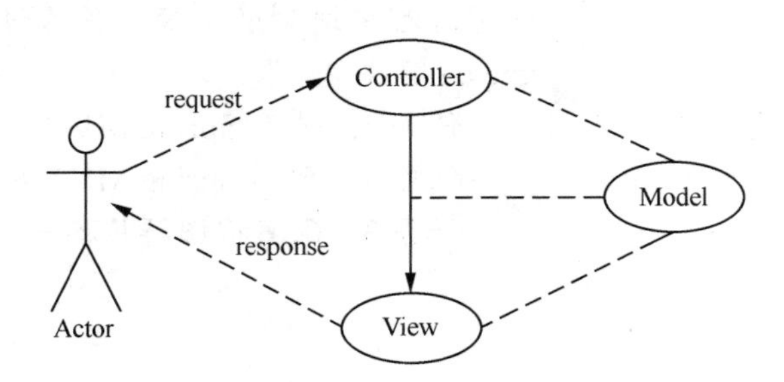

图 8.1 Spring MVC-Model 2 实现

由于 Spring MVC 的结构较为复杂，上述只是对其框架结构的一个简单描述。下面我们通过搭建 Spring MVC 环境，并实现一个简单的例子来体验 Spring MVC 是如何使用的，从而更深入地了解它的架构模型及请求处理流程。

注意

Spring MVC 框架采用松耦合可插拔的组件结构，具有高度可配置性，比其他 MVC 框架更具扩展性和灵活性。此外，Spring MVC 的注解驱动和对 REST 风格的支持，是它最具特色的功能。无论是在框架设计，还是在扩展性、灵活性等方面都已经全面超越了 Struts2 等 MVC 框架，而且它本身就是 Spring 框架的一部分，与 Spring 框架的整合可以说是无缝集成，性能方面具有天生的优越性。对于开发者来说，Spring MVC 框架的开发效率也高于其他的 Web 框架，在企业中的应用越来越广泛，已经成为主流的 MVC 框架。

8.1.2　搭建环境

在 MyEclipse 中新建 Web 项目后，使用 Spring MVC 框架的步骤如下：

（1）引入 jar 文件。

（2）Spring MVC 配置：

➢ 在 web.xml 中配置 Servlet，定义 DispatcherServlet。

➢ 创建 Spring MVC 的配置文件。

（3）创建 Controller（处理请求的控制器）。

（4）创建 View（本书中我们使用 JSP 作为视图）。

（5）部署运行。

Spring MVC 环境搭建

1．下载需要的 jar 文件

我们已经下载了 Spring 的 jar 文件（spring-framework-3.2.13.RELEASE-dist.zip），其中也包含了 Spring MVC 框架所需的 jar 文件：

➢ spring-web-3.2.13.RELEASE.jar：在 Web 应用开发时使用 Spring 框架所需的核心类。

➢ spring-webmvc-3.2.13.RELEASE.jar：Spring MVC 框架相关的所有类，包含框架的 Servlets，Web MVC 框架，以及对控制器和视图的支持。

在上一章 Spring 项目 jar 文件的基础上，加入 Spring MVC 的两个 jar 文件并引入工程中即可，加入后如图 8.2 所示。

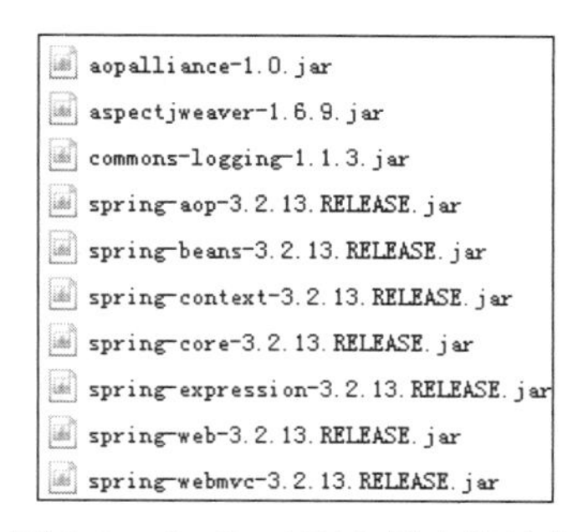

图 8.2　Spring MVC 最小依赖包

2. 在 web.xml 中配置 Servlet

Spring MVC 是基于 Servlet 的框架，DispatcherServlet 是整个 Spring MVC 框架的核心，它负责截获请求并将其分派给相应的处理器处理。那么配置 Spring MVC，首先就要进行 DispatcherServlet 的配置，当然跟所有的 Servlet 一样，用户必须在 web.xml 中进行配置。关键代码如示例 1 所示。

示例 1

```
<!-- 配置 Spring MVC 的核心控制器 DispatcherServlet -->
<servlet>
    <servlet-name>springmvc</servlet-name>
    <servlet-class>
        org.springframework.web.servlet.DispatcherServlet
    </servlet-class>
    <!-- 初始化参数 -->
    <init-param>
        <param-name>contextConfigLocation</param-name>
        <param-value>classpath:springmvc-servlet.xml</param-value>
    </init-param>
    <load-on-startup>1</load-on-startup>
</servlet>
<servlet-mapping>
    <servlet-name>springmvc</servlet-name>
    <url-pattern>/</url-pattern>
</servlet-mapping>
```

在上述代码中，配置了一个名为“springmvc”的 Servlet。该 Servlet 是 DispatcherServlet 类型，它就是 Spring MVC 的入口（前面介绍过 Spring MVC 的本质就是一个 Servlet），并通过“<load-on-startup>1</load-on-startup>”配置标记容器在启动的时候就加载此 DispatcherServlet，即自动启动。然后通过 servlet-mapping 映射到“/”，即 DispatcherServlet 需要截获并处理该项目的所有 URL 请求。

在配置 DispatcherServlet 的时候，通过设置 contextConfigLocation 参数来指定 Spring MVC 配置文件的位置，此处使用 Spring 资源路径的方式进行指定（classpath: springmvc-servlet.xml）。

3. 创建 Spring MVC 的配置文件（springmvc-servlet.xml）

在项目工程下创建 resources 目录（注：Source Folder），并在此目录下添加 Spring MVC 的 xml 配置文件。为了方便框架集成时各个配置文件有更好的区分，我们可将此文件命名为“springmvc-servlet.xml”。在该配置文件中，我们使用 Spring MVC 最简单的配置方式进行配置，关键代码如示例 2 所示。

示例 2

```
<?xml version="1.0" encoding="UTF-8"?>
<beans xmlns="http://www.springframework.org/schema/beans"
    xmlns:xsi="http://www.w3.org/2001/XMLSchema-instance"
```

```
    xmlns:mvc="http://www.springframework.org/schema/mvc"
    xmlns:p="http://www.springframework.org/schema/p"
    xmlns:context="http://www.springframework.org/schema/context"
    xsi:schemaLocation="
        http://www.springframework.org/schema/beans
        http://www.springframework.org/schema/beans/spring-beans.xsd
        http://www.springframework.org/schema/context
        http://www.springframework.org/schema/context/spring-context.xsd
        http://www.springframework.org/schema/mvc
        http://www.springframework.org/schema/mvc/spring-mvc.xsd">
    <bean name="/index.html" class="cn.smbms.controller.IndexController"/>
    <!-- 完成视图的对应 -->
    <bean
    class="org.springframework.web.servlet.view.InternalResourceViewResolver">
        <property name="prefix" value="/WEB-INF/jsp/"/>
        <property name="suffix" value=".jsp"/>
    </bean>
</beans>
```

在上述配置中，主要完成以下两部分内容。

（1）配置处理器映射

在示例 1 的配置中，我们在 web.xml 里配置了 DispatcherServlet，并配置了哪些请求需要通过此 Servlet 进行处理，接下来 DispatcherServlet 要将一个请求交给哪个特定的 Controller 处理？它需要咨询一个名为 HandlerMapping 的 Bean，之后把一个 URL 请求指定给一个 Controller 处理（就像应用系统的 web.xml 文件使用 <servlet-mapping> 将 URL 映射到相应的 Servlet 上）。Spring 提供了多种处理器映射（HandlerMapping）的支持，比如：

- org.springframework.web.servlet.handler.BeanNameUrlHandlerMapping
- org.springframework.web.servlet.handler.SimpleUrlHandlerMapping
- org.springframework.web.servlet.mvc.annotation.DefaultAnnotationHandlerMapping
- org.springframework.web.servlet.mvc.method.annotation. RequestMappingHandlerMapping

可以根据需求选择处理器映射，此处我们使用 BeanNameUrlHandlerMapping（注意：若没有明确声明任何处理器映射，Spring 会默认使用 BeanNameUrlHandlerMapping），即在 Spring 容器中查找与请求 URL 同名的 Bean。这个映射器不需要配置，根据请求的 URL 路径即可映射到控制器 Bean 的名称。如以下代码所示：

```
<bean name="/index.html" class="cn.smbms.controller.IndexController"/>
```

指定的 URL 请求：/index.html。

处理该 URL 请求的控制器：cn.smbms.controller.IndexController。

（2）配置视图解析器

处理请求的最后一件必要的事情就是渲染输出，这个任务由视图实现（本书中使用 JSP)，那么需要确定：指定的请求需要使用哪个视图进行请求结果的渲染输出？DispatcherServlet 会查找到一个视图解析器，将控制器返回的逻辑视图名称转换成渲染结果的实际视图。

Spring 提供了多种视图解析器，比如：

- org.springframework.web.servlet.view.InternalResourceViewResolver
- org.springframework.web.servlet.view.ContentNegotiatingViewResolver

此处我们使用 InternalResourceViewResolver 定义该视图解析器，通过配置 prefix（前缀）和 suffix（后缀），将视图逻辑名解析为 /WEB-INF/jsp/<viewName>.jsp。

注意

Spring MVC 配置文件的名称，必须和 web.xml 中配置 DispatcherServlet 时所指定的配置文件名称一致，一般命名为 <servlet-name>-servlet.xml，如 springmvc- servlet.xml。

4. 创建 Controller

到目前为止，Spring MVC 的相关环境配置已经完成，接下来编写 Controller 和 View，然后就可以运行测试了。

在 src 下新建包 cn.smbms.controller，并在该包下新建 class：IndexController.java，如何将该 JavaBean 变成一个可以处理前端请求的控制器？需要继承 org.springframework.web.servlet.mvc. AbstractController，并实现 handleRequestInternal 方法，关键代码如示例 3 所示。

示例 3

```
package cn.smbms.controller;
import javax.servlet.http.HttpServletRequest;
import javax.servlet.http.HttpServletResponse;
import org.springframework.web.servlet.ModelAndView;
import org.springframework.web.servlet.mvc.AbstractController;
// 控制器 :IndexController
public class IndexController extends AbstractController{
    @Override
    protected ModelAndView handleRequestInternal(HttpServletRequest arg0,
                                    HttpServletResponse arg1) throws Exception {
        // TODO Auto-generated method stub
        System.out.println("hello,SpringMVC!");// 在控制台输出日志信息
        return new ModelAndView("index");
    }
}
```

上述代码中，控制器处理方法的返回值为 ModelAndView 对象。该对象既包含视图

信息，也包含模型数据信息，这样 SpringMVC 就可以使用视图对模型数据进行渲染。该示例最后一行代码中的 index 就是逻辑视图名称，由于该示例不需要返回模型数据，故 Model 为空，没有进行相关的设置。

注意

ModelAndView 对象代表 Spring MVC 中呈现视图界面时所使用的 Model（模型数据）和 View（逻辑视图名称）。由于 Java 一次只能返回一个对象，所以 ModelAndView 的作用就是封装这两个对象，一次返回我们所需的 Model 和 View。当然，返回的模型和视图也都是可选的，在一些情况下，模型中没有任何数据，那么只返回视图即可（如上述的示例），或者只返回模型，让 Spring MVC 根据请求 URL 来决定视图。在后续章节，我们会对 ModelAndView 对象进行更详尽的解读。

5. 创建 View

在第二步配置视图解析器时，根据所定义 prefix（前缀）——/WEB-INF/jsp/ 和 suffix（后缀）——.jsp，我们需要在 WEB-INF 下创建 jsp 文件夹，并在该文件夹下创建真正的 JSP 视图——index.jsp，并在该视图上输出“hello，SpringMVC!”，关键代码如示例 4 所示。

示例 4

```
<%@ page language="java" contentType="text/html; charset=UTF-8"
    pageEncoding="UTF-8"%>
<!DOCTYPE html PUBLIC "-//W3C//DTD HTML 4.01 Transitional//EN"
"http://www.w3.org/TR/html4/loose.dtd">
<html>
    <head>
        <meta http-equiv="Content-Type" content="text/html; charset=UTF-8">
        <title>Insert title here</title>
</head>
<body>
        <h1>hello,SpringMVC!</h1>
    </body>
</html>
```

由于控制器 IndexController 返回的逻辑视图名称为 index，那么通过视图解析器，会将视图逻辑名解析为 /WEB-INF/jsp/index.jsp，得到真正的 JSP 视图名。

6. 部署运行

到目前为止，所有环境搭建以及示例编码的工作已经完成，下面可以编译后部署到 Tomcat 下运行测试。在地址栏中输入请求 http://localhost:8090/SMBMS_C08_01/index.html，运行结果如图 8.3 所示。

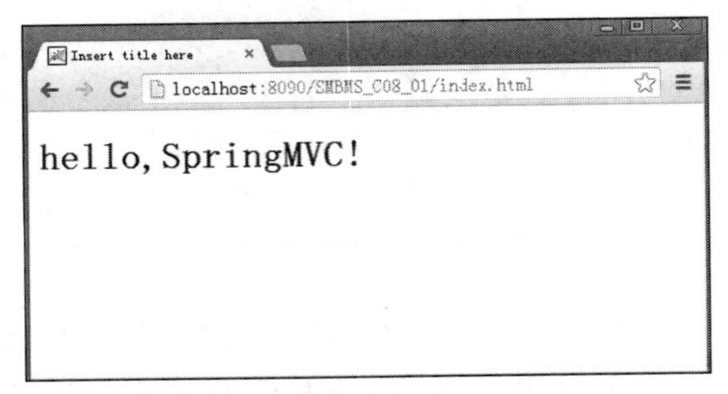

图 8.3　SpringMVC 案例运行结果

查看后台日志，控制台输出：hello, SpringMVC!

通过上述示例，简单总结下 Spring MVC 的处理流程：当用户发送 URL 请求 http://localhost:8090/SMBMS_C08_01/index.html 时，根据 web.xml 中对于 DispatcherServlet 的配置，该请求被 DispatcherServlet 截获，并根据 HandlerMapping 找到处理相应请求的 Controller（IndexController）；Controler 处理完成后，返回 ModelAndView 对象；该对象告诉 DispatcherServlet 需要通过哪个视图来进行数据模型的展示，DispatcherServlet 根据视图解析器把 Controller 返回的逻辑视图名转换成真正的视图并输出，呈现给用户。

思考

在上述示例中，我们通过 BeanNameUrlHandlerMapping 的方式完成了请求与 Controller 之间的映射关系，但是若有多个请求，岂不是要在 springmvc-servlet.xml 中配置多个映射关系？并且还需要建立多个 JavaBean 作为控制器来进行请求的处理，比如：

```
<bean name="/index.html" class="cn.smbms.controller.IndexController"/>
<bean name="/user.html" class="cn.smbms.controller.UserController"/>
......
```

若业务复杂，这样并不合适，那么该如何解决呢？

最常用的解决方式是使用 Spring MVC 提供的一键式配置方法：<mvc:annotation-driven/>，通过注解的方式来进行 Spring MVC 开发。下面就来改造上一个示例，讲解如何实现。

7. **更改 HandlerMapping（处理器映射）**

首先更改 Spring MVC 的处理器映射的配置为支持注解式处理器，配置 <mvc:annotation-driven/> 标签，它是 Spring MVC 提供的一键式配置方法，配置此标签后 Spring MVC 会帮我们自动做一些注册组件之类的工作。这种配置方法非常简单，适用于初学者快速搭建 Spring MVC 环境。简单理解就是配置此标签后，我们可以通过注解的方式，把一个 URL 映射到 Controller 上。修改 springmvc-servlet.xml 的关键代码如示例 5 所示。

示例 5

```
<?xml version="1.0" encoding="UTF-8"?>
<beans xmlns="http://www.springframework.org/schema/beans"
    xmlns:xsi="http://www.w3.org/2001/XMLSchema-instance"
    xmlns:mvc="http://www.springframework.org/schema/mvc"
    xmlns:p="http://www.springframework.org/schema/p"
    xmlns:context="http://www.springframework.org/schema/context"
    xsi:schemaLocation="
        http://www.springframework.org/schema/beans
        http://www.springframework.org/schema/beans/spring-beans.xsd
        http://www.springframework.org/schema/context
        http://www.springframework.org/schema/context/spring-context.xsd
        http://www.springframework.org/schema/mvc
        http://www.springframework.org/schema/mvc/spring-mvc.xsd">
    <context:component-scan base-package="cn.smbms.controller"/>
    <mvc:annotation-driven/>
    <!-- 完成视图的对应 -->
    <bean
    class="org.springframework.web.servlet.view.InternalResourceViewResolver">
        <property name="prefix" value="/WEB-INF/jsp/"/>
        <property name="suffix" value=".jsp"/>
    </bean>
</beans>
```

在上述配置中，删除了“<bean name="/index.html"class="cn.smbms.controller.IndexController"/>”，增加了两个标签。

（1）<mvc:annotation-driven/>。配置该标签会自动注册 DefaultAnnotationHandlerMapping（处理器映射）与 AnnotationMethodHandlerAdapter（处理器适配器）这两个 Bean。Spring MVC 需要通过这两个 Bean 实例来完成对 @Controller 和 @RequestMapping 等注解的支持，从而找出 URL 与 handler method 的关系并予以关联。换句话说，完成在 Spring 容器中这两个 Bean 的注册是 Spring MVC 为 @Controller 分发请求的必要支持。

（2）<context:component-scan …… />。该标签是对包进行扫描，实现注解驱动 Bean 的定义，同时将 Bean 自动注入容器中使用。即：使标注了 Spring MVC 注解（如 @Controller 等）的 Bean 生效。换句话说，若没有配置此标签，那么标注 @Controller 的 Bean 仅仅是一个普通的 JavaBean，而不是一个可以处理请求的控制器。

接下来更改 IndexController.java，关键代码如示例 6 所示。

示例 6

```
package cn.smbms.controller;
import org.apache.log4j.Logger;
import org.springframework.stereotype.Controller;
import org.springframework.web.bind.annotation.RequestMapping;
@Controller
```

```
public class IndexController{
    private Logger logger = Logger.getLogger(IndexController.class);
    //@RequestMapping 表示方法与请求 URL 来对应 ( 此处："/index")
    @RequestMapping("/index")
    public String index(){
        //System.out.println("hello,SpringMVC!");
        logger.info("hello,SpringMVC!");
        return "index";
    }
}
```

在上述代码中，使用 @Controller 对 IndexController 类进行标注，使其成为一个可处理 HTTP 请求的控制器，再使用 @RequestMapping 对 IndexController 的 index() 方法进行标注，确定 index() 对应的请求 URL。限定 index() 方法将处理所有来自于 URL 为"/index"的请求（它相对于 Web 容器部署根目录）。也就是说，若还有其他的业务需求（URL 请求），只需在该类下增加方法即可，当然方法要进行 @RequestMapping 的标注，确定方法对应的请求 URL。这样就解决了之前提出的问题，无须再多建 JavaBean 作为 Controller 去满足业务需求。这也是我们在实际开发中经常运用的方式：支持注解式的处理器。

部署运行，地址栏中输入请求 http://localhost:8090/SMBMS_C08_02/index 后，测试结果同上，此处不再赘述。

注意

（1）<mvc:annotation-driven/> 的原理实现会在后续章节中深入讲解，此处仅掌握具体运用即可。

（2）Spring3.2 之前的版本，开启注解式处理器支持的配置为：DefaultAnnotation Handler Mapping(处理器映射) 与 AnnotationMethodHandlerAdapter(处理器适配器)。Spring 3.2 之后的版本，使用 RequestMappingHandlerMapping 和 RequestMappingHandler Adapter 来替代。之前的 DefaultAnnotationHandlerMapping 被标注，弃用了 @Deprecated。

8.1.3 请求处理流程及体系结构

1．Spring MVC 框架的请求处理流程

通过上面两个示例的演示，我们了解了 Spring MVC 环境的搭建，接下来深入了解 Spring MVC 框架的请求处理流程，如图 8.4 所示。

分析图 8.4，Spring MVC 框架是一个基于请求驱动的 Web 框架，并且使用了前端控制器模式来进行设计，根据请求映射规则分发给相应的页面控制器（处理器）来处理请求。下面我们就详细地梳理 Spring MVC 请求处理的流程步骤。

请求处理流程及体系结构

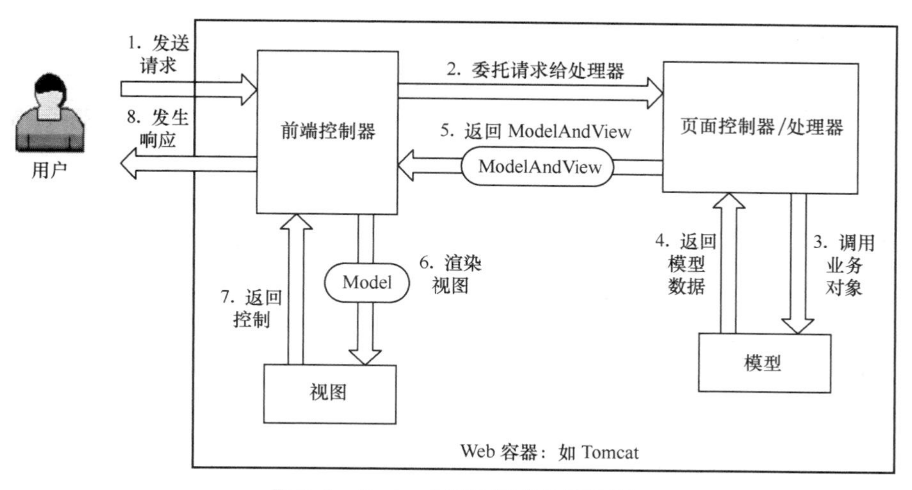

图 8.4　Spring MVC 请求处理流程

（1）首先用户发送请求到前端控制器（DispatcherServlet），前端控制器根据请求信息（如 URL）来决定选择用哪个页面控制器（Controller）来处理，并把请求委托给它，即 Servlet 控制器的控制逻辑部分（步骤 1、2）。

（2）页面控制器接收到请求后，进行业务处理，处理完毕后返回一个 ModelAndView（模型数据和逻辑视图名）（步骤 3、4、5）。

（3）前端控制器收回控制权，然后根据返回的逻辑视图名选择相应的真正视图，并把模型数据传入以便将视图渲染展示（步骤 6、7）。

（4）前端控制器再次收回控制权，将响应结果返回给用户，至此整个流程结束（步骤 8）。

2. Spring MVC 框架的体系结构

基于上述的请求处理流程，再深入了解 Spring MVC 框架的整体架构，如图 8.5 所示。

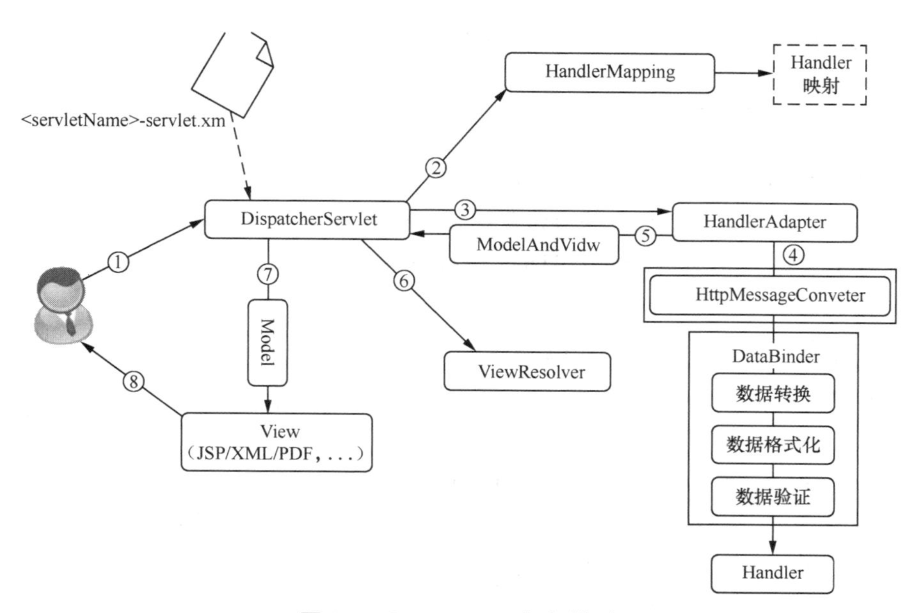

图 8.5　Spring MVC 框架模型

在 Spring MVC 的框架模型中，我们可以发现从接收请求到返回响应，Spring MVC 框架的众多组件通力配合、各司其职地完成整个流程工作。在整个框架中，Spring MVC 通过一个前端控制器（DispatcherServlet）接收所有的请求，并将具体工作委托给其他组件进行处理，DispatcherServlet 处于核心地位，它负责协调组织不同组件完成请求处理并返回响应。根据 Spring MVC 处理请求的流程，我们来分析下具体每个组件所负责工作的情况。

（1）客户端发出 HTTP 请求，Web 应用服务器接收此请求。若匹配 DispatcherServlet 的请求映射路径（在 web.xml 中指定），则 Web 容器将该请求转交给 DispatcherServlet 处理。

（2）DispatcherServlet 接收到请求后，将根据请求的信息（包括 URL、请求参数、HTTP 方法等）及 HandlerMapping 的配置（在 <servletName>-servlet.xml 中配置）找到处理请求的处理器（Handler）。

（3）当 DispatcherServlet 根据 HandlerMapping 找到对应当前请求的 Handler 之后，通过 HandlerAdapter 对 Handler 进行封装，再以统一的适配器接口调用 Handler。HandlerAdapter 可以理解为具体使用 Handler 来干活的人， HandlerAdapter 接口里一共有三个方法，如图 8.6 所示。

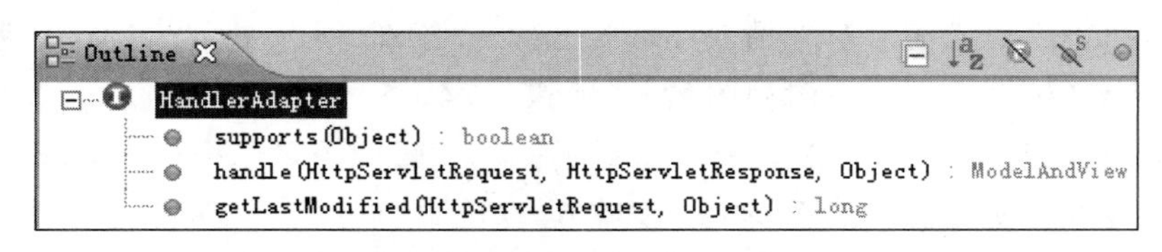

图 8.6　HandlerAdapter 接口提供的方法

- supports(Object handler) 方法：判断是否可以使用某个 Handler。
- handle 方法：具体使用 Handler 处理请求。
- getLastModified 方法：获取资源的 Last-Modified。

Spring MVC 中没有定义 Handler 接口，也没有对处理器做任何限制，处理器可以以任意合理的方式来表现。换句话说，任何一个 Object(如 JavaBean、方法等) 都可以成为请求处理器(Handler)，从 HandlerAdapter 的 handle 方法可看出，它是 Object 类型，这种模式给开发者提供了极大的自由度。

本书描述的请求处理器、前端控制器以及图中的 Handler，我们都可以理解为 Controller。

（4）在请求信息到达真正调用 Handler 的处理方法之前的这段时间内，Spring MVC 还完成了很多工作，它会将请求信息以一定的方式转换并绑定到请求方法的入参中，对于入参的对象会进行数据转换、数据格式化以及数据校验等操作。这些都做完之后，才真正地调用 Handler 的处理方法进行相应的业务逻辑处理。

（5）处理器完成业务逻辑处理之后将返回一个 ModelAndView 对象给 DispatcherServlet，ModelAndView 对象包含了逻辑视图名和模型数据信息。

（6）ModelAndView 对象中包含的是“逻辑视图名”，而非真正的视图对象。DispatcherServlet 会通过 ViewResolver 将逻辑视图名解析为真正的视图对象 View。当然，负责数据展示的视图可以是 JSP、XML、PDF、JSON 等多种数据格式，对此 Spring MVC 均可灵活配置。

（7）当得到真实的视图对象 View 后，DispatcherServlet 会使用 ModelAndView 对象中的模型数据对 View 进行视图渲染。

（8）最终客户端获得响应消息，可以是普通的 HTML 页面，也可以是一个 XML 或者 JSON 格式的数据等。

通过以上关于 Spring MVC 的请求处理流程以及框架模型的分析，我们不仅简单了解了 Spring MVC 的整体架构，还初步体会了其设计的精妙之处。在后续的章节中，将围绕它的整个体系结构进行深入讲解，包括各个组件的分析、实际开发的运用经验总结等。

学习方法

由于 Spring MVC 结构比较复杂，所以学习的时候也要掌握学习方法。首先要明确 Spring MVC 是一个工具，既然是工具，那么我们就需要先掌握工具的使用方法，不要陷入细节中，深入浅出、慢慢地通过实际运用来加深理解。学习过程中多跟踪代码，查看 Spring MVC 的源码才能对其有更深刻的理解。

3. Spring MVC 框架的特点

通过前面的示例及对 Spring MVC 体系结构的介绍，我们总结一下 Spring MVC 框架的特点，在后续的学习过程中，再慢慢深入体会。

（1）清晰的角色划分。Spring MVC 在 Model、View 和 Controller 方面提供了一个非常清晰的角色划分，这三个方面真正是各司其职、各负其责。

（2）灵活的配置功能。因为 Spring 的核心是 IoC，同样在实现 MVC 上，也可以把各种类当作 Bean 来通过 XML 进行配置。

（3）提供了大量的控制器接口和实现类。开发者可以使用 Spring 提供的控制器实现类，也可以自己实现控制器接口。

（4）真正做到与 View 层的实现无关（JSP、Velocity、XSLT 等）。它不会强制开发者使用 JSP，完全可以根据项目需求使用 Velocity、XSLT 等技术，使用起来更加灵活。

（5）国际化支持。

（6）面向接口编程。

（7）Spring 提供了 Web 应用开发的一整套流程，不仅仅是 MVC，它们之间可以很方便地结合在一起。

总之：一个好的框架要减轻开发者处理复杂问题的负担，内部要有良好的扩展，并且有一个支持它的强大的用户群体。恰恰 Spring MVC 都做到了。

技能训练

上机练习 1—— 搭建 Spring MVC 环境，在前端页面输出“学框架就学 Spring MVC!”

需求说明

（1）为超市订单管理系统搭建 Spring MVC 环境，并实现前端页面内输出“学框架就学 Spring MVC!”。

（2）HandlerMapping（处理器映射）使用 BeanNameUrlHandlerMapping。

（3）ViewResolver（视图解析器）使用 InternalResourceViewResolver。

（4）部署运行，地址栏中输入 URL：http://localhost:8090/SMBMS_C08HO_01/welcome。执行结果如图 8.7 所示。

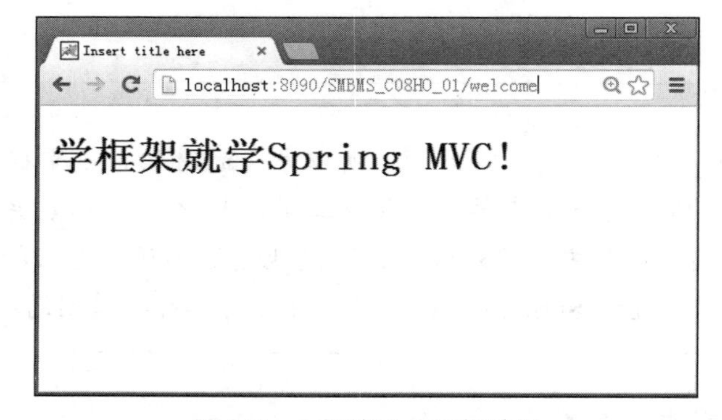

图 8.7　上机练习 1 运行结果

提示

（1）在 MyEclipse 中创建工程 smbms，导入 Spring MVC 所需的 jar 文件。

（2）在 web.xml 中配置 DispatcherServlet。

（3）创建 Spring MVC 的配置文件（springmvc-servlet.xml），并在该配置文件中配置处理器映射和视图解析器。

（4）创建 Controller（cn/smbms/controller/IndexController.java），继承 AbstractController，重写其 handleRequestInternal 方法。

（5）创建 View（WEB-INF/jsp/index.jsp）。

（6）部署运行，页面输出“学框架就学 Spring MVC!”。

上机练习 2——使用 <mvc:annotation-driven/> 标签，在前端页面输出“学框架就学 Spring MVC!”

需求说明

（1）在上机练习 1 的基础上，更改 Spring MVC 的处理器映射的配置为支持注解式处理器，配置 <mvc:annotation-driven/> 标签。

（2）ViewResolver（视图解析器）使用 InternalResourceViewResolver。

（3）加入 Log4j 进行后台日志输出。

（4）部署运行，在地址栏中输入 URL：http://localhost:8090/SMBMS_C08HO_02/welcome。执行结果如图 8.7 所示。

提示

（1）创建 Spring MVC 的配置文件（springmvc-servlet.xml），并在该配置文件中配置处理器映射和视图解析器。

（2）创建 Controller（cn/smbms/controller/WelcomeController.java）。

（3）部署运行，页面输出“学框架就学 Spring MVC!”。

任务 2　理解 Spring MVC 传参的方式

关键步骤如下。

- 掌握视图向控制器传参。
- 掌握控制器向视图传参。

在任务 1 中，我们搭建了 Spring MVC 开发环境，完成了 Controller 与 View 的映射，并简单地实现了页面导航。在本任务中，我们继续深入学习参数的传递，包括 View 层如何把参数值传递给 Controller，以及 Controller 如何把值传递给前台 View 展现。

8.2.1　视图向控制器传参

如何把参数值从 View 传递给 Controller？这就涉及请求的 URL，以及请求中携带参数等问题。最简单粗暴的做法是将 Controller 方法中的参数直接入参。改造 IndexController.java 的关键代码如示例 7 所示。

示例 7

```
package cn.smbms.controller;
import org.apache.log4j.Logger;
import org.springframework.stereotype.Controller;
import org.springframework.web.bind.annotation.RequestMapping;

@Controller
```

```
public class IndexController{
    private Logger logger = Logger.getLogger(IndexController.class);
    /*
     * 参数传递：View to Controller
     */
    @RequestMapping("/welcome")
    public String welcome(@RequestParam String username) {
        logger.info("welcome," + username);
        return "index";
    }
}
```

部署后运行测试，在地址栏中输入 URL：http://localhost:8090/SMBMS_C08_03/welcome?username=admin。并观察控制台日志输出，查看 Controller 是否接收到前台传递的 username 的参数值。控制台正确输出日志信息："welcome,admin"，如图 8.8 所示。

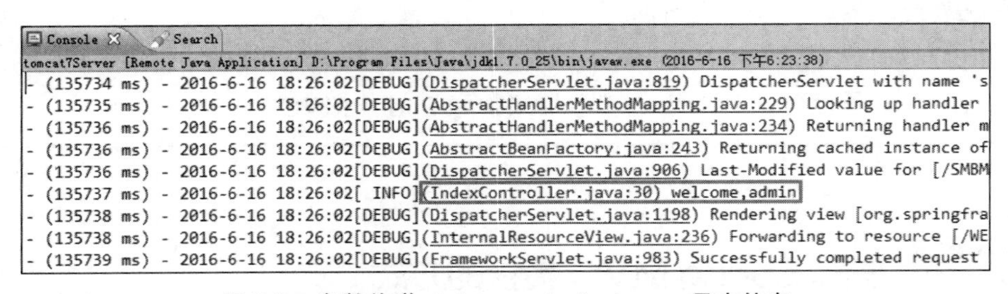

图 8.8　参数传递（view-controller）——日志信息

但是对于上述传参方式，会存在一个问题，若在地址栏直接输入 URL：http://localhost:8090/ SMBMS_C08_03/welcome，即不输入参数 username，此时页面会报 400 错误，如图 8.9 所示。

通过图 8.9 所示的报错信息，可以看出是由于 URL 请求中参数"username"不存在而导致的报错。但是实际开发中，由于业务需求，对于参数的要求并不是必需的，那么如何解决这个问题？这就需要详细了解如何使用 @RequestMapping 来映射请求以及如何使用 @RequestParam 来绑定请求参数值。

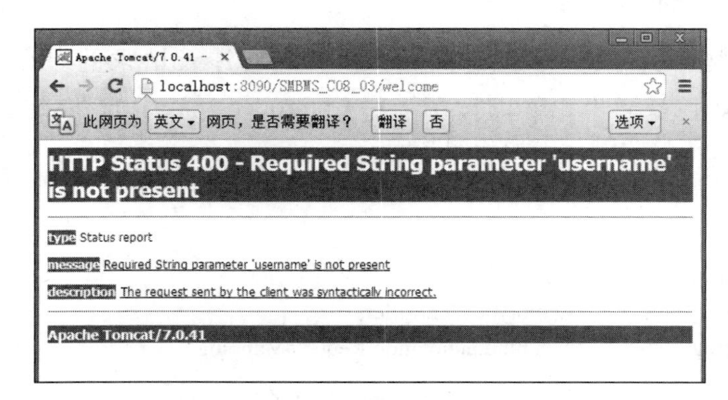

图 8.9　参数传递（view-controller）——页面报错

1．@RequestMapping

通过前面的学习，我们知道在一个普通 JavaBean 的定义处标注 @Controller，再通过 <context:component-scan/> 扫描相应的包，即可使一个普通的 JavaBean 成为一个可以处理 HTTP 请求的控制器。根据具体的业务需求，可以创建多个控制器（如 UserController.java、ProviderCotroller.java 等)，每个控制器内有多个处理请求的方法（如 UserController 里会有增加用户、修改用户信息、删除指定用户、根据条件获取用户列表等方法)，每个方法负责不同的请求操作，而 @RequestMapping 就负责将不同请求映射到对应的控制器方法上。

知识扩展

HTTP 请求信息除了请求的 URL 地址之外，还包括很多其他信息：请求方法（GET、POST）、HTTP 协议及版本、HTTP 的报文头、HTTP 的报文体。我们使用 @RequestMapping，除了可以使用 URL 映射请求之外，还可以使用请求方法、请求参数等映射请求。

使用 @RequestMapping 来完成映射，具体包括 4 个方面的信息项：请求 URL、请求参数、请求方法、请求头。

（1）通过请求 URL 进行映射

上一个示例中的写法其实就是通过请求 URL 进行映射，如 @RequestMapping（"/welcome"）等，这是一种简写方式。@RequestMapping 使用 value 来指定请求的 URL，下面两种写法效果一样：

```
@RequestMapping("/welcome")
……(略)
@RequestMapping(value="/welcome")
……(略)
```

@RequestMapping 不仅可以定义在方法处，还可以定义在类定义处，关键代码如示例 8 所示。

示例 8

```
package cn.smbms.controller;
import org.apache.log4j.Logger;
import org.springframework.stereotype.Controller;
import org.springframework.web.bind.annotation.RequestMapping;

@Controller
@RequestMapping("/user")
public class UserController{
    private Logger logger = Logger.getLogger(UserController.class);
    @RequestMapping("/welcome")
```

```
        public String welcome(@RequestParam String username) {
            logger.info("welcome, username：" + username);
            return "index";
        }
    }
```

在上述代码中，@RequestMapping 在 UserController 的类定义处指定 URL "/user"，是相对于 Web 应用的部署路径，而在 welcome 方法处指定的 URL 则是相对于类定义指定的 URL，那么访问路径为 http://localhost:8090/SMBMS_C08_03/user/welcome?username=admin。若在类定义处未标注 @RequestMapping，此时，方法处指定的 URL 则是相对于 Web 应用的部署路径，比如上一个示例代码，访问路径为 http://localhost:8090/SMBMS_C08_03/welcome?username=admin。需要注意的是，在整个 Web 项目中，@RequestMapping 映射的请求信息必须保证全局唯一。

思考

整个 Web 项目中，@RequestMapping 映射的请求信息必须保证全局唯一，示例 7 与示例 8 中却在方法处出现了相同的 @RequestMapping("/welcome")，但是部署运行进行访问并不报错，这是为何？

原因在于：虽然 UserController 的 welcome 方法处指定的 @RequestMapping("/welcome") 与 IndexController 的 welcome 方法处指定的 URL 相同，但是由于 UserController 在类定义处也指定了 @RequestMapping("/user")，故它的请求 URL 实际上是"/user/welcome"，而不是"/welcome"。

在实际项目开发中，我们经常会在不同业务的 Controller 类定义处指定相应的 @RequestMapping（即把同一个 Controller 下的操作请求都安排在同一个 URL 中），以便于区分请求，不易出错。通过访问的 URL 就可以明确地看出是属于哪个业务模块下的请求。如用户管理功能模块下的增加用户的请求"/user/add"、删除用户的请求"/user/delete"等；供应商管理功能模块下的增加供应商的请求"/provider/add"、删除供应商的请求"/provider/delete"等。

知识扩展

对于 @RequestMapping 的 value，我们通过源码可以发现它的返回值是一个 String[]，也就是说，可以写成如下格式：@RequestMapping({"/index","/"})。那么意味着：请求的 URL 为 http://localhost:8090/SMBMS_C08_03/index 或者 http://localhost:8090/SMBMS _C08_03/，都可以进入该处理方法。

（2）通过请求参数、请求方法进行映射

@RequestMapping 除了可以使用请求 URL 映射请求之外，还可以使用请求参数、

请求方法来映射请求，通过多条件可以让请求映射更加精确。改造 IndexController.java 关键代码如示例 9 所示。

示例 9

```
package cn.smbms.controller;
import org.apache.log4j.Logger;
import org.springframework.stereotype.Controller;
import org.springframework.web.bind.annotation.RequestMapping;
import org.springframework.web.bind.annotation.RequestMethod;

@Controller
public class IndexController{
    private Logger logger = Logger.getLogger(IndexController.class);
    @RequestMapping(value="/welcome",method=RequestMethod.GET,
                                        params="username")
    public String welcome(@RequestParam String username) {
        logger.info("welcome, " + username);
        return "index";
    }
}
```

在上述代码中，@RequestMapping 的 value 表示请求的 URL；method 表示请求方法，此处设置为 GET 请求（若是 POST 请求，那么就无法进入 welcome 这个处理方法中）；params 表示请求参数，此处参数名为 username。

在地址栏中输入 URL：http://localhost:8090/SMBMS_C08_03/welcome?username=admin。运行结果正确，成功进入 IndexController 的 welcome 处理方法中。首先 value（请求的 URL"/welcome"）匹配，其次 method 亦为 GET 请求，最后参数（?username=admin）也与 params="username" 匹配，故可以正确进入该处理方法中。下面再分析几种错误情况。

若对地址栏中输入的 URL 参数进行相应调整（改为 http://localhost:8090/SMBMS_C08_03/welcome?usercode=admin），我们会发现，页面报 400 错误，控制台也报出相应的异常，如下所示，且无法进入 welcome 的处理方法中。

```
(AbstractHandlerExceptionResolver.java:132) Resolving exception from handler [null]:org.springframework.web.bind.UnsatisfiedServletRequestParameterException: Parameter conditions "username" not met for actual request parameters: usercode={admin}
```

若修改 welcome 方法入参为 String usercode，则后台同样提取不到相应的参数值，关键代码如下：

```
@RequestMapping(value="/welcome",method=RequestMethod.GET,params="username")
public String welcome(String usercode){
    logger.info("welcome, " + usercode);
    return "index";
}
```

在地址栏中输入 URL：http://localhost:8090/SMBMS_C08_03/welcome?username=admin。页面和控制台均未报错，并且根据请求信息，成功进入 welcome 处理方法中，但是在该方法中却没有得到参数值，控制台输出"welcome, null"。由此我们发现，若选择方法参数直接入参，方法入参名必须与请求中参数名保持一致。

在简单学习完 @RequestMapping 之后，示例 7 中出现的问题还没有得到解决，若要解决此问题，还需要借助 @RequestParam 注解。

2. @RequestParam

在方法入参处使用 @RequestParam 注解指定其对应的请求参数。@RequestParam 有以下三个参数：

- value：参数名。
- required：是否必需，默认为 true，表示请求中必须包含对应的参数名，若不存在将抛出异常。
- defaultValue：默认参数名，不推荐使用。

现在就利用第二个参数 required 来解决示例 7 中存在的参数非必需问题，修改后代码如示例 10 所示。

示例 10

```
package cn.smbms.controller;
import org.apache.log4j.Logger;
import org.springframework.stereotype.Controller;
import org.springframework.web.bind.annotation.RequestMapping;
import org.springframework.web.bind.annotation.RequestMethod;
import org.springframework.web.bind.annotation.RequestParam;
@Controller
public class IndexController{
    private Logger logger = Logger.getLogger(IndexController.class);
    @RequestMapping("/welcome")
    public String welcome(@RequestParam(value="username",required=false)
                                  String username){
        logger.info("welcome," + username);
        return "index";
    }
}
```

部署并运行测试，在地址栏中输入 URL：http://localhost:8090/SMBMS_C08_03/welcome。该请求信息不带参数，页面和控制台均未报错，控制台日志输出"welcome,null"，运行正确。

8.2.2 控制器向视图传参

了解完从 View 到 Controller 的参数传递，下面学习 View 层如何从 Controller 中获取参数内容，这就需要进行模型数据的处理了。对于 MVC 框架来说，模型数据是很重要的，因为控制层（Controller）是为了产生模型数据（Model），而视图（View）最终也是为了渲染模型数据进行输出。那么如何将模型数据传递给视图，这是 Spring MVC 框架的一项重要工作。Spring MVC 提供了多种方式输出模型数据，下面分别介绍。

1. ModelAndView

顾名思义，控制器处理方法的返回值若为 ModelAndView，则既包含视图信息，又包含模型数据信息。有了该对象之后，Spring MVC 就可以使用视图对模型数据进行渲染。改造示例，完成前端请求的参数 username 往后台（Controller）传递的操作，在控制台输出该参数值，并在 index 页面输出 username 参数值。IndexController 的关键代码如示例 11 所示。

示例 11

```
package cn.smbms.controller;
import org.apache.log4j.Logger;
import org.springframework.stereotype.Controller;
import org.springframework.web.bind.annotation.RequestMapping;
import org.springframework.web.bind.annotation.RequestParam;
import org.springframework.web.servlet.ModelAndView;
@Controller
public class IndexController{
    private Logger logger = Logger.getLogger(IndexController.class);
    /**
     * 参数传递：controller to view -(ModelAndView)
     * @param username
     * @return
     */
    @RequestMapping("/index1")
    public ModelAndView index(String username){
        logger.info("welcome! username: " + username);
        ModelAndView mView = new ModelAndView();
        mView.addObject("username", username);
        mView.setViewName("index");
        return mView;
    }
}
```

通过以上代码，可以看出在 index 处理方法中，返回了 ModelAndView 对象，并通过 addObject 方法添加模型数据，通过 setViewName 方法设置逻辑视图名。ModelAndView 对象的常用方法如下。

（1）添加模型数据

- ModelAndView addObject(String attributeName,Object attributeValue)：第一个参数为 key 值，第二个参数为 key 对应的 value。key 值可以随意指定（保证在该 Model 的作用域内唯一即可），那么在此示例中，我们指定 key 为“username”的字符串，相对应的 value 为参数 username 的值。
- ModelAndView addAllObjects(Map<String,?> modelMap)：可以看出，模型数据

也是一个 Map 对象，我们可以添加 Map 对象到 Model 中。

（2）设置视图

- void setView(View view)：指定一个具体的视图对象。
- void setViewName(String viewName)：指定一个逻辑视图名。示例 11 采用此种做法。

修改 index.jsp，在页面上展现参数 username 的值，关键代码如示例 12 所示。

示例 12

```
<h1>hello,SpringMVC!</h1>
<h1>username(key:username) --> ${username}</h1>
```

上述代码中，通过 EL 表达式展现从 Controller 返回的 ModelAndView 对象中接收参数 username 的值。部署并运行测试，在浏览器地址栏中输入 URL：http://localhost:8090/SMBMS_C08_04/ index1?username=admin。运行界面如图 8.10 所示。

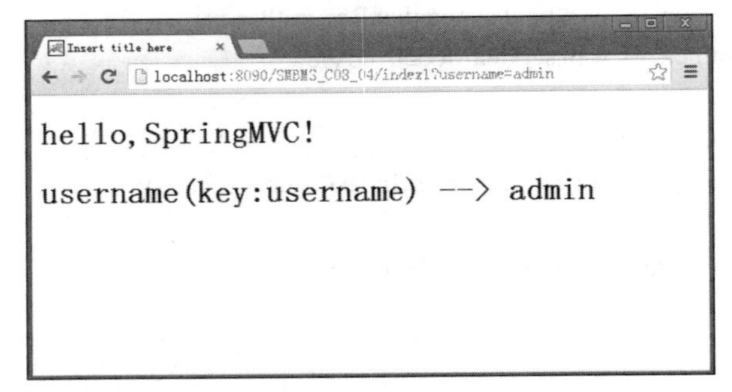

图 8.10　参数传递 (view-controller)ModelAndView——运行结果

运行正确，页面上正确显示 username 的参数值，控制台日志正确输出“welcome! username: admin”。

2. Model

除了可以使用 ModelAndView 对象来返回模型数据外，还可以使用 Spring MVC 提供的 Model 对象来完成模型数据的传递。其实 Spring MVC 在调用方法前会创建一个隐含的模型对象，作为模型数据的存储容器，一般称为“隐含模型”。若处理方法的入参为 Model 类型，Spring MVC 会将隐含模型的引用传递给这些入参。简单地说，就是在方法体内，开发者可以通过一个 Model 类型的入参对象访问到模型中的所有数据，当然也可以往模型中添加新的属性数据。修改上一示例，实现使用 Model 对象完成参数的传递，IndexController 关键代码如示例 13 所示。

示例 13

```
package cn.smbms.controller;
import org.apache.log4j.Logger;
import org.springframework.stereotype.Controller;
import org.springframework.web.bind.annotation.RequestMapping;
import org.springframework.web.bind.annotation.RequestParam;
```

```
import org.springframework.ui.Model;
@Controller
public class IndexController{
    private Logger logger = Logger.getLogger(IndexController.class);
    /**
     * 参数传递：controller to view -(Model)
     * @param username
     * @param model
     * @return
     */
    @RequestMapping("/index2")
    public String index(String username,Model model){
        logger.info("hello,SpringMVC! username: " + username);
        model.addAttribute("username", username);
        return "index";
    }
}
```

在上述代码中，处理方法直接使用 Model 对象入参，把需要传递的模型数据 username 放入 Model 中即可，返回字符串类型的逻辑视图名。

在 index.jsp 页面直接使用 EL 表达式 ${username}，即可获得参数值，部署运行正确，此处不再赘述。

其实不管是 Model 还是 ModelAndView，它们的用法很类似，运用起来也非常灵活。Model 对象的 addAttribute 方法与 ModelAndView 对象的添加模型数据方法的用法都是一样的，即 Model 对象也是一个 Map 类型的数据结构，并且对于 key 值的指定不是必需的。下面简单修改示例 13，关键代码如示例 14 所示。

示例 14

```
package cn.smbms.controller;
import org.apache.log4j.Logger;
import org.springframework.stereotype.Controller;
import org.springframework.web.bind.annotation.RequestMapping;
import org.springframework.web.bind.annotation.RequestParam;
import org.springframework.ui.Model;
@Controller
public class IndexController{
    private Logger logger = Logger.getLogger(IndexController.class);
    /**
     * 参数传递：controller to view -(Model)
     * @param username
     * @param model
     * @return
     */
    @RequestMapping("/index2")
```

```
    public String index(String username,Model model){
        logger.info("hello,SpringMVC! username: " + username);
        model.addAttribute("username", username);
        model.addAttribute(username);
        return "index";
    }
}
```

在上述代码中增加了 model.addAttribute(username)，并没有指定 Model 中 key 值，直接给 Model 传入 value（username）。这种情况下，会默认使用对象的类型作为 key，如 username 是 String 类型，则 key 为字符串“string”。在 index.jsp 页面上增加如下代码：

```
<h1>username(key:string) --> ${string}</h1>
<h1>username(key:username) --> ${username}</h1>
```

上述代码中，EL 表达式为 ${string}，输出 key 为“string”的 value 值，运行结果正确，如图 8.11 所示。

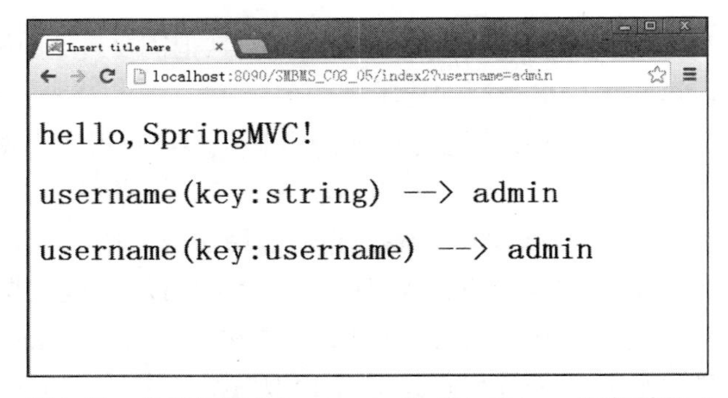

图 8.11　参数传递 (view-controller)Model——运行结果 1

在上面的示例中，Model 中放入的是普通类型的对象（如 String 等）。现在修改示例，在 Model 中放入 JavaBean，首先创建 POJO，即 User.java（来自素材：超市订单管理系统的 User 类）。IndexController 的关键代码如示例 15 所示。

示例 15

```
package cn.smbms.controller;
import org.apache.log4j.Logger;
import org.springframework.stereotype.Controller;
import org.springframework.web.bind.annotation.RequestMapping;
import org.springframework.web.bind.annotation.RequestParam;
import org.springframework.ui.Model;
import cn.smbms.pojo.User;
@Controller
public class IndexController{
    private Logger logger = Logger.getLogger(IndexController.class);
    /**
```

```
     * 参数传递：controller to view -(Model)
     * @param username
     * @param model
     * @return
     */
    @RequestMapping("/index2")
    public String index(String username,Model model){
        logger.info("hello,SpringMVC! username: " + username);
        model.addAttribute("username", username);
        model.addAttribute(username);
        User user = new User();
        user.setUserName(username);
        model.addAttribute("currentUser", user);
        model.addAttribute(user);
        return "index";
    }
}
```

在上述代码中，实例化 user 对象，并给 user 对象的 userName 属性赋值，然后把 user 对象放入 Model 中去，key 值为“currentUser”，最后还有一行代码为 model.addAttribute(user)。根据之前的讲解，会默认使用对象的类型key，即 key 为字符串“user”。现在修改 index.jsp，进行相关内容输出，增加关键代码如下：

```
<h1>username(key:currentUser) --> ${currentUser.userName}</h1>
<h1>username(key:user) --> ${user.userName}</h1>
```

EL 表达式为 ${currentUser.userName}，输出 key 为“currentUser”的 value（即 user 对象）的userName属性值；EL表达式为${user.userName }，输出key为“user”的value（即 user 对象）的 userName 属性值。运行结果正确，如图 8.12 所示。

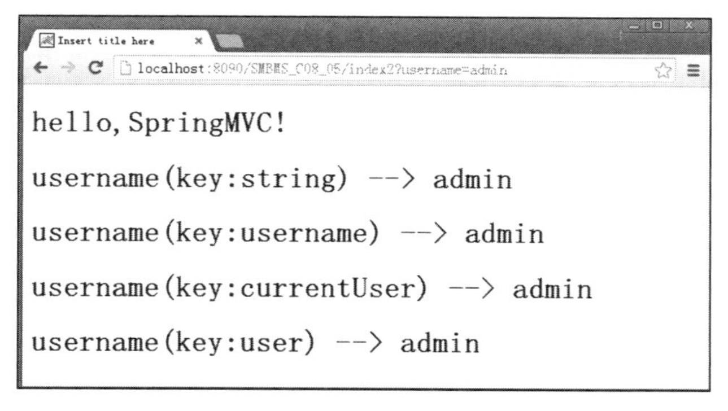

图 8.12　参数传递 (view-controller)Model——运行结果 2

3．Map

通过前面对于 Model 和 ModelAndView 对象的学习，不难发现，Spring MVC 的 Model 其实就是一个 Map 的数据结构，所以我们使用 Map 作为处理方法入参，也是可行的。示例代码如下：

示例 16

```
package cn.smbms.controller;
import org.apache.log4j.Logger;
import org.springframework.stereotype.Controller;
import org.springframework.web.bind.annotation.RequestMapping;
import org.springframework.web.bind.annotation.RequestParam;
import org.springframework.ui.Model;
import java.util.Map;
@Controller
public class IndexController{
    private Logger logger = Logger.getLogger(IndexController.class);
    /**
     * 参数传递：controller to view -(Map<String,Object>)
     * @param username
     * @param model
     * @return
     */
    @RequestMapping("/index3")
    public String index(String username,Map<String, Object> model){
        logger.info("hello,SpringMVC! username: " + username);
        model.put("username", username);
        return "index";
    }
}
```

在上述代码中，处理方法中 Map 类型入参和 Model 类型的用法一样，往 Map 中放入 key 为“username”，页面输出 ${ username}。运行结果正确，如图 8.13 所示。

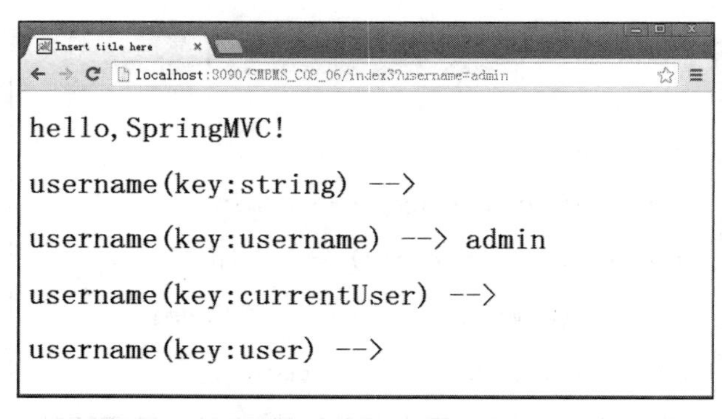

图 8.13　参数传递 (view-controller)Map——运行结果

注意

Spring MVC 控制器的处理方法中如果有 Map 或者 Model 类型的入参，就会将请求内的隐含模型对象传递给这些入参，因此在方法体内可以通过这些入参对模型中的数据进行读写操作。当然，作为 Spring MVC 的标准用法，推荐使用 Model。

4. @ModelAttribute

如果希望将入参的数据对象放入数据模型中去，就需要在入参前使用 @ModelAttribute 注解。后续章节再详细讲解，此处仅做了解。

5. @SessionAttributes

此注解可以将模型中属性存入 HttpSession 中，以便在多个请求之间共享该属性，此处仅做了解即可。

技能训练

上机练习 3——完成 View 与 Controller 之间的参数传递

需求说明

（1）在上机练习 2 的基础上，实现 View 到 Contoller 的参数传递。

（2）在用户界面（WEB-INF/jsp/index.jsp）提供输入的 inputText 框中，输入用户编码（userCode），如图 8.14 所示。

图 8.14　上机练习 3 界面效果 1

（3）在图 8.14 所示界面中输入用户编码后，单击“提交”按钮，跳转到图 8.15 所示界面（WEB-INF/jsp/success.jsp），在该界面输出上一界面中输入并提交的用户编码。

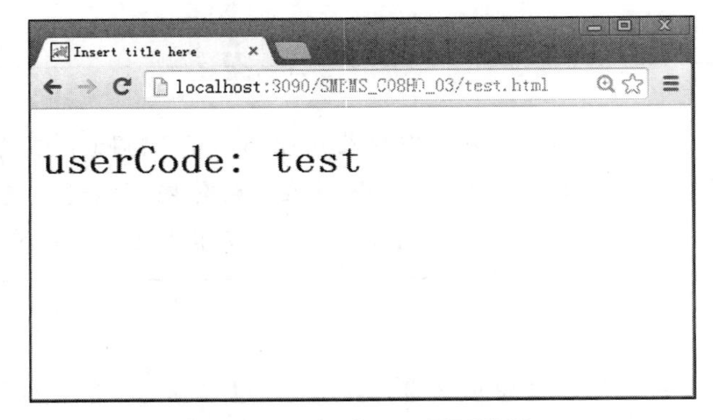

图 8.15　上机练习 3 界面效果 2

（4）要求在控制台输出从前台获取的用户编码（userCode）的值。

提示

（1）在 IndexController.java 中增加处理方法：

- 处理“/index.html”请求的 index 方法，该方法的任务是：跳转到 index 界面（用户编码输入界面）。
- 处理“/test.html”请求的 test 方法，该方法的任务是：获取用户输入的 userCode 的值，在控制台输出，并跳转到 success 界面（显示用户编码的界面）。注意：需要将参数（userCode）的值再传递给 success 界面。

（2）编写 index.jsp 和 success.jsp 界面。

（3）部署并运行测试结果。

任务 3　配置视图解析器——ViewResolver

关键步骤如下：配置 InternalResourceViewResolver 进行视图解析。

请求处理方法执行完成之后，最终返回一个 ModelAndView 对象。对于那些返回 String 等类型的处理方法，Spring MVC 也会在内部将它们装配成一个 ModelAndView 对象，它包含了逻辑视图名和数据模型，那么此时 Spring MVC 就需要借助视图解析器（ViewResolver）了。ViewResolver 是 Spring MVC 处理视图的重要接口，通过它可以将控制器返回的逻辑视图名解析成一个真正的视图对象。当然，真正的视图对象可以多种多样，如常见的 JSP 视图，使用 FreeMarker、Velocity 等模板技术的视图，还可以是 JSON、XML、PDF 等各种数据格式的视图。本书中采用 JSP 视图进行讲解。

Spring MVC 默认提供了多种视图解析器，所有的视图解析器都实现了 ViewResolver 接口，如图 8.16 所示。

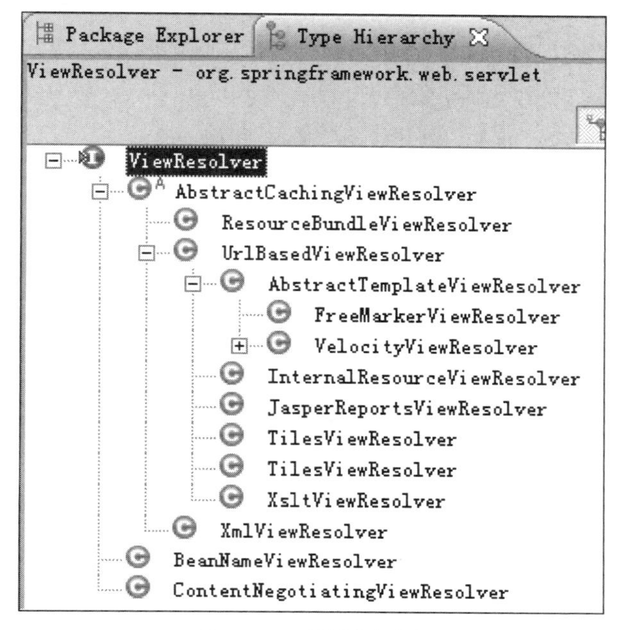

图 8.16　视图解析器

对于 JSP 这种最常见的视图技术，通常使用 InternalResourceViewResolver 作为视图解析器。在以上的示例中，我们也是使用该视图解析器来完成视图解析工作的。

InternalResourceViewResolver 是最常用的视图解析器，通常用于查找 JSP 和 JSTL 等视图。它是 URLBasedViewResolver 的子类，会把返回的视图名称都解析为 InternalResourceView 对象，该对象会把 Controller 的处理方法返回的模型属性都放在对应的请求作用域中，然后通过 RequestDispatcher 在服务器端把请求转发到目标 URL。在 springmvc-servlet.xml 中的配置代码如下：

```
<bean class="org.springframework.web.servlet.view.InternalResourceViewResolver">
    <property name="prefix" value="/WEB-INF/jsp/"/>
    <property name="suffix" value=".jsp"/>
</bean>
```

若控制器的处理方法返回字符串“index”，那么通过 InternalResourceViewResolver 视图解析器，会解析成如图 8.17 所示的结果。

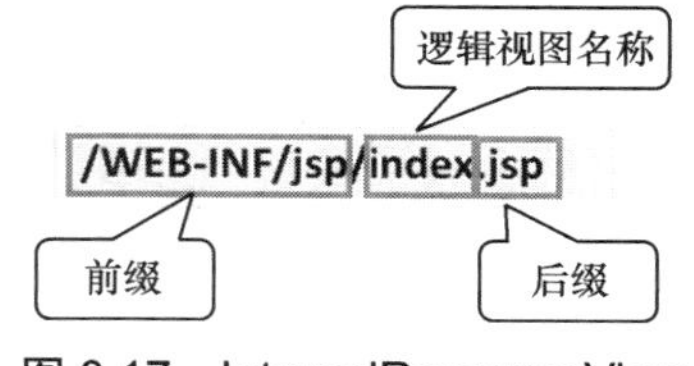

图 8.17　InternalResourceView Resolver——视图解析

InternalResourceViewResolver 会给返回的逻辑视图名加上定义好的前缀和后缀，即“WEB-INF/jsp/index.jsp”的形式。

本章总结

- Spring MVC框架是典型的MVC框架，是一个结构最清晰的JSP Model 2实现。它基于 Servlet，DispatcherServlet 是整个框架的核心。
- Spring MVC 的处理器映射（HandlerMapping）可配置为支持注解式处理器，只需配置 <mvc:annotation-driven/> 标签即可。
- Spring MVC 的控制器的处理方法返回的 ModelAndView 对象内包括数据模型和视图信息。
- Spring MVC 通过视图解析器来完成视图解析工作，把控制器的处理方法返回的逻辑视图名解析成一个真正的视图对象。

本章练习

1．简述 Spring MVC 的请求处理流程以及整体框架结构。

2．列举常用的视图解析器和 HandlerMapping。

3．在第 1 章练习（某电子备件管理系统）的基础上，完成前台页面的设计（可不考虑关联后台实现，只做 View 层和 Controller 层）。要求实现功能：完成设备信息的增加操作，并在界面上显示新增的数据。

提示

（1）搭建 Spring MVC 环境，编写对应的 POJO、Controller、设备添加页面（add.jsp）、添加成功并显示新增数据的页面（save.jsp）。

（2）部署并运行测试结果。

第 9 章

Spring MVC 核心应用 -1

技能目标

- ❖ 搭建 Spring MVC+Spring+JDBC 框架，并在此框架上进行项目开发
- ❖ 掌握 Spring MVC 访问静态文件
- ❖ 掌握 Servlet API 作为入参
- ❖ 掌握 Spring MVC 异常（局部、全局）处理

本章任务

学习本章，读者需要完成以下 3 个任务。记录学习过程中遇到的问题，并通过自己的努力或访问 kgc.cn 解决。

任务 1：搭建 Spring MVC+Spring+JDBC 框架

任务 2：实现登录、注销功能

任务 3：查询用户列表

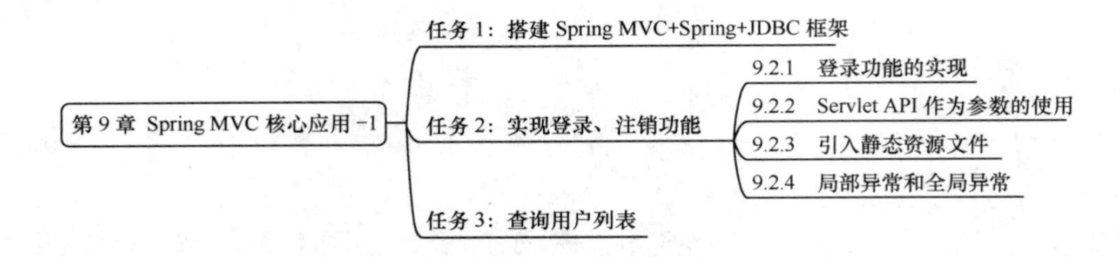

任务 1 搭建 Spring MVC+Spring+JDBC 框架

关键步骤如下。

- 引入相关 jar 文件。
- 编写 Spring 配置文件。
- 配置 web.xml。

前面已经掌握了 Spring MVC 的一些基础知识，从本任务开始，我们来改造超市订单管理系统的控制层（Controller）部分的代码实现，结合提供的素材源码以及已经搭建好的 Spring MVC 框架，完成项目框架的改造，最后改造为 JSP+Spring MVC+Spring+JDBC。

基于性能方面的考虑，Spring MVC+Spring+JDBC 框架在一些互联网项目中使用较多，故本章会在原素材（SMBMS）的基础上，使用 Spring MVC 框架改造超市订单管理系统的控制层，DAO 层暂时使用 JDBC 实现。在第 11 章中，再改造 DAO 层为 MyBatis 的实现，完成三个框架（Spring MVC+Spring+MyBatis）的整合。

进行 SMBMS 项目的框架改造，具体实现步骤如下。

1. 加入 Spring、Spring MVC、数据库驱动等的相关 jar 文件

在之前章节的示例中已介绍，此处不再赘述。

2. Spring 配置文件

在 resources 文件夹下增加 Spring 配置文件（applicationContext-jdbc.xml），关键代码如示例 1 所示。

示例 1

```
<?xml version="1.0" encoding="UTF-8"?>
```

```
<beans xmlns="http://www.springframework.org/schema/beans"
        xmlns:xsi="http://www.w3.org/2001/XMLSchema-instance"
        xmlns:aop="http://www.springframework.org/schema/aop"
        xmlns:p="http://www.springframework.org/schema/p"
        xmlns:tx="http://www.springframework.org/schema/tx"
        xmlns:context="http://www.springframework.org/schema/context"
        xsi:schemaLocation="
            http://www.springframework.org/schema/beans
            http://www.springframework.org/schema/beans/spring-beans-2.5.xsd
            http://www.springframework.org/schema/aop
            http://www.springframework.org/schema/aop/spring-aop-2.5.xsd
            http://www.springframework.org/schema/tx
            http://www.springframework.org/schema/tx/spring-tx-2.5.xsd
            http://www.springframework.org/schema/context
            http://www.springframework.org/schema/context/spring-context.xsd">
    <context:component-scan base-package="cn.smbms.service"/>
    <context:component-scan base-package="cn.smbms.dao"/>
</beans>
```

在上述配置中，通过 <context:component-scan/> 标签，使 Spring 扫描指定包下的所有类，让标注 Spring 注解的类生效。若扫描到有 @Component、@Service、@Repository 等这些注解的类，则自动把这些类注册为 Bean 组件。

3. **配置** web.xml

在 web.xml 中指定 Spring 配置文件所在的位置并配置 ContextLoaderListener。

（1）需要在 web.xml 中通过 contextConfigLocation 参数，指定步骤 2 创建的 Spring 配置文件（applicationContext-jdbc.xml）的路径。

（2）由于 Spring 需要启动容器才能为其他框架提供服务，而 Web 应用程序的入口是由 Web 服务器控制的，因此无法在 main() 方法中通过创建 ClassPathXmlApplicationContext 对象来启动 Spring 容器。Spring 提供了 org.springframework.web.context.ContextLoaderListener 这个监听器类来解决这个问题。该监听器实现了 ServletContextListener 接口，可以在 Web 容器启动的时候初始化 Spring 容器。当然，前提是需要在 web.xml 中配置好这个监听器，配置代码如示例 2 所示。

示例 2

```
<!-- 配置环境参数，指定 Spring 配置文件所在目录 -->
<context-param>
    <param-name>contextConfigLocation</param-name>
    <param-value>classpath:applicationContext-*.xml</param-value>
</context-param>
<!-- 配置 Spring 的 ContextLoaderListener 监听器 , 初始化 Spring 容器 -->
<listener>
    <listener-class>
        org.springframework.web.context.ContextLoaderListener
```

```
    </listener-class>
</listener>
```

通过以上配置，就可以在 Web 应用启动的同时初始化 Spring 容器了。

注意

如果没有指定 contextConfigLocation 参数，ContextLoaderListener 默认会去查找 /WEB-INF/application Context.xml。换句话说，如果我们将 Spring 的配置文件命名为 applicationContext.xml 并存放在 WEB-INF 目录下，即使不指定 contextConfigLocation 参数，也能加载配置文件。

而此处我们将 Spring 的配置文件命名为 applicationContext-jdbc.xml，然后使用以“*”号为通配符的方式（applicationContext-*.xml）来装载该文件。

Spring MVC 的配置文件（springmvc-servlet.xml）以及在 web.xml 中的相关配置，此处不再赘述。框架搭建完成后，下一步就可以进行业务功能的开发了。

任务 2 实现登录、注销功能

关键步骤如下。

- 实现登录功能。
- 使用 Servlet API 对象作为入参。
- 引入静态资源文件，如 js、css、images 等。
- 添加局部异常和全局异常处理。

9.2.1 登录功能的实现

用户登录和注销功能是系统最基本的功能，也代表着系统的入口和出口，其他的业务功能都是在此基础上实现的。下面就从改造登录和注销功能入手。具体的实现步骤如下。

1. 改造 DAO 层

DAO 层使用素材（UserDao.java、UserDaoImpl.java）实现即可，并在 UserDaoImpl.java 的类名上增加 @Repository 注解。

2. 改造 Service 层

Service 层使用素材（UserService.java、UserServiceImpl.java）实现，并在 UserServiceImpl.java 的类名上增加 @Service 注解，成员变量 userDao 通过 @Resource 注解进行注入，关键代码如下：

```
@Resource
```

```
private UserDao userDao;
```

3. 改造 Controller 层

创建 Controller 层（UserController.java），要实现系统登录功能，需要增加两个方法。

（1）跳转到系统登录页。login() 方法实现跳转，关键代码如示例 3 所示。

示例 3

```
@RequestMapping(value="/login.html")
public String login(){
    logger.debug("UserController welcome SMBMS==================");
    return "login";
}
```

（2）实现登录。doLogin() 方法实现登录，登录成功则跳转到系统首页，否则跳转到登录页。关键代码如示例 4 所示。

示例 4

```
@Controller
@RequestMapping("/user")
public class UserController{
    private Logger logger = Logger.getLogger(UserController.class);
    @Resource
    private UserService userService;
    // 此处省略 login() 方法
    @RequestMapping(value="/dologin.html",method=RequestMethod.POST)
    public String doLogin(@RequestParam String userCode,
                          @RequestParam String userPassword){
        logger.debug("doLogin====================================");
        // 调用 service 方法，进行用户匹配
        User user = userService.login(userCode,userPassword);
        if(null != user){// 登录成功
            // 页面跳转（frame.jsp）
            return "redirect:/user/main.html";
            //response.sendRedirect("jsp/frame.jsp");
        }else{
            // 页面跳转（login.jsp）
            return "login";
        }
    }
    @RequestMapping(value="/main.html")
    public String main(){
        return "frame";
    }
}
```

在 doLogin() 方法中，主要进行用户信息匹配验证（登录系统所输入的登录名和密码与后台数据库中存储的是否一致）。首先，通过方法入参（@RequestParam String userCode,@RequestParam String userPassword）来获取用户前台输入。然后调用业务方法，将参数（userCode、userPassword）传入后台，进行用户匹配，根据返回结果（User 对象）来判断是否登录成功。若登录成功，跳转到系统首页（frame.jsp）；若登录失败，跳转到系统登录页（login.jsp）。

注意

如果登录成功，会重定向到系统首页“response.sendRedirect("jsp/frame.jsp");”。在 Spring MVC 中，应该如何处理？是否可以直接使用“return "frame";”来进行页面的重定向？

一般情况下，控制器方法返回的字符串会被当成逻辑视图名处理，这仅仅是进行服务端的页面跳转而已，并非客户端重新发送的 URL 请求。若想进行重定向操作，就需要加入“redirect:”前缀，Spring MVC 将对它进行特殊处理，将“redirect:”当作指示符，其后的字符串作为 URL 处理，比如此处的“redirect:/user/main.html”。redirect 会让浏览器重新发送一个新的请求“/user/main.html”，从而进入控制器的 main( ) 处理方法中。当然，main( ) 方法中也可加入其他的一些业务处理逻辑后再进行页面的跳转。

4. 改造 View 层

（1）从素材中复制静态资源文件（如 js、css、images 等）到 WebRoot 根目录下，如图 9.1 所示。

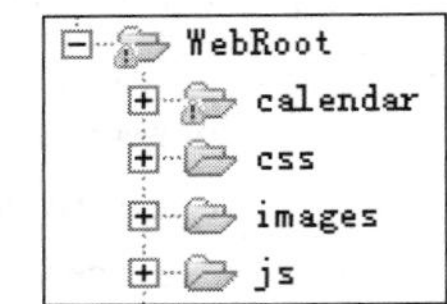

图 9.1 改造静态资源文件目录

也需要复制 common 目录下的 foot.jsp 和 head.jsp 公共页面到工程中，位置为 WEB-INF\jsp\common。

（2）在 WEB-INF\jsp 目录下创建用户登录页面 login.jsp（直接复制提供的素材，在其上修改即可），关键代码如示例 5 所示。

示例 5

```
<form class="loginForm"
    action="${pageContext.request.contextPath }/user/dologin.html"
    name="actionForm" id="actionForm"  method="post" >
    // 省略中间代码
</form>
```

根据 UserController 中 @RequestMapping 注解的 value 定义，需要修改 form 表单的 action 路径为“/user/dologin.html”。

（3）在 WEB-INF\jsp 目录下创建系统首页 frame.jsp（直接使用提供的素材即可）。修改 include 的 head.jsp 和 foot.jsp 的引用路径即可。关键代码如下：

```
<%@include file="/WEB-INF/jsp/common/head.jsp"%>
```

```
<%@include file="/WEB-INF/jsp/common/foot.jsp"%>
```

5. **部署运行**

改造完成后，部署运行并进行测试。在浏览器中输入 URL 地址“http://localhost:8090/SMBMS_ C09_06/user/login.html”，运行结果如图 9.2 所示。

图 9.2 系统登录页

输入正确的用户名和密码后成功登录系统，运行结果如图 9.3 所示。

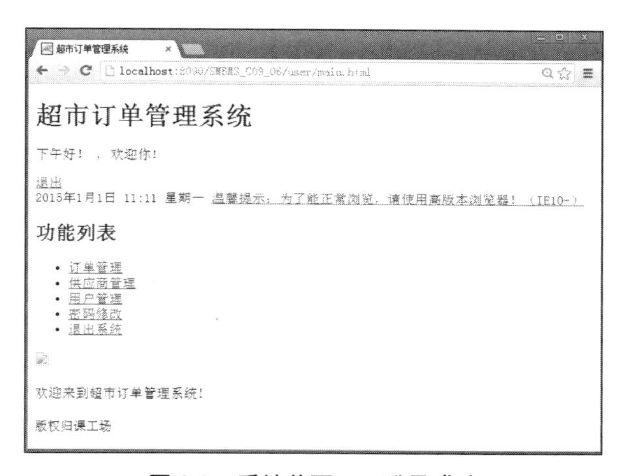

图 9.3 系统首页——登录成功

输入错误的用户名和密码进行登录测试，重新跳转到登录页，运行结果如图 9.4 所示。

图 9.4 跳转到系统登录页——登录失败

提示

系统登录页一般都会作为欢迎页配置在 web.xml 中：

```
<welcome-file-list>
    <welcome-file>/WEB-INF/jsp/login.jsp</welcome-file>
</welcome-file-list>
```

访问系统时，只需在浏览器中输入 URL 地址 “http://localhost:8090/SMBMS_C09_06” 即可，方便了用户的输入。

通过上述的改造，实现了系统基本的登录功能，但是还存在一些问题，如登录成功后的当前用户信息需要保存在 session 中；若登录失败，除了页面跳转到登录页，还需在页面上进行错误提示等。下面我们就从将当前用户信息存入 session 开始，继续优化代码。

如何把当前用户信息存入 session 中？这就需要学习 Spring MVC 控制器处理方法的另外一种入参方式：使用 Servlet API。

9.2.2 Servlet API 作为参数的使用

在 Spring MVC 中，控制器不依赖任何 Servlet API 对象， 也可以将 Servlet API 对象作为处理方法的入参使用，非常简便。比如，此处需要使用 HttpSession 对象，那么就可以直接将 HttpSession 作为入参使用。改造 UserController 的 doLogin() 方法以及 main() 方法，关键代码如示例 6 所示。

示例 6

```
@RequestMapping(value="/dologin.html",method=RequestMethod.POST)
public String doLogin(@RequestParam String userCode,
                        @RequestParam String userPassword,
                        HttpSession session,
                        HttpServletRequest request){
    logger.debug("doLogin====================================");
    // 调用 service 方法，进行用户匹配
    User user = userService.login(userCode,userPassword);
    if(null != user){// 登录成功
        // 放入 session
        session.setAttribute(Constants.USER_SESSION, user);
        // 页面跳转（frame.jsp）
        return "redirect:/user/main.html";
    }else{
        // 页面跳转（login.jsp）带出提示信息——转发
        request.setAttribute("error", " 用户名或密码不正确 ");
        return "login";
    }
}
```

```
@RequestMapping(value="/main.html")
public String main(HttpSession session){
    if(session.getAttribute(Constants.USER_SESSION) == null){
        return "redirect:/user/login.html";
    }
    return "frame";
}
```

在上述代码中，doLogin() 方法增加了两个参数：HttpSession 和 HttpServletRequest。这两个对象作为 Servlet API 直接入参，登录成功之后将当前用户信息存入 HttpSession 中（注：Constants.java 是系统提供的工具类，用于定义一些常量，如 USER_SESSION 等，这里直接使用素材即可，此处不再赘述）。在页面上就可以从 session 中取出当前用户信息，如 ${userSession.userName}。同样，对于 HttpServletRequest，主要用于登录失败后提示错误信息，使用方法同上。在 login.jsp 页面加上 ${error } 来显示提示信息。

main() 方法也增加了 HttpSession 入参，在方法体内通过逻辑来判断 session 中是否存有当前登录用户，若有，则进入系统首页；若无，则证明没登录系统或者 session 已过期，需要重新跳转到登录页进行登录操作。这有效地保证了系统的安全机制，即没有成功登录系统的用户不能进入系统进行业务操作。

注意

Spring MVC 中使用 Servlet API 作为入参时，Spring MVC 会自动将 Web 层对应的 Servlet 对象传递给处理方法的入参。处理方法可以同时使用 Servlet API 作为参数和其他符合要求的入参，它们的位置、顺序没有特殊要求。

部署并运行测试，登录成功后，从 session 中取出当前用户信息，在页面显示用户名称，运行结果如图 9.5 所示。

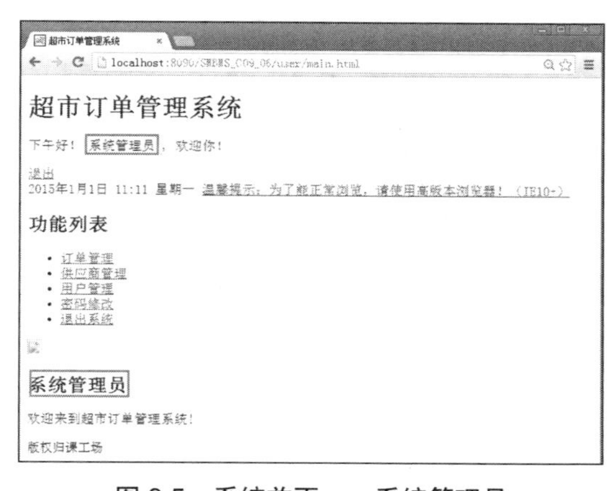

图 9.5　系统首页——系统管理员

若登录失败，跳转到登录页，并提示错误信息。运行结果如图 9.6 所示。

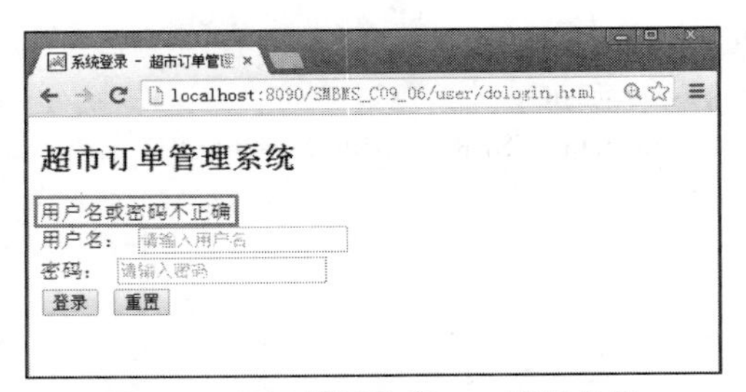

图 9.6　显示错误信息——登录失败

9.2.3　引入静态资源文件

从上述的运行结果来看，可以发现页面没有相应的样式和图片，就算有 js 文件引用，此时的 js 也是无法生效的。这是由于 web.xml 中配置的 DispatcherServlet 请求映射为“/”，Spring MVC 将捕获 Web 容器所有的请求，当然也包括对静态资源的请求。Spring MVC 会将它们当成一个普通请求处理，但是由于找不到对应的处理器，所以按照常规的方式引用静态文件将无法访问。那么如何解决该问题呢？

采用 <mvc :resources/> 标签即可解决静态资源的访问问题。

首先，为了方便配置管理，我们将项目中所有的静态资源文件（js、css、images）统一放置在一个目录下（如 /WebRoot/statics/），如图 9.7 所示。

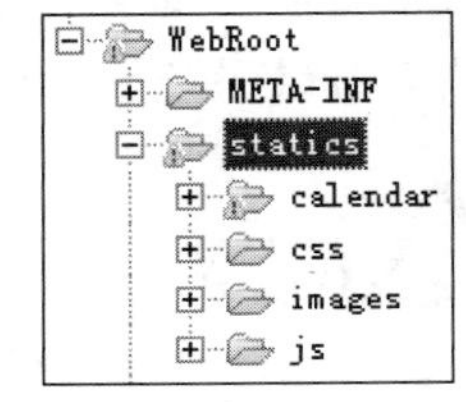

图 9.7　静态资源文件目录——statics

然后，在 Spring MVC 配置文件（springmvc-servlet.xml）中增加如示例 7 所示的配置。

示例 7

```
<mvc:resources mapping="/statics/**" location="/statics/" />
```

（1）mapping：将静态资源映射到指定的路径（/statics）下。

（2）location：本地静态资源文件所在的目录。

最后，需要修改页面引用静态文件的目录路径，加上“/statics”。重新运行测试，发现样式、图片以及 js 均生效。运行结果如图 9.8 和图 9.9 所示。

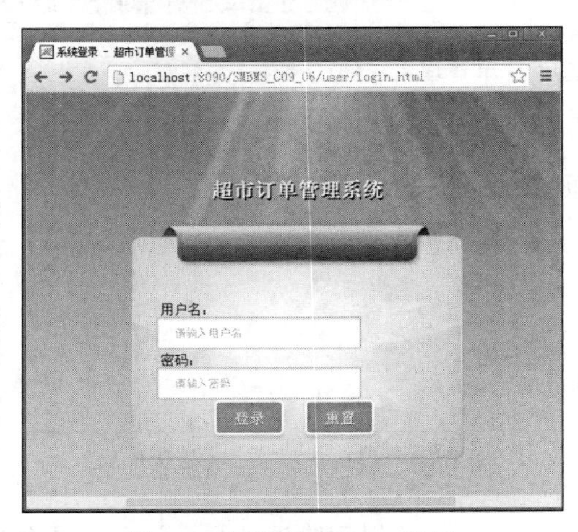

图 9.8 系统登录页——改进

图 9.9　系统首页——改进

9.2.4　局部异常和全局异常

Spring MVC 通过 HandlerExceptionResolver 处理程序异常，包括处理器异常、数据绑定异常以及处理器执行时发生的异常。HandlerExceptionResolver 仅有一个接口方法，如图 9.10 所示。

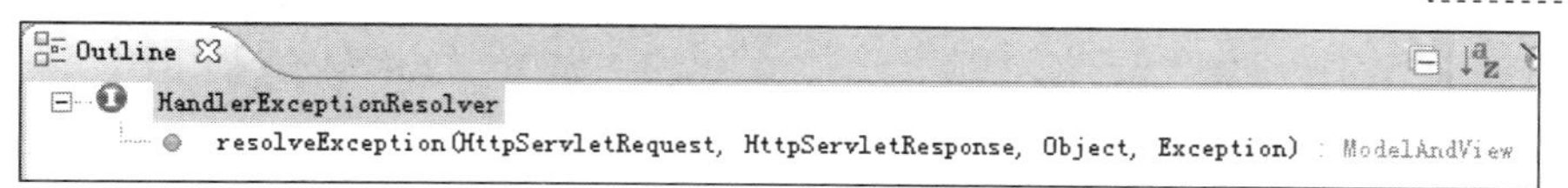

图 9.10　HandlerExceptionResolver

当发生异常时，Spring MVC 会调用 resolveException() 方法，并转到 ModelAndView 对应的视图中，作为一个异常报告页面反馈给用户。对于异常处理，一般分为局部异常处理和全局异常处理。

1. **局部异常处理**

局部异常处理仅能处理指定 Controller 中的异常。使用 @ExceptionHandler 注解实现，在上一示例 UserController 的基础上增加 exLogin() 和 handlerException() 方法，用以处理用户登录请求以及进行异常处理（注：该组方法主要演示如何进行异常处理），关键代码如示例 8 所示。

示例 8

```
@RequestMapping(value="exlogin.html",method=RequestMethod.GET)
public String exLogin(@RequestParam String userCode,
                      @RequestParam String userPassword){
    logger.debug("exLogin=========================================");
    // 调用 service 方法，进行用户匹配
    User user = userService.login(userCode,userPassword);
    if(null == user){// 登录失败
```

```
            throw new RuntimeException(" 用户名或者密码不正确！ ");
        }
        return "redirect:/user/main.html";
    }
    @ExceptionHandler(value={RuntimeException.class})
    public String handlerException(RuntimeException e,HttpServletRequest req){
        req.setAttribute("e", e);
        return "error";
    }
```

在上述代码中，exLogin() 方法处理用户登录请求，若登录失败，则抛出一个 RuntimeException，它会被处于同一处理器类中的 handlerException() 方法捕获。@ExceptionHandler 可以指定多个异常，此处指定一个 RuntimeException。在异常处理方法 handlerException() 中，把异常提示信息放入 HttpServletRequest 对象中，并返回逻辑视图名 error。

下面就增加异常的展现页面：WEB-INF\jsp\error.jsp。此页面很简单，只需要输出相应的异常信息 ${e.message }。

部署并运行测试，在浏览器地址栏中输入 URL "http://localhost:8090/SMBMS_C09_06/user/exlogin.html?userCode=admin&userPassword=123"（注：输入错误的用户名和密码），登录结果如图 9.11 所示。

图 9.11　局部异常——error 界面

页面跳转到 error 界面，并输出自定义的异常信息。

使用局部异常处理，仅能处理某个 Controller 中的异常，若需要对所有异常进行统一处理，就要用到全局异常处理。

2. **全局异常处理**

全局异常处理可使用 SimpleMappingExceptionResolver 来实现。它将异常类名映射为视图名，即发生异常时使用对应的视图报告异常。改造上一示例，首先注释掉 UserController.java 里的局部异常处理方法 handlerException()，然后在 springmvc-serlvet.xml 中配置全局异常，关键代码如示例 9 所示。

示例 9

```
<!-- 全局异常处理 -->
<bean class="org.springframework.web.servlet.handler
        .SimpleMappingExceptionResolver">
```

```
    <property name="exceptionMappings">
        <props>
            <prop key="java.lang.RuntimeException">error</prop>
        </props>
    </property>
</bean>
```

在上述配置中，我们指定当控制器发生 RuntimeException 异常时，使用 error 视图显示异常信息。当然也可以在 <props> 标签内自定义多个异常。

error.jsp 页面中的 message 显示，需修改为 ${exception.message} 来抛出异常信息。运行结果如图 9.11 所示，此处不再赘述。

技能训练

上机练习 1—— 改造超市订单管理系统（Spring MVC+Spring+JDBC）的登录、注销功能

需求说明

（1）搭建 Spring MVC+Spring+JDBC 框架。

（2）结合 SMBMS 素材，实现系统登录和注销功能。

提示

（1）根据任务 1 中的内容，搭建 Spring MVC+Spring+JDBC 框架。

- 加入 Spring、Spring MVC 的 jar 文件以及依赖包、数据库驱动包。
- 创建 Spring MVC 配置文件（springmvc-servlet.xml）：加入静态资源文件访问配置。
- 创建 Spring 配置文件（applicationContext-jdbc.xml）：加入 <context:component-scan/> 标签。
- 配置 web.xml：装载 Spring 配置文件，配置 ContextLoaderListener 及 Spring 字符编码过滤器。

（2）DAO 层（package:cn.smbms.dao.user）：UserDao.java、UserDaoImpl.java。

（3）Service 层（package:cn.smbms.service.user）：UserService.java、UserServiceImpl.java。

（4）Controller 层（package:cn.smbms.controller）：创建 UserController.java。

- login() 方法实现页面跳转进入登录页。
- doLogin() 方法实现登录，登录成功后把当前用户存入 session 中，完成登录；否则跳转到登录页，并给出错误提示信息。
- main() 方法实现页面跳转进入系统首页（该方法内判断 session 是否为空）。
- logout() 方法实现注销，session 失效并跳转到系统登录页。

（5）View 层：静态文件（js、css、images 等）、JSP 页面（foot.jsp、head.jsp、frame.jsp、login.jsp）。

（6）部署运行，分别测试登录和注销功能。

上机练习 2——使用 Spring MVC（局部）异常处理优化用户登录失败时的错误信息提示

需求说明

（1）在上机练习 1 的基础上，优化用户登录失败时的错误信息提示，即在登录页更加精准地提示“用户名不存在！”或者“密码输入错误！”。当用户名输入错误时，界面效果如图 9.12 所示。

图 9.12　登录错误信息提示——用户名不存在

当用户密码输入错误时，界面效果如图 9.13 所示。

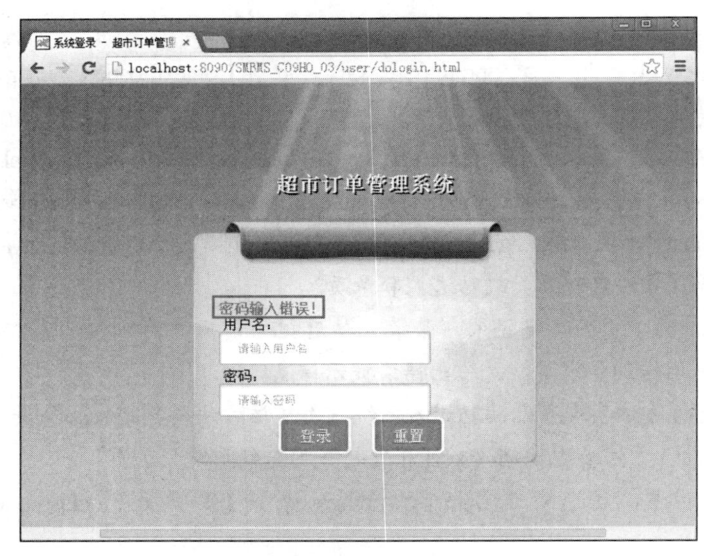

图 9.13　登录错误信息提示——密码输入错误

（2）局部异常处理使用 @ExceptionHandler 实现。

提示

（1）修改 UserServiceImpl.java 的 login( ) 方法，只进行用户名 userCode 的匹配操作。

（2）修改 UserController.java 的 doLogin( ) 方法，调用 userService.login( ) 方法，对返回的 user 对象进行逻辑判断。若 user 对象为空，则抛出 RuntimeException，异常信息为“用户名不存在！”；若 user 对象不为空，则进行进一步的密码匹配。当用户输入的密码与后台获取的密码不一致时，抛出 RuntimeException，异常信息为“密码输入错误！”；反之，证明登录成功，把当前用户存入 session 中，并跳转到系统首页。

（3）在 UserController.java 里增加 handlerException( ) 方法，进行局部异常处理，使用 @ExceptionHandler 注解。

（4）根据在 handlerException( ) 方法中放入 request 作用域的信息提示，修改 login.jsp 页面中错误信息提示的 EL（Expression Language）表达式。

（5）部署并运行测试登录成功以及登录失败的多种情况，观察提示信息是否正确。

上机练习 3——使用 Spring MVC（全局）异常处理优化用户登录失败时的错误信息提示

需求说明

（1）在上机练习 2 的基础上，使用 Spring MVC 的全局异常处理，实现相应的功能及信息提示。

（2）全局异常处理使用 SimpleMappingExceptionResolver 实现。

提示

（1）注释掉 UserController.java 里的局部异常处理方法 handlerException( )。

（2）在 springmvc-servlet.xml 中配置全局异常处理（SimpleMappingExceptionResolver）。

（3）修改 login.jsp 页面中错误信息提示的 EL 表达式为 ${exception.message }。

（4）部署并运行测试登录成功以及登录失败的多种情况，观察提示信息是否正确。

任务 3　查询用户列表

关键步骤如下：改造超市订单管理系统，实现用户列表的多条件查询。

在任务 2 中，完成了用户的登录和注销，在本任务中，我们将继续改造超市订单管理系统的用户管理功能模块中的用户列表查询。超市订单管理系统的查询用户列表界面如图 9.14 所示。

用户列表的多条件查询

图 9.14　查询用户列表界面

需求分析

（1）查询条件：用户名称（模糊匹配）、用户角色（精确匹配）。

（2）列表页显示字段。

（3）分页显示数据列表。

具体改造步骤如下。

1. 改造后台实现

改造主要集中在控制层和视图层，DAO、Service、tools、POJO 直接使用 SMBMS 提供的素材即可，此处不再赘述。

2. 改造 Controller 层

改造 UserController.java，增加查询用户列表 getUserList() 方法（该方法的具体实现可以从 SMBMS 素材中 UserServlet 的 query() 方法中获取，简单改造即可），关键代码如示例 10 所示。

示例 10

```
@Controller
@RequestMapping("/user")
public class UserController{
    private Logger logger = Logger.getLogger(UserController.class);
    @Resource
    private UserService userService;
    @Resource
    private RoleService roleService;
    @RequestMapping(value="/userlist.html")
    public String getUserList(Model model,
```

```
@RequestParam(value="queryname",required=false) String queryUserName,
@RequestParam(value="queryUserRole",required=false) String queryUserRole,
@RequestParam(value="pageIndex",required=false) String pageIndex){
logger.info("getUserList ---- > queryUserName: " + queryUserName);
logger.info("getUserList ---- > queryUserRole: " + queryUserRole);
logger.info("getUserList ---- > pageIndex: " + pageIndex);
int _queryUserRole = 0;
List<User> userList = null;
// 设置页面容量
int pageSize = Constants.pageSize;
// 当前页码
int currentPageNo = 1;
if(queryUserName == null){
   queryUserName = "";
}
if(queryUserRole != null && !queryUserRole.equals("")){
   _queryUserRole = Integer.parseInt(queryUserRole);
}
if(pageIndex != null){
    try{
        currentPageNo = Integer.valueOf(pageIndex);
    }catch(NumberFormatException e){
        return "redirect:/user/syserror.html";
    }
}
// 总数量（表）
int totalCount=userService.getUserCount(queryUserName,_queryUserRole);
// 总页数
PageSupport pages=new PageSupport();
pages.setCurrentPageNo(currentPageNo);
pages.setPageSize(pageSize);
pages.setTotalCount(totalCount);
int totalPageCount = pages.getTotalPageCount();
// 控制首页和尾页
if(currentPageNo < 1){
   currentPageNo = 1;
}else if(currentPageNo > totalPageCount){
   currentPageNo = totalPageCount;
}
userList=userService.getUserList(queryUserName,_queryUserRole,
                                currentPageNo, pageSize);
model.addAttribute("userList", userList);
List<Role> roleList = null;
roleList = roleService.getRoleList();
```

```
            model.addAttribute("roleList", roleList);
            model.addAttribute("queryUserName", queryUserName);
            model.addAttribute("queryUserRole", queryUserRole);
            model.addAttribute("totalPageCount", totalPageCount);
            model.addAttribute("totalCount", totalCount);
            model.addAttribute("currentPageNo", currentPageNo);
            return "userlist";
        }
        // 省略其他方法
    }
```

在上述代码中，@RequestMapping 只指定 value，无须指定 method。这是因为查询用户列表的入口有两处：菜单栏的“用户管理”链接（GET 请求）、用户列表界面的查询 form（POST 请求），如图 9.15 所示。

图 9.15　查询用户列表界面——入口

系统中的这两处均可进行用户列表的查询，对于 Controller 来说，提供一个请求的处理方法即可，无须指定 method 是 POST 还是 GET，均可进入此请求处理方法。

根据查询条件，有 4 个入参：Model、用户名称、用户角色和页码。最后把需要回显的查询条件以及查询出来的用户列表放入 Model 中，返回逻辑视图名 userList。

在处理页码的过程中，若捕获到异常，则会重定向到系统的错误界面：

```
return "redirect:/user/syserror.html";
```

在 UserController.java 里增加处理该请求的 sysError() 方法，关键代码如示例 11 所示。

示例 11

```
@RequestMapping(value="/syserror.html")
public String sysError(){
    return "syserror";
}
```

3. 改造 View 层

增加用户列表的显示页（使用 SMBMS 素材中的 userlist.jsp、rollpage.jsp 即可），改造过程中需要注意修改所有的 js、css、images 的引用路径（如 /statics/…）。userlist.jsp

页面的关键代码如示例 12 所示。

示例 12

```
<form action="${pageContext.request.contextPath}/user/userlist.html"
        method="post">
        // 省略中间代码
</form>
```

修改 head.jsp 中菜单里的“用户管理”链接：

```
<a href="${pageContext.request.contextPath}/user/userlist.html"> 用户管理 </a>
```

最后还要增加 syserror.jsp，关键代码如示例 13 所示。

示例 13

```
<h1> 请登录后再访问该页面！ </h1>
<a href="${pageContext.request.contextPath }/user/login.html"> 返回 </a>
```

4. 部署后运行测试

直接在地址栏中输入 URL“http://localhost:8090/SMBMS_C09_09”。成功登录系统后，进入用户管理，即可进行用户列表的查询。

技能训练

上机练习 4——改造超市订单管理系统中供应商管理之供应商列表查询

需求说明

（1）在上机练习 3 的基础上，实现供应商列表查询，如图 9.16 所示。

图 9.16　供应商列表查询界面效果

（2）查询条件如下。

- 供应商编码（模糊匹配）。
- 供应商名称（模糊匹配）。

（3）供应商列表需分页显示。

提示

（1）DAO 层（package:cn.smbms.dao.provider）：ProviderDao.java、ProviderDaoImpl.java。

（2）Service 层（package:cn.smbms.service.provider）：ProviderService.java、ProviderServiceImpl. java。

（3）Controller 层（package:cn.smbms.controller）：创建 ProviderController.java。

- getProviderList() 方法实现供应商列表查询。

（4）View 层：providerlist. jsp（注意：静态文件的引入路径）。

（5）部署运行，测试供应商列表查询，并分页显示。

本章总结

- 搭建 Spring MVC+Spring+JDBC 的框架，需要在 web.xml 中装载 Spring 的相关配置文件，同时需要配置 ContextLoaderListener。
- 在 Spring MVC 中，Servlet API 可以作为处理方法的入参使用，非常简便易用。
- Spring MVC 需要通过 <mvc :resources/> 标签来实现静态资源的访问。
- Spring MVC 通过 HandlerExceptionResolver 处理程序异常，分为局部异常处理和全局异常处理两种情况。

本章练习

1. 简述 Spring MVC 如何进行异常处理。
2. 改造超市订单管理系统，完成查询角色列表功能，效果如图 9.17 所示。

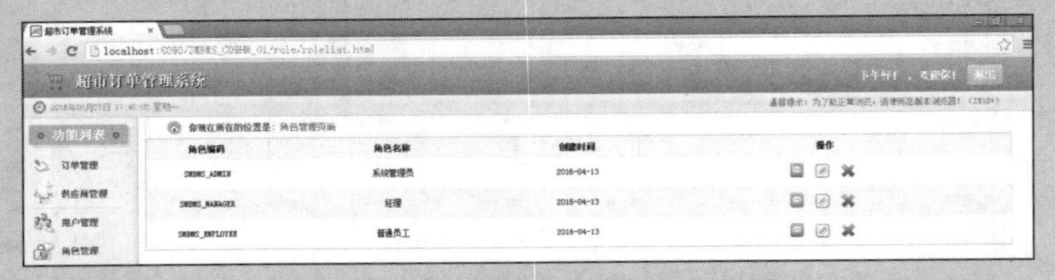

图 9.17　查询角色列表界面效果

提示

（1）后台：DAO、Service、POJO 均使用提供的素材即可。

（2）控制层：创建 RoleController.java，增加处理方法 getRoleList( ) 来完成角色列表查询。

（3）视图层：创建 rolelist.jsp，负责角色列表的展现。

（4）部署并运行测试结果。

第 10 章

Spring MVC 核心应用 –2

技能目标

- ❖ 了解 REST 风格
- ❖ 掌握数据验证框架——JSR 303
- ❖ 掌握 Spring 标签
- ❖ 掌握文件上传

本章任务

学习本章，读者需要完成以下 3 个任务。记录学习过程中遇到的问题，并通过自己的努力或访问 kgc.cn 解决。

任务 1：实现增加用户功能

任务 2：实现用户修改和查看功能

任务 3：实现文件上传

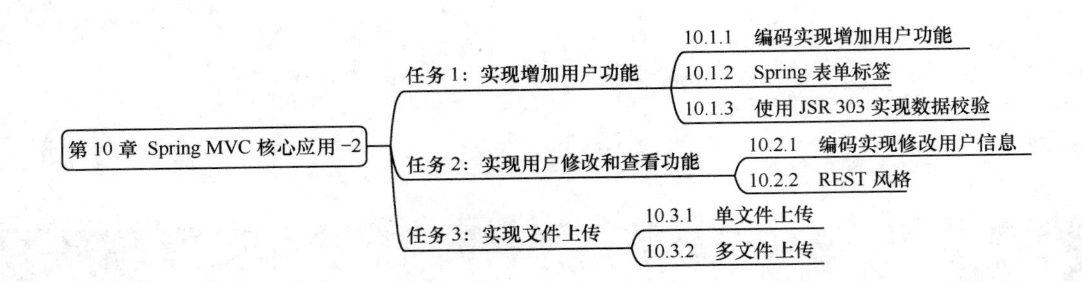

任务 1 实现增加用户功能

关键步骤如下。

- 使用 Spring+Spring MVC+JDBC 框架实现增加用户功能。
- 引入 Spring 表单标签。
- 加入服务器端数据校验。

10.1.1 编码实现增加用户功能

登录超市订单管理系统后，进入用户管理的用户列表页面，单击“添加用户”按钮，进入添加用户界面，如图 10.1 所示。

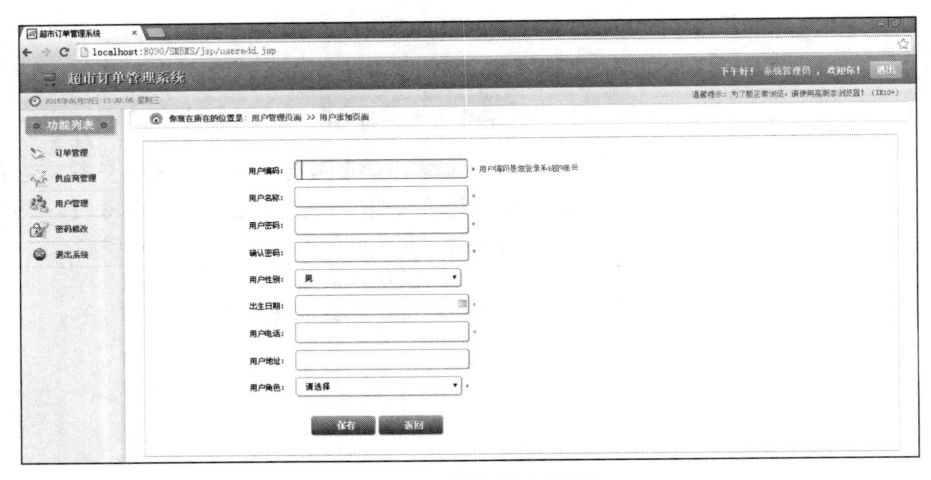

图 10.1 添加用户界面

需求分析

（1）输入项：用户编码（确保系统中唯一）、用户名称、用户密码、用户性别、出生日期、用户电话、用户地址、用户角色。

（2）输入项需要通过相关 JS 验证（素材中已提供 js 文件）。

（3）成功保存数据后，页面直接跳转到用户列表页，并在列表页中显示新增数据。

（4）单击“返回”按钮，页面跳转到用户列表页面。

具体改造步骤如下。

1．改造后台实现

改造主要集中在控制层和视图层，DAO、Service、tools、POJO 直接使用 SMBMS 素材提供的即可，此处不再赘述。

2．改造控制层

改造 UserController.java，增加以下两个处理方法。

（1）addUser() 方法：从列表页进入新增页面，关键代码如示例 1 所示。

示例 1

```
@RequestMapping(value="/useradd.html",method=RequestMethod.GET)
public String addUser(@ModelAttribute("user") User user){
    return "useradd";
}
```

在上述代码中，通过 @RequestMapping 指定请求的 URL，并明确仅处理 GET 请求。该处理方法只做页面的跳转，最后返回逻辑视图名“useradd”，进入新增用户界面。

需要注意：此处的方法入参使用 @ModelAttribute 注解，即将方法入参对象（User）添加到模型中，然后再根据 HTTP 请求消息进一步填充覆盖 user 对象。

注意

在 Spring MVC 中，如果希望将方法入参对象添加到模型中，仅需在相应入参前使用 @ModelAttribute 注解即可。当然也可以不使用 @ModelAttribute 注解，直接将 Model 入参，并将 user 对象放入 Model 中，效果是一样的。具体代码如下：

```
@RequestMapping(value="/useradd.html",method=RequestMethod.GET)
public String addUser(User user,Model model){
    model.addAttribute("user",user);
    return "useradd";
}
```

（2）addUserSave() 方法：保存新增用户信息，关键代码如示例 2 所示。

示例 2

```
@RequestMapping(value="/addsave.html",method=RequestMethod.POST)
public String addUserSave(User user,HttpSession session){
    user.setCreatedBy(((User)session.getAttribute(Constants.USER_SESSION))
                        .getId());
    user.setCreationDate(new Date());
    if(userService.add(user)){
        return "redirect:/user/userlist.html";
```

```
        }
        return "useradd";
    }
```

在 addUserSave() 方法中，前台传入的 user 对象入参调用 userService 的 add() 方法，实现数据保存。保存成功后，需要重定向到用户列表页；若保存失败，则继续留在新增页。

注意

在进行新增用户的保存操作时，需设置 createdBy 和 creationDate 两个字段，分别为当前登录用户 id 和系统当前时间。

3. **改造视图层**

增加用户添加页面（使用 SMBMS 素材中的 useradd.jsp 即可），改造过程中需要注意修改所有的 js、css、images 的引用路径（如 /statics/…）。useradd.jsp 页面的关键代码如示例 3 所示。

示例 3

```
<form action="${pageContext.request.contextPath}/user/useraddsave.html"
    method="post">
    //……中间代码省略
</form>
```

修改 userlist.jsp 中的“添加用户”链接，关键代码如示例 4 所示。

示例 4

```
<a href="${pageContext.request.contextPath}/user/useradd.html"> 添加用户 </a>
```

注意

Spring MVC 的 Ajax 异步实现将在下一章讲解，此处所有与异步请求相关的功能都先不实现。本示例中涉及的具体内容如下：

（1）新增用户时，用户编码（userCode）需在系统中保证唯一，在原项目中的实现为异步的同名验证，此处先不实现此需求，可以把 useradd.js 内的该 Ajax 代码注释掉。同时需要修改 useradd.js 内的 addBtn 的 click 方法，注释 userCode 的相关验证。

（2）新增用户页面中的用户角色列表为异步加载实现，此处也要注释掉相关的 Ajax 代码，并且修改 useradd.jsp 的用户角色输入项，关键代码如下：

```
<label> 用户角色：</label>
<!-- 列出所有的角色分类 -->
```

```
<!-- <select name="userRole" id="userRole"></select> -->
<select name="userRole" id="userRole">
    <option value="1"> 系统管理员 </option>
    <option value="2"> 经理 </option>
    <option value="3" selected="selected"> 普通用户 </option>
</select>
<font color="red"></font>
```

同时也要修改 useradd.js 内的 addBtn 的 click 方法，注释 userRole 的相关验证。

4. **部署后运行测试**

直接在地址栏中输入 URL：http://localhost:8090/SMBMS_C10_01。成功登录系统后，进入用户管理界面，进行新增用户操作。正确输入新增用户信息之后，单击“保存”按钮，界面效果如图 10.2 所示。

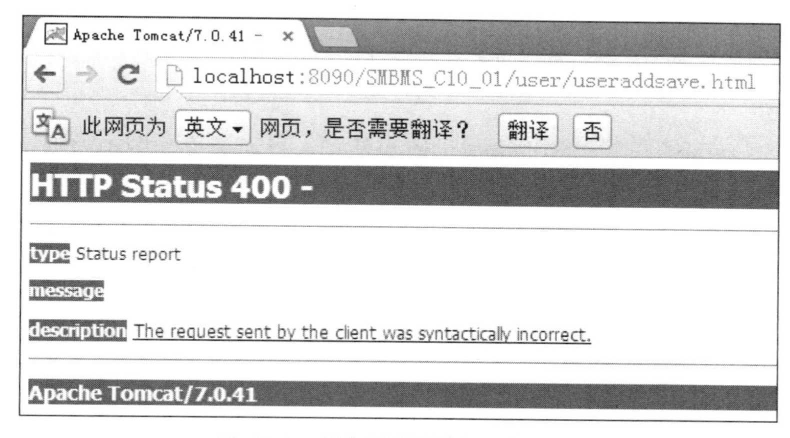

图 10.2　保存新增用户的运行界面

服务器端返回 400 的状态码，表示请求错误。我们来查看控制台的具体报错信息，如图 10.3 所示。

```
- (999320 ms) - 2016-6-29 21:34:30[DEBUG](AbstractHandlerExceptionResolver.java:132) Resolving exception from handler [public
java.lang.String cn.smbms.controller.UserController.addUserSave(cn.smbms.pojo.User)]: org.springframework.validation.BindException:
org.springframework.validation.BeanPropertyBindingResult: 1 errors
Field error in object 'user' on field 'birthday': rejected value [1986-06-16]; codes
[typeMismatch.user.birthday,typeMismatch.birthday,typeMismatch.java.util.Date,typeMismatch]; arguments
[org.springframework.context.support.DefaultMessageSourceResolvable: codes [user.birthday,birthday]; arguments []; default message
[birthday]]; default message [Failed to convert property value of type 'java.lang.String' to required type 'java.util.Date' for property
'birthday'; nested exception is org.springframework.core.convert.ConversionFailedException: Failed to convert from type java.lang.String to
type java.util.Date for value '1986-06-16'; nested exception is java.lang.IllegalArgumentException]
```

图 10.3　保存新增用户的控制台报错信息

根据控制台的报错信息，可以看出在提交保存时，报了 BindException 异常，是在对 Bean 的属性进行数据绑定时出了问题。根据提示，可以看出是 user 对象的 birthday 属性（java.util.Date 类型）绑定失败。原因是 Spring MVC 框架中的时间数据无法自动绑定，当 form 表单中出现时间字段需要跟 POJO 对象中的成员变量进行数据绑定时，便会出现这样的报错。这是 Spring MVC 框架的问题，若不解决此问题，页面传递回来的时间类型的数据就无法在 Controller 中接收，也就无法完成新增用户的功能。解决的方式有多种，在本章中先简单介绍一种方式，后续章节我们再深入学习数据绑定。

在 POJO 中，对时间类型的属性标注格式化注解 @DateTimeFormat 即可。修改 User.java，关键代码如示例 5 所示。

示例 5

```
@DateTimeFormat(pattern="yyyy-MM-dd")
private Date birthday; // 出生日期
```

在上述代码中，@DateTimeFormat(pattern="yyyy-MM-dd") 可以将形如 1988-12-01 的字符串转换为 java.util.Date 类型。

再次部署运行，新增用户时控制台不再报错，实现数据成功保存。

技能训练

上机练习 1——在超市订单管理系统中增加供应商信息

需求说明

（1）在上一练习的基础上实现增加供应商信息，界面效果如图 10.4 所示。

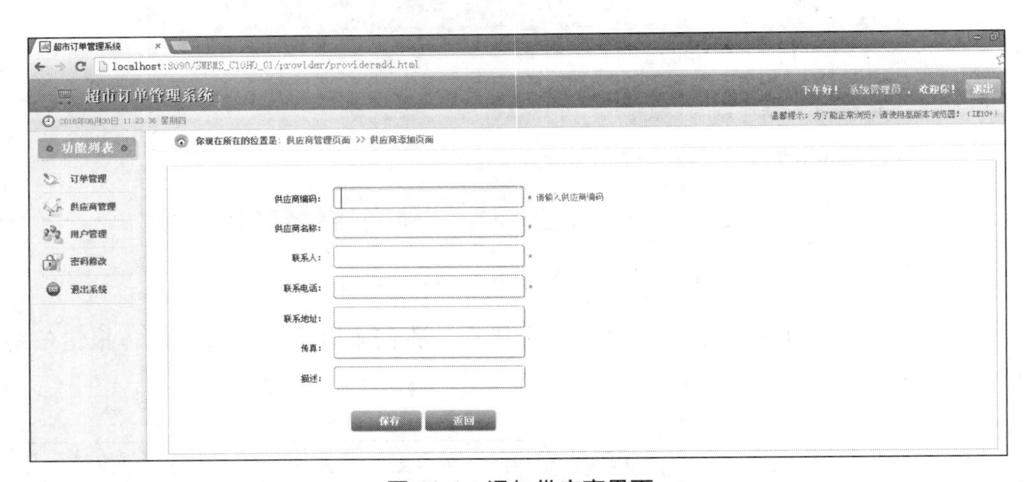

图 10.4　添加供应商界面

（2）输入项：供应商编码、供应商名称、联系人、联系电话、联系地址、传真、描述。注意：相关字段需要进行 JS 验证（可参考本书提供的素材 SMBMS 项目的具体实现）。

（3）数据保存成功后，直接跳转到供应商列表页面（注：列表页中显示新增数据），单击“返回”按钮则不保存数据，直接返回到列表页。

提示

（1）DAO 层：ProviderDao.java、ProviderDaoImpl.java，增加 add( ) 方法。

（2）服务层：ProviderService.java、ProviderServiceImpl.java，增加 add( ) 方法。

（3）控制层（package:cn.smbms.controller）：修改 ProviderController.java。

- addProvider ( ) 方法实现页面的跳转（从列表页跳转到供应商增加页面）。
- addProviderSave ( ) 方法实现新增供应商的保存。

（4）视图层：providerlist.jsp、provideradd.jsp（注意：静态文件的引入路径）。

（5）部署运行，测试新增供应商操作。增加成功后，页面重定向到供应商列表页。

10.1.2　Spring 表单标签

我们在进行 Spring MVC 项目开发时，一般会使用 EL 表达式和 JSTL 标签来完成页面视图。其实 Spring 也有自己的一套表单标签库，通过 Spring 表单标签，可以很容易地将模型数据中的表单 / 命令对象绑定到 HTML 表单元素中。下面就通过一个示例来演示该标签库的用法。

首先和使用 JSTL 标签一样，在使用 Spring 表单标签之前，必须在 JSP 页面中添加一行引用 Spring 标签库的声明。在 WEB-INF/jsp/user/ 下增加 useradd.jsp 页面，关键代码如示例 6 所示。

示例 6

```
<%@ taglib prefix="fm" uri="http://www.springframework.org/tags/form"%>
```

引入标签声明之后就可以使用 Spring 表单标签了。下面就以使用 <fm :form> 表单标签为例，实现增加用户信息的功能，关键代码如示例 7 所示。

示例 7

```
<fm:form method="post" modelAttribute="user">
    用户编码 :<fm:input path="userCode"/><br/>
    用户名称 :<fm:input path="userName"/><br/>
    用户密码 :<fm:password path="password"/><br/>
    用户生日 :<fm:input path="birthday" Class="Wdate" readonly="readonly"
onclick="WdatePicker();"/><br/>
    用户地址 :<fm:input path="address"/><br/>
    联系电话 :<fm:input path="phone"/><br/>
    用户角色 :
    <fm:radiobutton path="userRole" value="1"/> 系统管理员
    <fm:radiobutton path="userRole" value="2"/> 经理
    <fm:radiobutton path="userRole" value="3" checked="checked"/> 普通用户
    <br/>
    <input type="submit" value=" 保存 "/>
</fm:form>
```

Spring 提供了 10 多个表单标签，如上述代码中的 <fm :form> 标签，该标签的 modelAttribute 属性用来指定绑定的模型属性，若该属性不指定，默认从模型中尝试获取名为“command”的表单对象，若不存在此表单对象，将会报错。所以一般情况下，都会指定 modelAttribute。还有 <fm:input/>、<fm:password/>、<fm:password/> 等标签，都用来绑定表单对象的属性值。基本上这些标签都拥有以下属性：

- path：属性路径，表示表单对象属性，如 userName、userCode 等。
- cssClass：表单组件对应的 CSS 样式类名。
- cssErrorClass：当提交表单后报错（服务端错误）时采用的 CSS 样式类。
- cssStyle：表单组件对应的 CSS 样式。
- htmlEscape：绑定的表单属性值是否要对 HTML 特殊字符进行转换，默认为 true。

此外，表单组件标签也拥有 HTML 标签的各种属性，如 id、onclick 等，可以根据需要灵活使用。下面列举一些常用的 Spring 表单标签，如表 10-1 所示。

表10-1　Spring的常用表单标签

名称	说明
<fm:form/>	渲染表单元素
<fm:input/>	输入框组件标签
<fm:password/>	密码框组件标签
<fm:hidden/>	隐藏框组件标签
<fm:textarea/>	多行输入框组件标签
<fm:radiobutton/>	单选按钮组件标签
<fm:checkbox/>	复选框组件标签
<fm:select/>	下拉列表组件标签
<fm:errors/>	显示表单数据校验所对应的错误信息

通过示例 7 的代码，我们还发现 form 并没有指定 action 属性。这是因为通常我们通过 GET 请求访问含有表单的页面，通过 POST 请求提交表单页面，那么最简单的做法就是：获取表单页面和提交表单页面的 URL 地址是相同的，通过判断 method 是 GET 还是 POST，就可以确定需要进入到哪个控制器的处理方法进行请求的处理，所以 <fm :form> 标签无需通过 action 属性指定表单提交的目标 URL。换句话说，当不指定目标 URL 的时候，会自动提交到获取表单页面的 URL（即 /user/add.html）。

接下来在 UserController.java 里增加相应的处理方法，关键代码如示例 8 所示。

示例 8

```
@RequestMapping(value="/add.html",method=RequestMethod.GET)
public String add(@ModelAttribute("user") User user){
        return "user/useradd";
}
```

```
@RequestMapping(value="/add.html",method=RequestMethod.POST)
public String addSave(User user,HttpSession session){
    user.setCreatedBy(((User)session.getAttribute(Constants.USER_SESSION))
                        .getId());
    user.setCreationDate(new Date());
    if(userService.add(user)){
      return "redirect:/user/userlist.html";
    }
    return "user/useradd";
}
```

在上述代码中，add() 方法是获取表单页面的处理方法；addSave() 方法是提交表单、保存数据的处理方法。根据不同的 URL 请求方式，进入不同的处理方法中。最后部署运行，测试一下效果。

（1）在浏览器地址栏中输入 URL：http://localhost:8090/SMBMS_C10_02/user/add.html。运行效果如图 10.5 所示。

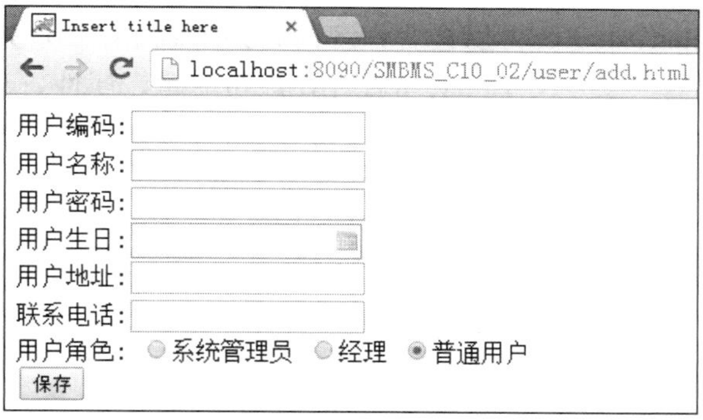

Insert title here
localhost:8090/SMBMS_C10_02/user/add.html
用户编码：
用户名称：
用户密码：
用户生日：
用户地址：
联系电话：
用户角色：　系统管理员　经理　普通用户
保存

图 10.5　添加用户 -Spring 表单标签

（2）单击“保存”按钮，即可提交数据。界面效果如图 10.6 所示，新增测试数据（“测试用户 010”）成功。

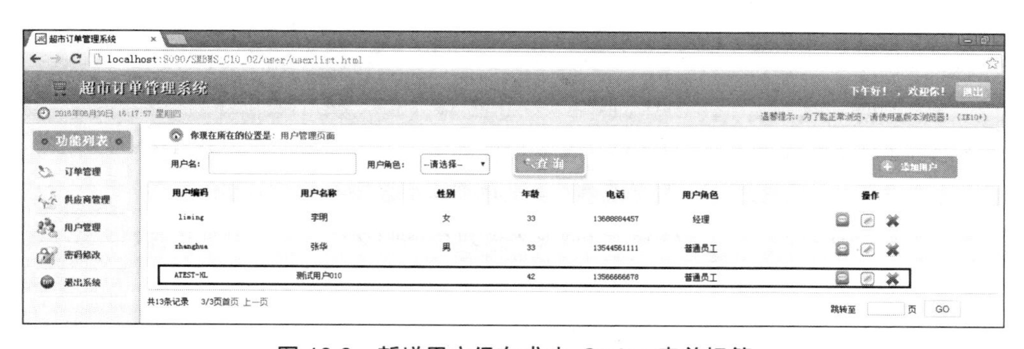

图 10.6　新增用户保存成功 -Spring 表单标签

说明

本书对超市订单管理系统的改造，视图层的 JSP 页面主要使用 EL 表达式和 JSTL 标签来实现。

10.1.3 使用 JSR 303 实现数据校验

到目前为止，在改造超市订单管理系统的增加用户功能时，除了前台的 JS 验证，一直没有加入服务器端的数据验证。在 Spring MVC 中有两种方式可以验证输入。

- 利用 Spring 自带的验证框架。
- 利用 JSR 303 实现。

在本节中使用 JSR 303 实现服务器端的数据验证。JSR 303 是 Java 为 Bean 数据合法性校验所提供的标准框架。JSR 303 通过在 Bean 属性上标注类似于 @NotNull、@Max 等的标准注解指定校验规则，并通过标准的验证接口对 Bean 进行验证。访问 http://jcp.org/en/jsr/detail?id=303 可以查看详细内容并下载 JSR 303 Bean Validation。JSR 303 不需要编写验证器，它定义了一套可标注在成员变量、属性方法上的校验注解，如表 10-2 所示。

表10-2 JSR 303约束

约束	说明
@Null	被注释的元素必须为null
@NotNull	被注释的元素必须不为null
@AssertTrue	被注释的元素必须为 true
@AssertFalse	被注释的元素必须为 false
@Min(value)	被注释的元素必须是一个数字，其值必须大于等于指定的最小值
@Max(value)	被注释的元素必须是一个数字，其值必须小于等于指定的最大值
@DecimalMin(value)	被注释的元素必须是一个数字，其值必须大于等于指定的最小值
@DecimalMax(value)	被注释的元素必须是一个数字，其值必须小于等于指定的最大值
@Size(max, min)	被注释的元素的大小必须在指定的范围内
@Digits (integer, fraction)	被注释的元素必须是一个数字，其值必须在可接受的范围内
@Past	被注释的元素必须是一个过去的日期
@Future	被注释的元素必须是一个将来的日期
@Pattern(value)	被注释的元素必须符合指定的正则表达式

Spring MVC 支持 JSR 303 标准的校验框架，Spring 的 DataBinder 在进行数据绑定时，可同时调用校验框架来完成数据校验工作，非常简便。在 Spring MVC 中，可以直接通过注解驱动的方式来进行数据校验。

注意

Spring 本身没有提供 JSR 303 的实现，Hibernate Validator 实现了 JSR 303，所以必须在项目中加入来自 Hibernate Validator 库的 jar 文件，下载地址为 http://hibernate.org/ validator。本书中使用的版本为 hibernate-validator-4.3.2.Final-dist.zip，复制其中的三个 jar 文件即可，Spring 将会自动加载并装配。

- hibernate-validator-4.3.2.Final.jar。
- jboss-logging-3.1.0.CR2.jar。
- validation-api-1.0.0.GA.jar。

下面我们就对上一个示例在新增用户时添加 JSR 303 验证。首先修改 POJO（User.java），给需要验证的属性增加相应的校验注解，关键代码如示例 9 所示。

示例 9

```
public class User {
    @NotEmpty(message=" 用户编码不能为空 ")
    private String userCode; // 用户编码
    @NotEmpty(message=" 用户名称不能为空 ")
    private String userName; // 用户名称
    @NotNull(message=" 密码不能为空 ")
    @Length(min=6,max=10,message=" 用户密码长度为 6-10")
    private String userPassword; // 用户密码
    @Past(message=" 必须是一个过去的时间 ")
    @DateTimeFormat(pattern="yyyy-MM-dd")
    private Date birthday;  // 出生日期
    //……省略其他属性，getter 和 setter 方法省略
}
```

在上述代码中，除了表 10-2 介绍过的几个校验注解之外，还有 @NotEmpty（表示被注释的字符串必须非空）、@Length（表示被注释的字符串的大小必须在指定范围内）等，这些都是 Hibernate Validator 提供的扩展注解。

在 User.java 中需要做验证的属性上标注校验注解后，下一步就需要在 Controller 中使用注解所声明的限制规则来进行数据的校验。由于 <mvc :annotation-driven/> 会默认装配好一个 LocalValidatorFactoryBean，通过在 Controller 的处理方法的入参上标注 @Valid 注解即可让 Spring MVC 在完成数据绑定之后，执行数据校验的工作。修改 UserController.java 的 addSave() 方法，关键代码如示例 10 所示。

示例 10

```
@RequestMapping(value="/add.html",method=RequestMethod.POST)
public String addSave(@Valid User user,BindingResult bindingResult,
                        HttpSession session){
    if(bindingResult.hasErrors()){
        logger.debug("add user validated has error=====");
```

```
            return "user/useradd";
        }
        user.setCreatedBy(((User)session.getAttribute(Constants.USER_SESSION))
                        .getId());
        user.setCreationDate(new Date());
        if(userService.add(user)){
            return "redirect:/user/userlist.html";
        }
        return "user/useradd";
    }
```

在上述代码中，在入参对象（user）前标注了 @Valid 注解，也就意味着将会调用校验框架，根据注解声明的校验规则实施校验，校验的结果存入后面紧跟的入参中，并且这个入参必须是 BindingResult 或者 Error 类型。在该方法体内，首先根据 BindingResult 来判断是否存在错误，若有错误则跳转到用户添加页面；若没有错误则继续保存新增的用户信息。

注意

在 @Valid 注解标示的参数后面，必须紧接着一个 BindingResult 参数，否则 Spring 会在校验不通过时直接抛出异常。

最后一步则是将验证的错误信息显示在页面中，进行相应的信息提示。改造 WEB-INF/jsp/user/useradd.jsp 页面，关键代码如示例 11 所示。

示例 11

```
<fm:form method="post" modelAttribute="user">
    <fm:errors path="userCode"/><br/>
    用户编码 :<fm:input path="userCode"/> <br/>
    <fm:errors path="userName"/><br/>
    用户名称 :<fm:input path="userName"/> <br/>
    <fm:errors path="userPassword"/><br/>
    用户密码 :<fm:password path="userPassword"/> <br/>
    <fm:errors path="birthday"/><br/>
    用户生日 :<fm:input path="birthday" Class="Wdate" readonly="readonly"
onclick="WdatePicker();" class="Wdate"/><br/>
    用户地址 :<fm:input path="address"/><br/>
    联系电话 :<fm:input path="phone"/><br/>
    用户角色 :
    <fm:radiobutton path="userRole" value="1"/> 系统管理员
    <fm:radiobutton path="userRole" value="2"/> 经理
    <fm:radiobutton path="userRole" value="3" checked="checked"/> 普通用户
    <br/>
    <input type="submit" value=" 保存 "/>
</fm:form>
```

在 Spring MVC 中，使用 <fm:errors/> 标签在 JSP 页面显示错误信息，如 <fm:errors

path="userCode"/> 显示指定属性的校验错误信息。

部署运行，输入不满足验证规则的数据后，界面效果如图 10.7 所示。

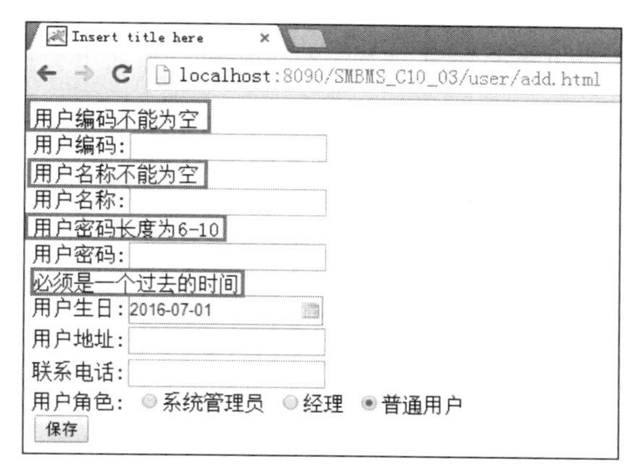

图 10.7　新增用户保存成功——Spring 表单标签

从运行结果中可以看出，根据具体规则，显示相应的提示信息。

技能训练

上机练习 2——在超市订单管理系统中增加供应商信息（Spring 表单标签 +JSR 303 验证）

需求说明

（1）使用 Spring 表单标签实现新增供应商功能，界面效果如图 10.8 所示。

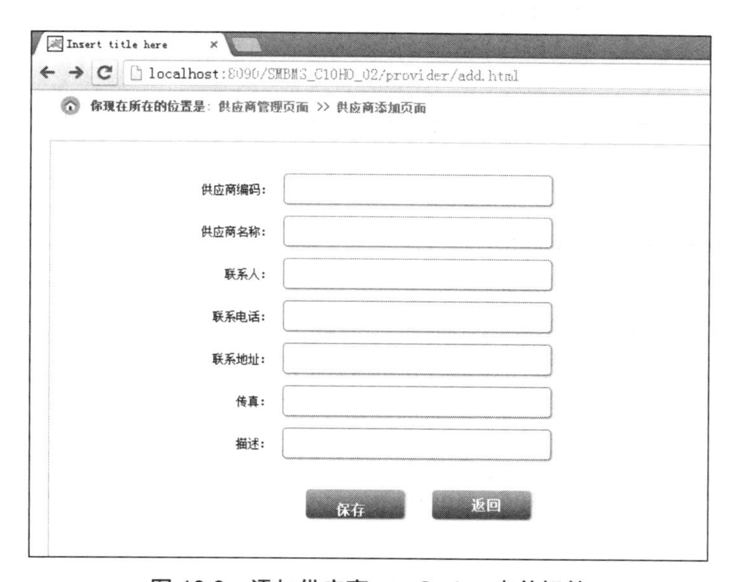

图 10.8　添加供应商——Spring 表单标签

（2）加入 JSR 303 验证，定义输入规则。

➢　供应商编码不能为空。

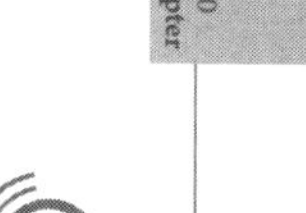

- 供应商名称不能为空。
- 联系人不能为空。
- 手机号格式正确。

输入不符合定义规则的数据并单击“保存”按钮，界面上会提示相应信息，添加界面如图 10.9 所示。

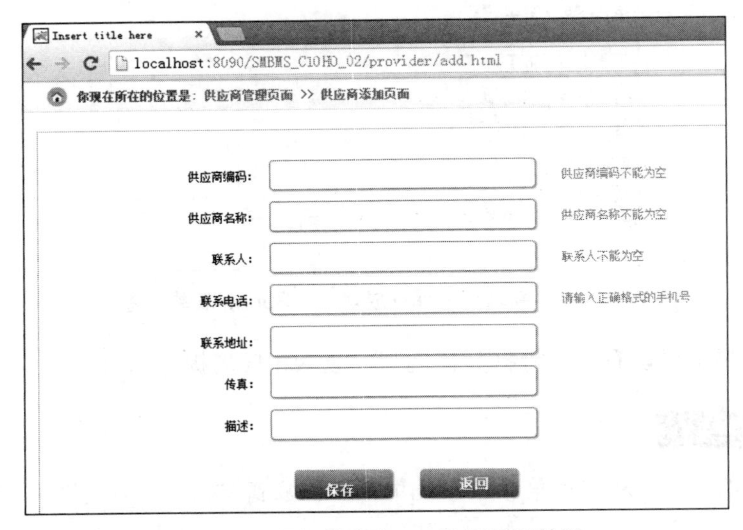

图 10.9 添加供应商——验证界面效果

（3）输入数据并通过验证之后，新增供应商保存至数据库，界面跳转到供应商列表页。单击“返回”按钮，则不保存数据，直接返回到列表页。

提示

（1）在工程中引入 JSR 303 所需的 jar 文件。

- hibernate-validator-4.3.2.Final.jar。
- jboss-logging-3.1.0.CR2.jar。
- validation-api-1.0.0.GA.jar。

（2）POJO：Provider.java，根据需求，给需要验证的属性增加相应的验证注解。

（3）Controller 层：修改 ProviderController.java，增加两个处理方法。

- add() 方法：获取增加供应商的表单页面（GET 请求）。
- addSave() 方法：提交表单页面，保存新增的供应商信息（POST 请求）。

（4）View 层：/WEB-INF/jsp/provider/provideradd.jsp（注意静态文件的引入路径）。

（5）部署运行，测试新增供应商操作，测试各种不符合定义规则的输入，并查看相关验证是否正确？若增加成功，则页面重定向到供应商列表页。

任务 2 实现用户修改和查看功能

关键步骤如下。

- 编码实现修改用户信息功能。
- 编码实现查看用户信息功能，要求 URL 使用 REST 风格。

在任务 1 中，实现了新增用户的功能，本节继续改造超市订单管理系统，在上一示例的基础上实现修改用户和根据 id 查看用户信息的功能。

10.2.1 编码实现修改用户信息

要修改用户信息，需要先根据用户 id 获取相应的用户信息，然后再进行修改、保存操作。实现步骤如下。

1. *改造后台实现*

DAO 层和 Service 层的具体实现，可直接使用 SMBMS 素材中提供的修改方法，此处不再赘述。

2. *改造控制层*

改造 UserController.java，增加两个处理方法。

（1）getUserById () 方法：根据用户 id 获取用户信息，关键代码如示例 12 所示。

示例 12

```
@RequestMapping(value="/usermodify.html",method=RequestMethod.GET)
public String getUserById(@RequestParam String uid,Model model){
    logger.debug("getUserById uid===================== "+uid);
    User user = userService.getUserById(uid);
    model.addAttribute(user);
    return "usermodify";
}
```

示例中的处理方法主要通过参数 uid（用户 id）来获取相应的 user 对象（调用后台 userService 的方法实现），并放入 Model 中，最后返回逻辑视图名“usermodify”，进入到用户修改界面。

（2）modifyUserSave () 方法：根据用户 id 保存修改的用户信息，关键代码如示例 13 所示。

示例 13

```
@RequestMapping(value="/usermodifysave.html",method=RequestMethod.POST)
public String modifyUserSave(User user,HttpSession session){
    logger.debug("modifyUserSave userid========== "+user.getId());
    user.setModifyBy(((User)session.getAttribute(Constants.USER_SESSION))
```

```
                    .getId());
    user.setModifyDate(new Date());
    if(userService.modify(user)){
        return "redirect:/user/userlist.html";
    }
    return "usermodify";
}
```

上述代码中处理方法的入参对象为前台传入的 user 对象，调用后台 userService 的 modify() 进行相应用户信息的修改保存。若保存成功，直接重定向到用户列表页；若保存失败，则返回逻辑视图名“usermodify”，进入到用户修改界面。

注意

在修改保存用户信息时，需设置 modifyBy 和 modifyDate 两个字段，分别为当前登录用户 id 和系统当前时间。

3．改造视图层

（1）增加用户修改页面（使用 SMBMS 素材中的 usermodify.jsp 即可），改造过程中需要注意修改所有的 js、css、images 的引用路径（如 /statics/…）。usermodify.jsp 页面的关键代码如示例 14 所示。

示例 14

```
<form id="userForm" name="userForm" method="post"
    action="${pageContext.request.contextPath }/user/usermodifysave.html">
    <input type="hidden" name="id" value="${user.id }"/>
    //……省略中间代码
</form>
```

注意

要想实现根据 id 修改用户信息的功能，传入后台的参数必须包含用户 id，即在修改页面的 form 表单中，一定要加入 id 的隐藏域。

（2）修改 userlist.jsp 中的“修改”链接，查看页面代码，发现其单击事件是在 userlist.js 中定义的，修改的关键代码如示例 15 所示。

示例 15

```
$(".modifyUser").on("click",function(){
    var obj = $(this);
    window.location.href=path+"/user/usermodify.html?uid="+ obj.attr("userid");
});
```

注意

在下一章中会讲解 Spring MVC 的 Ajax 异步实现，故此处所有与异步请求相关的功能都先不实现。示例 15 中涉及的具体内容如下。

修改用户页面中的用户角色列表为异步加载实现，此处也要注释掉相关的 Ajax 代码，并且修改 usermodify.jsp 的用户角色输入项，关键代码如下：

```
<label > 用户角色：</label>
<label > 用户角色：</label>
    <!-- 列出所有的角色分类 -->
    <%-- <input type="hidden" value="${user.userRole }" id="rid" />
    <select name="userRole" id="userRole"></select> --%>
    <select name="userRole" id="userRole">
        <c:choose>
            <c:when test="${user.userRole == 1 }">
            <option value="1"selected="selected"> 系统管理员 </option>
            <option value="2"> 经理 </option>
            <option value="3"> 普通用户 </option>
        </c:when>
        <c:when test="${user.userRole == 2 }">
            <option value="1"> 系统管理员 </option>
            <option value="2" selected="selected"> 经理 </option>
            <option value="3"> 普通用户 </option>
        </c:when>
        <c:otherwise>
            <option value="1"> 系统管理员 </option>
            <option value="2"> 经理 </option>
            <option value="3" selected="selected"> 普通用户 </option>
        </c:otherwise>
      </c:choose>
    </select>
    <font color="red"></font>
```

同时也要修改 usermodify.js 内的 saveBtn 的 click 方法，注释 userRole 的相关验证。

4. **部署后运行测试**

在地址栏中输入 URL：http://localhost:8090/SMBMS_C10_04，成功登录系统后，进入用户管理，进行修改用户操作，查看运行结果，此处不再赘述。

10.2.2 REST 风格

平时在上网的时候可能会见过类似图 10.10 所示风格的一些网站。

图 10.10　REST 风格的网站

此网站的URL风格跟之前见过的网站不太一样，URL中的“2356192219”是参数，但是URL中并没有通过“?”进行传参，这就是REST风格的URL。Spring MVC支持REST风格的URL，那么到底什么是REST风格？

REST 风格

REST（Representational State Transfer，表述性状态转移）是一种软件架构风格。此概念较为复杂，这里不做过多解释，简单了解即可。所谓的REST风格可以简单理解为：使用URL表示资源时，每个资源都用一个独一无二的URL来表示，并使用HTTP方法表示操作，即准确描述服务器对资源的处理动作（GET、POST、PUT、DELETE），实现资源的增删改查。下面举例说明REST风格的URL与传统的URL的区别：

- /user/view/12　VS　/userview.html?id=12
- /user/delete/12　VS　/userdelete.html?id=12
- /user/modify/12　VS　/usermodify.html?id=12

我们可以发现REST风格的URL中最明显的就是参数不再使用“?”传递。这种风格的URL可读性更好，使得项目架构清晰，最关键的是Spring MVC也提供对这种风格的支持。但是这种风格也有弊端，对于国内项目，由于URL参数有时会传递中文，那么就会出现中文乱码问题。所以要根据实际情况进行灵活处理，很多网站都是传统URL风格与REST风格混搭使用。

下面我们就来实现根据用户id查看用户信息明细的功能，URL采用REST风格。即查看用户操作的URL为http://localhost:8090/SMBMS_C10_05/user/view/12。

首先修改UserController.java，增加查看明细的处理方法，关键代码如示例16所示。

示例 16

```
@RequestMapping(value="/view/{id} ",method=RequestMethod.GET)
public String view(@PathVariable String id,Model model){
    logger.debug("view id===================== "+id);
    User user = userService.getUserById(id);
    model.addAttribute(user);
    return "userview";
}
```

对于 REST 风格 URL 中的参数接收，Spring MVC 提供了 @PathVariable 注解，可以将 URL 中的 {xxx} 占位符参数绑定到控制器处理方法的入参中，然后修改视图层实现。

（1）增加查看用户明细页面（使用 SMBMS 素材中的 userview.jsp 即可），改造过程中需要注意修改所有的 js、css、images 的引用路径（如 /statics/…）。

（2）修改 userlist.js 中的“查看”链接，关键代码如示例 17 所示。

示例 17

```
$(".viewUser").on("click",function(){
    // 将被绑定的元素（a）转换成 jquery 对象，可以使用 jquery 方法
    var obj = $(this);
    window.location.href=path+"/user/view/"+ obj.attr("userid");
});
```

最后进行部署运行，进入用户列表页面，选择要查看的用户信息，单击进入查看明细界面，界面效果如图 10.11 所示。

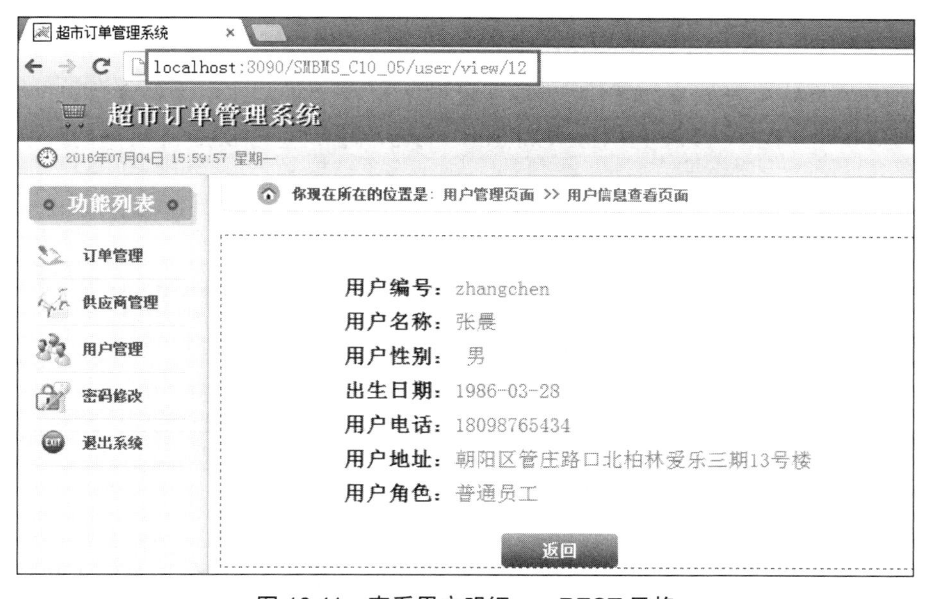

图 10.11　查看用户明细——REST 风格

技能训练

上机练习 3——实现根据 id 查看供应商明细功能

需求说明

实现根据 id 查看供应商详细信息的功能，要求 URL 使用 REST 风格实现，界面效果如图 10.12 所示。

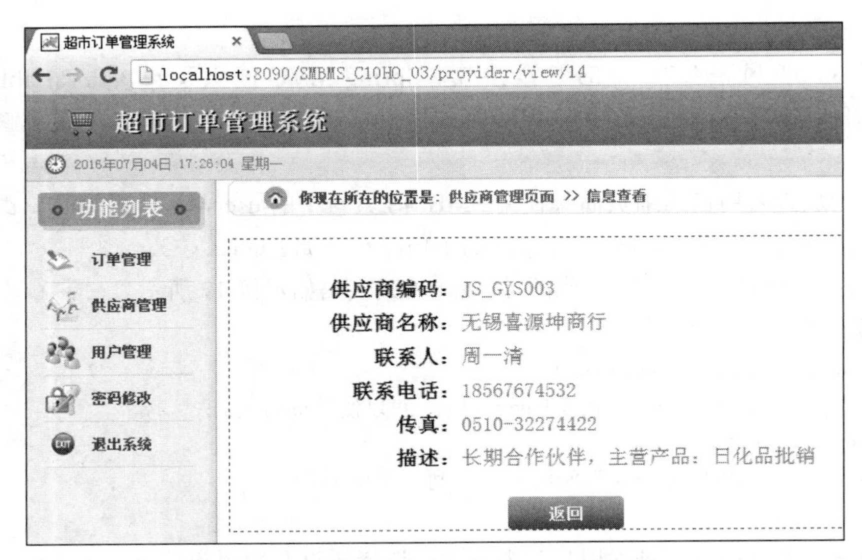

图 10.12 查看供应商明细——REST 风格

提示

（1）DAO、Service 层：增加相应的根据 id 查看供应商明细的方法。

（2）控制层：修改 ProviderController.java，增加查看供应商明细的处理方法 view( )。

➢ 为供应商 id 参数添加 @PathVariable 注解。

（3）视图层（注意静态文件的引入路径）。

➢ /WEB-INF/jsp/provider/providerview. Jsp。

➢ 修改 providerlist. js 的“查看供应商”链接。

（4）部署运行，选择供应商并查看其明细信息。

上机练习 4——根据 id 修改供应商信息

需求说明

（1）实现根据供应商 id 修改供应商信息的功能，要求 URL 使用 REST 风格实现，界面效果如图 10.13 所示。

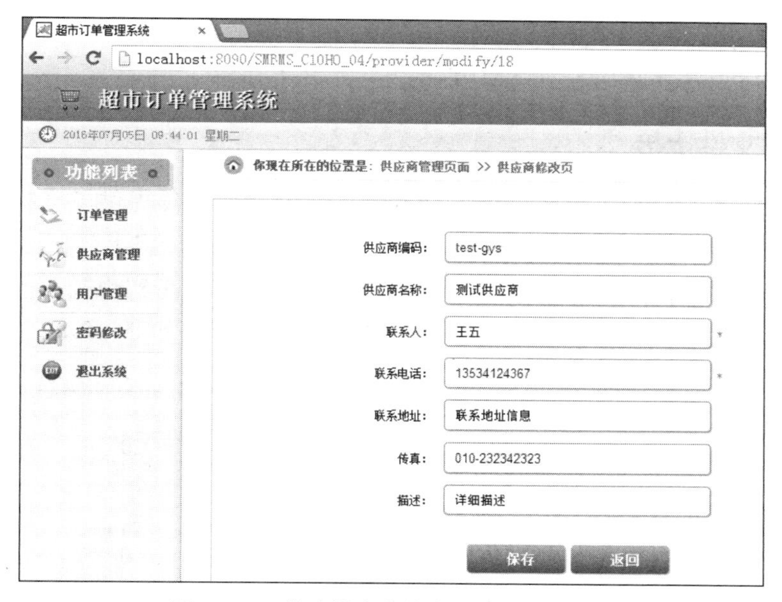

图 10.13　修改供应商信息——REST 风格

（2）修改信息并单击“保存”按钮，信息修改成功并返回供应商列表页；单击“返回”按钮，直接返回到供应商列表页面，不做信息的修改直接保存。

提示

（1）DAO、Service 层：增加相应的根据 id 获取供应商信息的方法和修改保存的方法。

（2）控制层：修改 ProviderController.java，增加两个处理方法：

➢ getProviderById( )：根据供应商 id 获取供应商信息。

➢ modifyProviderSave( )：保存修改的供应商信息。

（3）视图层（注意静态文件的引入路径）。

➢ /WEB-INF/jsp/provider/providermodify. jsp。

➢ 修改 providerlist. js 的“修改供应商”链接。

（4）部署运行，选择供应商并修改保存其详细信息。

任务 3　实现文件上传

关键步骤如下。

➢ 实现单文件上传。

➢ 实现多文件上传。

通过前面内容的学习，我们已经掌握了使用 Spring MVC 框架实现用户的增加、修改和查看功能。现在客户新增需求，要求在增加用户信息的同时，上传用户的证件照。要实现该需求，就需要掌握 Spring MVC 的文件上传方法。

10.3.1 单文件上传

在 Spring MVC 中实现文件上传十分方便，它为文件上传提供了直接的支持，即 MultipartResolver 接口。MultipartResolver 用于处理上传请求，将上传请求包装成可以直接获取文件的数据，从而方便操作。它有两个实现类：StandardServletMultipartResolver 和 CommonsMultipartResolver，如图 10.14 所示。

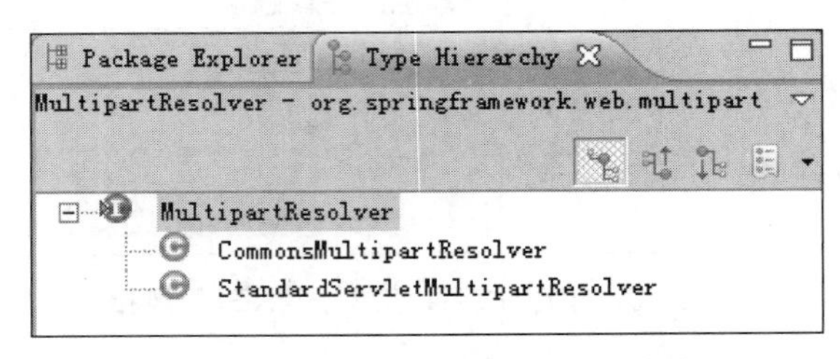

图 10.14 MultipartResolver 实现类

- StandardServletMultipartResolver：使用了 Servlet 3.0 标准的上传方式。
- CommonsMultipartResolver：使用了 Apache 的 commons-fileupload 来完成具体的上传操作。

下面介绍使用 CommonsMultipartResolver 来完成文件上传的具体步骤。

1. 导入 jar 文件

我们需要使用 Apache Commons FileUpload 组件，因此在工程中应导入 commons-io-2.4.jar、commons-fileupload-1.2.2.jar 两个 jar 文件（可在 Apache 官网下载）。

2. 配置 MultipartResolver

首先使用 CommonsMultipartResolver 配置一个 MultipartResolver 解析器，关键代码（springmvc-servlet.xml）如示例 18 所示。

示例 18

```
<!-- 配置 MultipartResolver, 用于上传文件 , 使用 spring 的 CommonsMultipartResolver-->
<bean id="multipartResolver"
class="org.springframework.web.multipart.commons.CommonsMultipartResolver">
    <property name="maxUploadSize" value="5000000"/>
    <property name="defaultEncoding" value="UTF-8"/>
</bean>
```

- defaultEncoding：请求的编码格式，默认为 ISO-8859-1，此处设置为 UTF-8（注：defaultEncoding 必须和 JSP 的 pageEncoding 设置一致，以便正确读取表单的内容）。
- maxUploadSize：上传文件大小上限，单位为字节。

注意

增加用户信息时要求上传证件照片，对于该新增需求，我们提供了 SQL 脚本素材（在表 smbms_user 中增加字段 idPicPath，类型为 varchar(200)，用于存储上传证件照片的路径）。同时还需要对 User 类和增加用户的 DAO 实现方法进行相应的修改，具体改造如下。

（1）POJO：修改 User.java，增加 idPicPath 属性以及 getter 和 setter 方法。

（2）Dao 层：修改 UserDaoImpl.java 的 add( ) 方法，关键代码如下：

```
public int add(Connection connection, User user) throws Exception {
    // TODO Auto-generated method stub
    PreparedStatement pstm = null;
    int updateRows = 0;
    if(null != connection){
        String sql="insert into smbms_user" +
                "(userCode,userName,userPassword,"+
                "userRole,gender,birthday,phone,address,"+
                "creationDate,createdBy,idPicPath) "+
                "values(?,?,?,?,?,?,?,?,?,?,?)";
        Object[] params=
            {user.getUserCode(),user.getUserName(),
            user.getUserPassword(),user.getUserRole(),
            user.getGender(),user.getBirthday(),user.getPhone(),
            user.getAddress(),user.getCreationDate(),
            user.getCreatedBy(),user.getIdPicPath()};
            updateRows = BaseDao.execute(connection, pstm, sql, params);
        BaseDao.closeResource(null, pstm, null);
    }
    return updateRows;
}
```

3. 编写文件上传表单页

修改新增用户的页面表单（useradd.jsp）时应注意，负责文件上传的表单和一般表单是有区别的，即表单的编码类型必须是“multipart/form-data”类型。关键代码如示例 19 所示。

示例 19

```
<form id="userForm" name="userForm" method="post"
      action="${pageContext.request.contextPath}/user/useraddsave.html"
      enctype="multipart/form-data">
   < !-- 省略中间代码 -->
   <div>
      <label for="a_idPicPath"> 证件照：</label>
```

```
            <input type="file" name="a_idPicPath" id="a_idPicPath"/>
            <font color="red"></font>
        </div>
</form>
```

- enctype="multipart/form-data": 指定表单内容的类型，以便支持文件上传。
- <input type="file" name="a_idPicPath"/>：用来上传文件的 file 组件。

4. **编写控制器**

接下来改造 UserController.java，修改增加用户的处理方法 addUserSave()，以便接收并处理上传的文件。关键代码如示例 20 所示。

示例 20

```
@RequestMapping(value="/useraddsave.html",method=RequestMethod.POST)
public String addUserSave(User user,
                        HttpSession session,
                        HttpServletRequest request,
    @RequestParam(value="a_idPicPath",required=false) MultipartFile attach){
    String idPicPath = null;
    //判断文件是否为空
    if(!attach.isEmpty()){
      String path = request.getSession().getServletContext()
                  .getRealPath("statics"+File.separator+"uploadfiles");
      logger.info("uploadFile path ================ > "+path);
      String oldFileName = attach.getOriginalFilename();//原文件名
      logger.info("uploadFile oldFileName ================ > "+oldFileName);
      String prefix=FilenameUtils.getExtension(oldFileName);//原文件后缀
      logger.debug("uploadFile prefix============> " + prefix);
      int filesize = 500000;
      logger.debug("uploadFile size============> " + attach.getSize());
      if(attach.getSize() >  filesize){//上传文件大小不得超过 500KB
          request.setAttribute("uploadFileError", " * 上传文件大小不得超过 500KB");
          return "useradd";
      }else if(prefix.equalsIgnoreCase("jpg")
              || prefix.equalsIgnoreCase("png")
              || prefix.equalsIgnoreCase("jpeg")
              || prefix.equalsIgnoreCase("pneg")){//上传图片格式不正确
          String fileName = System.currentTimeMillis()
                      +RandomUtils.nextInt(1000000)+"_Personal.jpg";
          logger.debug("new fileName======== " + attach.getName());
          File targetFile = new File(path, fileName);
          if(!targetFile.exists()){
              targetFile.mkdirs();
          }
          //保存
          try {
```

```
                attach.transferTo(targetFile);
            } catch (Exception e) {
                e.printStackTrace();
                request.setAttribute("uploadFileError", " * 上传失败！ ");
                return "useradd";
            }
            idPicPath= path+File.separator+fileName;
        }else{
            request.setAttribute("uploadFileError", " * 上传图片格式不正确 ");
            return "useradd";
        }
    }
    user.setCreatedBy(((User)session.getAttribute(Constants.USER_SESSION))
                        .getId());
    user.setCreationDate(new Date());
    user.setIdPicPath(idPicPath);
    if(userService.add(user)){
        return "redirect:/user/userlist.html";
    }
    return "useradd";
}
```

在上述代码中实现文件上传的流程：Spring MVC 将上传文件绑定到 MultipartFile 对象中，MultipartFile 提供了获取上传文件内容、文件名等的方法，最后通过其 transferTo() 方法将文件存储到服务器上。下面结合代码实现来具体分析其关键步骤。

（1）MultipartFile 对象作为控制器处理方法的入参（@RequestParam(value="idPicPath", required=false) MultipartFile attach），从 MultipartFile 对象中可以获取上传文件的相关信息，其提供的方法如图 10.15 所示。

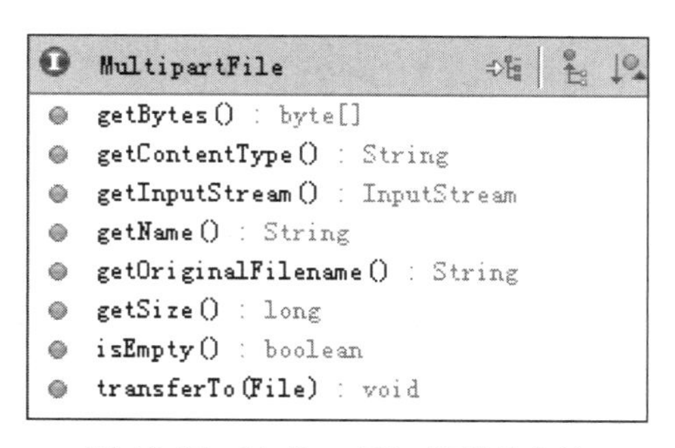

图 10.15　MultipartFile 提供的方法

处理文件上传的请求方式一定是 POST，GET 请求方式无法处理文件上传。

（2）在处理方法体内，我们首先通过 MultipartFile 对象是否为空来判断是否有上传的文件。若不为空，再进行上传处理，否则直接进行其他数据字段的常规保存（注：在此需求中，用户上传的证件照片并非必需，故用户是可以不上传证件照片的）。关键代码如下：

```
if(!attach.isEmpty()){
    //……上传操作
}
//……调用 userService.add(user) 方法保存新增数据
```

（3）接下来我们需要做上传前的准备工作。

➢ 定义上传目标路径，关键代码如下：

```
String path=
    request.getSession().getServletContext()
    .getRealPath("statics"+File.separator+"uploadfiles");
```

➢ 获取原文件名，关键代码如下：

```
String oldFileName = attach.getOriginalFilename();
```

➢ 获取原文件后缀，并对文件后缀进行判断。若不符合规定（jpg、jpeg、png、pneg），则给予信息提示，关键代码如下：

```
String prefix=FilenameUtils.getExtension(oldFileName);
```

➢ 获取原文件大小，并与规定的上传大小进行比较，若超过规定大小，则给予信息提示。关键代码如下：

```
int filesize = 500000;
if(attach.getSize() >  filesize){// 上传文件大小不得超过 500KB
    request.setAttribute("uploadFileError", " * 上传文件大小不得超过 500KB");
    return "useradd";
}
```

注意

在实际项目开发中进行文件上传处理的时候，需要注意以下几点：

（1）定义上传目标路径时，需使用 File.separator（Windows、Linux 自适应路径分隔符）。

原因：文件上传至 Web 服务器，实际项目的服务器有可能是 Windows 系统，也有可能是 Linux 系统，它们的路径分隔符不一样。所以最好的处理方式就是不要在程序代码中写死路径，而采用 File.separator 自适应的路径分隔符。

（2）为何要获取原文件名以及后缀？

原因：在实际项目中，对于用户上传的文件需要有相应的规定，如此处上传文件的需求为个人证件照，那么就需要首先限制用户只能上传图片类型的文件（如 jpg、jpeg、png、pneg），所以需要获取原始文件的后缀来匹配；其次关于获取原始文件名，在一些项目中需要在数据库中进行原始文件名的记录，因为最后在代码中会对原始文件名进行修改，需要按照定义的规则进行重命名。当服务器为 Linux 系统，用户上传的文件名中又存在中文，就会出现乱码问题；如果存在重名，则会覆盖服务器上其他用户上传的文件（如 A 用户上传文件为“证件照 .jpg”，而 B 用户上传文件也为“证件照 .jpg”，那么后传的就会覆盖之前上传的文件），这是非常严重的错误，所以必须对上传文件进行重命名。

（4）若满足以上规定（文件大小、文件后缀），则可以对文件进行上传操作。首先定义新的文件名（当前系统时间 + 随机数 + “_Personal.jpg”），以保证不会重复，并根据新的文件名和目标路径来创建一个 File 对象（该对象用来接收用户上传的文件流），若不存在，则自动创建。关键代码如下。

```
String fileName = System.currentTimeMillis()
                +RandomUtils.nextInt(1000000)+"_Personal.jpg";
File targetFile = new File(path, fileName);
if(!targetFile.exists()){
    targetFile.mkdirs();
}
```

注意

我们使用了 RandomUtils 来获取 0 ~ 1000000 以内的随机数，需要引入 commons-lang-2.6.jar 文件（素材已提供）。

然后调用 MultipartFile 的 transferTo(targetFile) 方法，把 MultipartFile 中文件流的数据输出至目标文件中。关键代码如下：

```
attach.transferTo(targetFile);
```

文件上传成功后，还需要设置 User 对象的 idPicPath 属性（记录上传文件的路径），最后调用 userService 的 add() 方法，进行数据的保存。

5. **优化文件上传表单提示**

以上已经基本上完成了文件的上传操作，但是对于界面错误信息的提示，并没有具体实现，下面就来改造 useradd.jsp 和 useradd.js 完成提示功能。

（1）修改 useradd.jsp。需要将后台返回的信息提示放入提示信息标签内，增加一个

id 为 errorinfo 的隐藏域，用来获取 request 内放置的提示信息。关键代码如示例 21 所示。

示例 21

```
<input type="hidden" id="errorinfo" value="${uploadFileError}"/>
<label for="a_idPicPath"> 证件照：</label>
<input type="file" name="a_idPicPath" id="a_idPicPath"/>
<font color="red"></font>
```

（2）修改 useradd.js。当进入增加页面时，需把各种关于文件上传的规定限制信息展现在界面上，使其拥有良好的用户体验。当提交表单之后，若有错误信息返回时，需在界面上展示相应的错误提示信息。关键代码如示例 22 所示。

示例 22

```
//……其他省略
var a_idPicPath = null;
var errorinfo = null;
$(function(){
    a_idPicPath = $("#a_idPicPath");
    errorinfo = $("#errorinfo");
    if(errorinfo.val() == null || errorinfo.val() == ""){
        a_idPicPath.next().html(
            "* 上传文件大小不能超过 500KB * 上传文件类型必须为 :jpg、jpeg、png、pneg");
    }else{
        a_idPicPath.next().html(errorinfo.val());
    }
    //……其他省略
});
```

6. 部署运行

完成以上代码的修改之后，可以进行部署运行，进入新增用户界面，界面效果如图 10.16 所示。

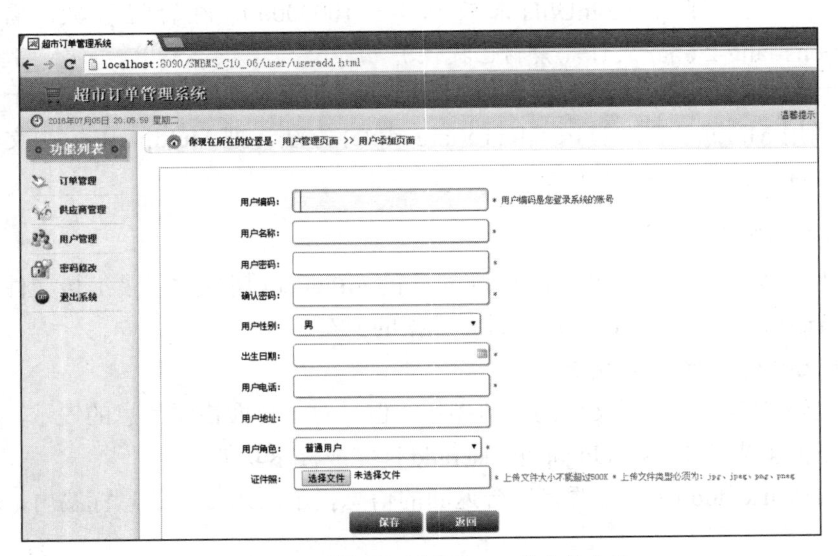

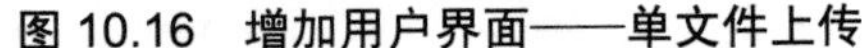
图 10.16 增加用户界面——单文件上传

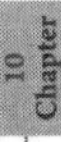

填写相关信息，并选择符合定义规则的文件进行上传，保存。若上传文件不符合规则，则会根据具体情况给出相应的信息提示，此处不再赘述。

注意

此处需要注意：包含文件上传操作的新增用户功能，保存成功应该包括以下两点。

（1）上传文件需传入服务器指定目录下（本示例中目录位置：D:\tomcats\apache-tomcat-7.0.41\webapps\ SMBMS_C10_06\statics\uploadfiles）。

（2）文件上传成功后，还需更新数据库相应的字段信息（如 idPicPath）。

10.3.2　多文件上传

上一节我们掌握了在 Spring MVC 框架中处理单文件上传，接下来学习如何进行多文件上传。

新的需求是增加用户信息时，除了上传用户的证件照之外，还需上传工作证照片。那么对于多文件的上传应如何实现，在上一示例的基础上进行改造，具体实现步骤如下。

1．改造 POJO 和 DAO 实现类

首先导入 SQL 脚本素材（在表 smbms_user 中增加字段 workPicPath，类型为 varchar(200)，该字段存储上传工作证照片的路径）。我们还需要对 User 类和增加用户的 DAO 实现方法进行相应的修改。在 User.java 中增加 workPicPath 属性，关键代码如示例 23 所示。

示例 23

```
public class User {
    //……省略其他属性
    private String idPicPath;    // 证件照路径
    private String workPicPath; // 工作证照片路径
    //……省略 getter 和 setter 方法
}
```

然后修改 UserDaoImpl.java 的 add() 方法实现，关键代码如示例 24 所示。

示例 24

```
public int add(Connection connection, User user) throws Exception {
    // TODO Auto-generated method stub
    PreparedStatement pstm = null;
    int updateRows = 0;
    if(null != connection){
        String sql="insert into smbms_user" +
                "(userCode,userName,userPassword,"+
                "userRole,gender,birthday,phone,address,"+
                "creationDate,createdBy,idPicPath,workPicPath) "+
                "values(?,?,?,?,?,?,?,?,?,?,?,?)";
```

```
            Object[] params={user.getUserCode(),user.getUserName(),
                        user.getUserPassword(),user.getUserRole(),
                        user.getGender(),user.getBirthday(),user.getPhone(),
                        user.getAddress(),user.getCreationDate(),
                        user.getCreatedBy(),user.getIdPicPath(),
                        user.getWorkPicPath()};
            updateRows = BaseDao.execute(connection, pstm, sql, params);
            BaseDao.closeResource(null, pstm, null);
        }
        return updateRows;
    }
```

2. 改造文件上传表单页

修改新增用户的页面表单（useradd.jsp），关键代码如示例 25 所示。

示例 25

```
<div>
    <input type="hidden" id="errorinfo" value="${uploadFileError}"/>
    <label for="a_idPicPath"> 证件照：</label>
    <input type="file" name="attachs" id="a_idPicPath"/>
    <font color="red"></font>
</div>
<div>
    <input type="hidden" id="errorinfo_wp" value="${uploadWpError}"/>
    <label for="a_workPicPath"> 工作证照片：</label>
    <input type="file" name="attachs" id="a_workPicPath"/>
    <font color="red"></font>
</div>
```

注意

Spring MVC 处理多文件上传：表单页面增加 file 标签即可，但注意上传文件的组件名需要一致，将来会以数组的形式传递给控制器的处理方法。

修改新增用户的页面表单（useradd.js），增加用户上传工作证照片的各种信息提示。关键代码如示例 26 所示。

示例 26

```
//……其他省略
var a_workPicPath = null;
var errorinfo_wp = null;
$(function(){
    a_workPicPath = $("#a_workPicPath ");
    errorinfo_wp = $("#errorinfo_wp");
    if(errorinfo_wp.val() == null || errorinfo_wp.val() == ""){
```

```
        a_ workPicPath.next().html(
                "* 上传文件大小不能超过 500KB * 上传文件类型必须为 :jpg、jpeg、png、pneg");
    }else{
        a_workPicPath.next().html(errorinfo_wp.val());
    }
    //……其他省略
});
```

3. 改造控制器

修改增加用户的处理方法 addUserSave()，以便接收并处理多文件上传。关键代码如示例 27 所示。

示例 27

```
@RequestMapping(value="/useraddsave.html",method=RequestMethod.POST)
public String addUserSave(User user,HttpSession session,
                HttpServletRequest request,
                @RequestParam(value ="attachs", required = false)
                    MultipartFile[] attachs){
    String idPicPath = null;
      String workPicPath = null;
    String errorInfo = null;
    boolean flag = true;
    String path =
            request.getSession().getServletContext()
            .getRealPath("statics"+File.separator+"uploadfiles");
    logger.info("uploadFile path ============ > "+path);
    for(int i = 0;i < attachs.length ;i++){
        MultipartFile attach = attachs[i];
        if(!attach.isEmpty()){
            if(i == 0){
                errorInfo = "uploadFileError";
            }else if(i == 1){
                errorInfo = "uploadWpError";
            }
            String oldFileName = attach.getOriginalFilename();// 原文件名
            String prefix=FilenameUtils.getExtension(oldFileName);// 原文件后缀
            int filesize = 500000;
            if(attach.getSize() > filesize){// 上传文件大小不得超过 500KB
                request.setAttribute(errorInfo, " * 上传文件大小不得超过 500KB");
                flag = false;
            }else if(prefix.equalsIgnoreCase("jpg")
                    || prefix.equalsIgnoreCase("png")
                    || prefix.equalsIgnoreCase("jpeg")
                    || prefix.equalsIgnoreCase("pneg")){// 上传图片格式不正确
                String fileName =
```

```
                    System.currentTimeMillis()
                    +RandomUtils.nextInt(1000000)+"_Personal.jpg";
            File targetFile = new File(path, fileName);
            if(!targetFile.exists()){
                targetFile.mkdirs();
            }
            // 保存
            try {
                attach.transferTo(targetFile);
            } catch (Exception e) {
                e.printStackTrace();
                request.setAttribute(errorInfo, " * 上传失败！ ");
                flag = false;
            }
            if(i == 0){
                idPicPath = path+File.separator+fileName;
            }else if(i == 1){
                workPicPath = path+File.separator+fileName;
            }
            logger.debug("idPicPath: " + idPicPath);
            logger.debug("workPicPath: " + workPicPath);
        }else{
            request.setAttribute(errorInfo, " * 上传图片格式不正确 ");
            flag = false;
        }
    }
}
    if(flag){
        user.setCreatedBy(((User)session.getAttribute(Constants.USER_SESSION))
                    .getId());
        user.setCreationDate(new Date());
        user.setIdPicPath(idPicPath);
        user.setWorkPicPath(workPicPath);
        if(userService.add(user)){
            return "redirect:/user/userlist.html";
        }
    }
    return "useradd";
}
```

在上述实现多文件上传的代码中，我们只需修改入参 MultipartFile 为数组（MultipartFile[] attachs）即可，在方法体内对该数组进行循环遍历，然后逐一进行非空判断，从而进行上传操作（同单文件上传）。在多文件上传中，MultipartFile[] 数组里存放的文件对象是按照 form 表单的 file 标签的顺序进行存储的，所以需要判断并记录各自的上传路径，按照顺序更新数据库 smbms_user 表的字段：idPicPath 和 workPicPath。

注意

若入参对象 MultipartFile 为数组，该参数前必须要加上 @RequestParam 注解，否则会报错。

4. 部署运行

在地址栏中输入 URL：http://localhost:8090/SMBMS_C10_07。成功登录系统后，进入用户添加页面输入信息，界面效果如图 10.17 所示。

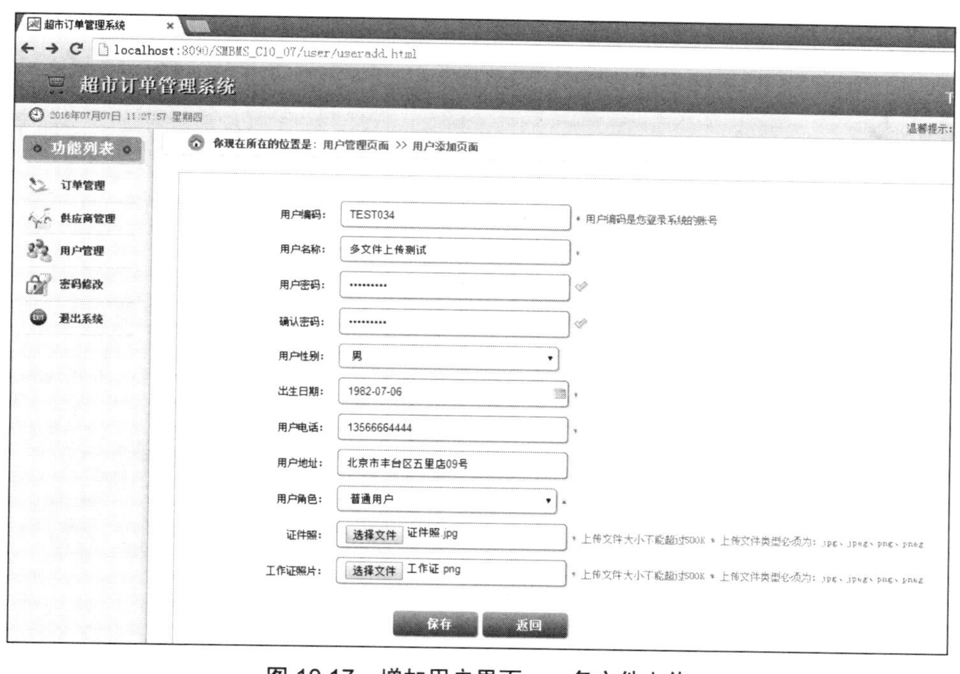

图 10.17　增加用户界面——多文件上传

单击“保存”按钮，信息保存成功。去服务器文件上传位置查看文件是否上传成功，如图 10.18 所示。

uploadfiles

Disk (D:) ▸ tomcats ▸ apache-tomcat-7.0.41 ▸ webapps ▸ SMBMS_C10_07 ▸ statics ▸ uploadfiles

组织　包含到库中　共享　放映幻灯片　新建文件夹

名称	日期	类型	大小	标记
1467782051353_Personal.jpg	2016/7/6 13:12	JPEG 图像	20 KB	
1467782608350_Personal.jpg	2016/7/6 13:12	JPEG 图像	441 KB	

图 10.18　文件位置——多文件上传

两个文件都已上传至指定目录（D:\tomcats\apache-tomcat-7.0.41\webapps\SMBMS_C10_07\statics\uploadfiles）下。

查看数据库字段（idPicPath、workPicPath）是否进行了相应的更新，如图 10.19 所示。

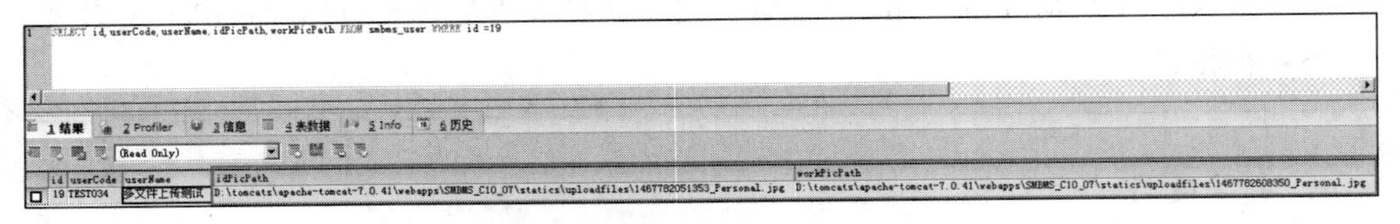

图 10.19 更新数据库表——多文件上传

将这两个字段值分别与上传的文件名进行比较，确保存储正确。至此我们已经学完了使用 Spring MVC 框架完成文件上传的操作。

注意

上传多个文件，也可以采用单独入参，控制器处理方法如下：

```
@RequestMapping(value="/useraddsave.html",method=RequestMethod.POST)
public String addUserSave(User user,HttpSession session,
                          HttpServletRequest request,
                          @RequestParam(value="a_idPicPath",required=false)
                                      MultipartFile idPicFile,
                          @RequestParam(value="a_workPicPath",required=false)
                                      MultipartFile workPicFile){
//……省略方法体（分别进行两个文件的上传操作和数据库相应字段的更新）
}
```

还需要修改页面（useradd.jsp）file 标签的 name 属性，如下所示：

```
<input type="file" name="a_idPicPath"  id="a_idPicPath"/>
<input type="file" name="a_workPicPath"  id="a_workPicPath"/>
```

技能训练

上机练习 5——为新增供应商增加上传企业营业执照照片功能

需求说明

（1）在上机练习 4 的基础上，改造超市订单管理系统的新增供应商功能，增加企业营业执照的上传。要求将文件上传至服务器指定位置，并更新数据库相应字段。

（2）提供素材：数据脚本（smbms_db.sql）、jar 文件（commons-io-2.4.jar、commons-fileupload- 1.2.2.jar、commons-lang-2.6.jar）和测试文件。

提示

（1）导入 jar 文件，并在 Spring 配置文件中配置 MultipartResolver 文件处理器。

（2）DAO 层：改造供应商的 add( ) 方法，修改 SQL，增加字段 companyLicPicPath（企业营业执照的存储路径）。

（3）POJO：改造 Provider.java，增加属性 companyLicPicPath。

（4）控制层：修改 ProviderController.java 的 add( ) 方法，增加上传文件处理。

- MultipartFile 对象入参。
- 指定文件上传路径，并对上传文件进行重命名（自定义规则以免出现重名）。
- 调用 MultipartFile 的 ransferTo(targetFile) 方法完成上传。
- 更新数据库。

（5）视图层（注意静态文件的引入路径）:

- 修改 provideradd. jsp，增加 file 标签。
- 修改 provideradd. js，增加文件上传的各种提示。

（6）部署运行，增加供应商，并上传营业执照照片。

上机练习 6——新增供应商增加上传企业营业执照和组织机构代码证照片功能

需求说明

（1）在上机练习 5 的基础上，继续改造新增供应商功能，增加组织机构代码证照片的上传。要求将文件上传至服务器指定位置，并更新数据库相应字段。

（2）提供素材：数据脚本（smbms_db.sql）和测试文件。

提示

（1）DAO 层：改造供应商的 add( ) 方法，修改 SQL，增加字段 orgCodePicPath（组织机构代码证的存储路径）。

（2）POJO：改造 Provider.java，增加属性 orgCodePicPath。

（3）控制层：修改 ProviderController.java 的 add( ) 方法，进行多文件上传处理。

- MultipartFile[] 入参。
- 循环遍历数组 MultipartFile[]，然后逐一进行非空判断，从而完成上传操作（同单文件上传）。
- 更新数据库。

（4）视图层：

- 修改 provideradd. jsp，增加 file 标签。
- 修改 provideradd. js，增加文件上传的各种提示。

（5）部署运行，增加供应商，并上传营业执照和组织机构代码证照片。

本章总结

- Spring MVC 提供了对 REST 风格的良好支持，通过 @PathVariable 注解，可以将 URL 中的 {xxx} 占位符参数绑定到控制器处理方法的入参中。
- 在 Spring MVC 中，可以使用 JSR 303 实现服务器端的数据验证。
- 对于 Spring 表单标签 <fm :form>，可通过该标签的 modelAttribute 来指定绑定的模型属性。
- 在 Spring MVC 中，Servlet API 的类可以作为处理方法的入参使用，非常简便。
- 在 Spring MVC 中，可使用 MultipartResolver 来处理文件上传请求，通过 Commons MultipartResolver 配置 MultipartResolver 解析器。

本章练习

1．列举几个常用的 Spring 表单标签。

2．简述 Spring MVC 的数据校验流程。

3．简述 Spring MVC 如何实现文件上传。

4．在上机练习 6 的基础上，改造超市订单管理系统，完成根据供应商 id 查看供应商详细信息的功能，如图 10.20 所示。

提示

（1）后台：DAO、Service 层增加根据 id 查看供应商明细的方法。

（2）控制层：修改 ProviderController.java，增加处理方法，用 view( ) 完成根据 id 查看供应商明细的功能。

（3）视图层：创建 providerview.jsp，负责供应商明细信息的展现。

（4）部署并运行测试结果。

图 10.20　根据 id 查看供应商详细信息界面

随手笔记

第 11 章

Spring MVC 扩展和 SSM 框架整合

技能目标

- ❖ 掌握 JSON 对象的处理
- ❖ 理解数据转换和格式化
- ❖ 了解本地化
- ❖ 掌握 Spring MVC+Spring+MyBatis 的框架搭建，并在此框架之上熟练开发

本章任务

学习本章，读者需要完成以下 3 个任务。记录学习过程中遇到的问题，并通过自己的努力或访问 kgc.cn 解决。

任务 1：处理 JSON 对象

任务 2：转换与格式化数据

任务 3：SSM 框架整合

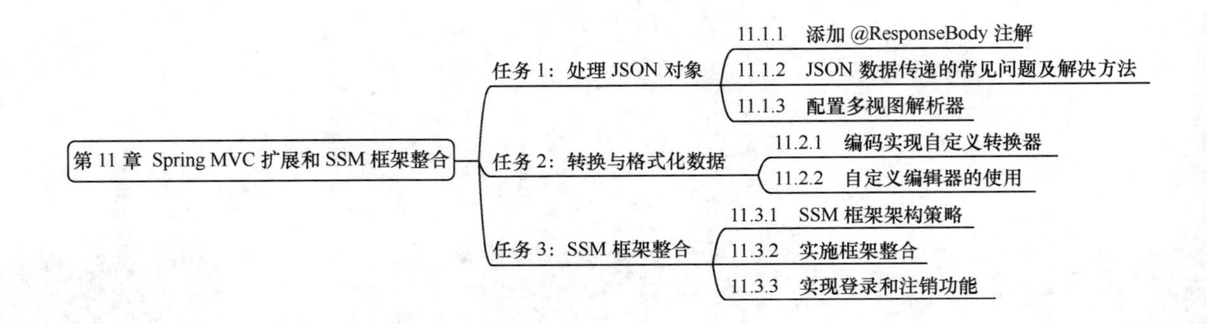

任务 1 处理 JSON 对象

关键步骤如下。

- 新增用户时，使用 Ajax 异步编码判断新增的用户与已经存在的用户是否同名。
- 在传递 JSON 数据时，针对控制器方法返回的复杂数据类型和日期类型，进行正确的处理。
- 编写多视图解析器。

11.1.1 添加 @ResponseBody 注解

在第 10 章中，已经完成了超市订单管理系统的新增用户功能，但在新增用户时，需要进行用户编码（userCode）的同名验证，以确保用户名的唯一性。该功能的实现需要运用 Ajax 异步判断，由控制器的处理方法返回一个结果，告诉用户输入的用户编码是否已存在。对于返回结果，我们一般使用 JSON 对象来表示，那么在 Spring MVC 中如何处理 JSON 对象？下面就结合示例来深入学习，具体的实现步骤如下。

1. DAO 层、Service 层

DAO 层（UserDao.java、UserDaoImpl.java）提供一个通过 userCode 获取 User 对象的方法（素材已提供，直接使用）。Service 层（UserService.java、UserServiceImpl.java）也类似，此处不再赘述。

2. 改造控制层

首先我们需要先在工程中引入处理 JSON 数据的工具 jar 文件，本书中使用阿里巴巴的 fastjson-1.2.13.jar（素材已提供）。然后修改 UserController.java，增加通过用户名（userCode）进行同名验证的处理方法，关键代码如示例 1 所示。

示例 1

```
@RequestMapping(value="/ucexist.html")
```

```
@ResponseBody
public Object userCodeIsExit(@RequestParam String userCode){
    logger.debug("userCodeIsExit userCode: "+userCode);
    HashMap<String, String> resultMap = new HashMap<String, String>();
    if(StringUtils.isNullOrEmpty(userCode)){
      resultMap.put("userCode", "exist");
    }else{
      User user = userService.selectUserCodeExist(userCode);
      if(null != user)
         resultMap.put("userCode", "exist");
      else
         resultMap.put("userCode", "noexist");
    }
    return JSONArray.toJSONString(resultMap);
}
```

在上述代码中，控制器的处理方法 userCodeIsExit() 通过前台传递过来的 userCode 进行入参，最后返回 Object。在方法体内，调用后台的 userService.selectUserCodeExist(userCode) 进行同名验证，并返回验证的结果 user 对象。若 user 为空，就证明没有重名，新增用户名可用；反之，则表示该用户名已存在，不可用。对于验证结果，我们把它放在一个 HashMap 里，通过调用 JSONArray.toJSONString(resultMap) 方法，将其转换为 JSON 对象，进行返回输出。

需要注意的是，在该处理方法上，除了通过 @RequestMapping 指定请求的 URL，还有一个 @ResponseBody 注解。该注解的作用是将标注该注解的处理方法的返回结果直接写入 HTTP Response Body（Response 对象的 body 数据区）中。一般情况下，@ResponseBody 都会在异步获取数据时使用，被其标注的处理方法返回的数据将输出到响应流中，由客户端获取并显示数据。

知识扩展

各 JSON 技术比较如下：

（1）json-lib。json-lib 是最早也是应用最广泛的 JSON 解析工具，它的缺点就是依赖很多的第三方包，如 commons-beanutils.jar、commons-collections-3.2.jar、commons-lang-2.6.jar、commons-logging-1.1.1.jar、ezmorph-1.0.6.jar。并且对于复杂类型的转换，json-lib 在将 JSON 转换成 Bean 时存在缺陷，如当一个类里包含另一个类的 List 或者 Map 集合，json-lib 从 JSON 到 Bean 的转换就会出现问题。所以 json-lib 在功能和性能上都不能满足现在互联网化的需求。

（2）Jackson。开源的 Jackson 是 Spring MVC 内置的 JSON 转换工具。相比 json-lib 框架，Jackson 所依赖的 jar 文件较少，简单易用并且性能也要相对好些。Jackson 社区比较活跃，更新速度也比较快。但是 Jackson 对于复杂类型的 JSON 转换 Bean 会出现问题，一些集合 Map、List 的转换也不能正常实现；而 Jackson 对于复杂类型的 Bean 转换 JSON，转换的 JSON 格式不是标准格式。

（3）Gson。Gson 是目前功能最全的 JSON 解析器。Gson 最初是应 Google 公司内部需求而由 Google 自行研发的，自从 2008 年 5 月公开发布第 1 版后已被许多公司或用户应用。

Gson 的主要应用是 toJson 与 fromJson 两个转换函数，无依赖且不需要额外的 jar 文件，能够直接运行在 JDK 上。Gson 可以完成复杂类型的 JSON 到 Bean 或 Bean 到 JSON 的转换，是 JSON 解析的利器。其在功能上无可挑剔，但是性能比 FastJson 稍差。

（4）FastJson。FastJson 是一个用 Java 语言编写的高性能的 JSON 处理器，由阿里巴巴公司开发。它的特点也是无依赖、不需要额外的 jar 文件，能够直接运行在 JDK 上。但是 FastJson 在复杂类型的 Bean 转换 JSON 上会出现一些问题，会出现引用的类型不当，导致 JSON 转换出错，因而需要指定引用。FastJson 采用独创的算法，将解析的速度提升到极致，超过所有 JSON 库。

总结：通过以上 4 种 JSON 技术的比较，在项目选型的时候可以并行使用 Google 的 Gson 和阿里巴巴的 FastJson。若只有功能要求，没有性能要求，可以使用 Google 的 Gson；若有性能上面的要求可以使用 Gson 将 Bean 转换到 JSON 以确保数据的正确，再使用 FastJson 将 JSON 转换到 Bean。

注意：本书中，我们使用阿里巴巴的 FastJson 来进行 JSON 数据对象的处理，版本为 fastjson-1.2.13.jar、fastjson-1.2.13-sources.jar。

3. 改造视图层

在完成上一步控制器的处理方法之后，需要对前台页面以及 js 进行相应的调整，通过 jQuery 来进行异步请求的调用，以及对调用之后后台控制器处理方法返回的结果进行相应的数据展现。修改 useradd.js，关键代码如示例 2 所示。

示例 2

```
userCode.bind("blur",function(){
    //Ajax 后台验证 :userCode 是否已存在
    $.ajax({
        type:"GET",// 请求类型
        url:path+"/user/ucexist.html",// 请求的 url
        data:{userCode:userCode.val()},// 请求参数
        dataType:"json",//Ajax 接口 ( 请求 url) 返回的数据类型
        success:function(data){//data: 返回数据 (json 对象 )
```

```
                if(data.userCode == "exist"){// 账号已存在，错误提示
                    validateTip(userCode.next(),{"color":"red"},
                                    imgNo+ " 该用户账号已存在 ",false);
                }else{// 账号可用，正确提示
                    validateTip(userCode.next(),{"color":"green"},
                                    imgYes+" 该账号可以使用 ",true);
                }
            },
            error:function(data){// 当访问时，404,500 等非 200 的错误状态码
                validateTip(userCode.next(),{"color":"red"},
                                    imgNo+" 您访问的页面不存在 ",false);
            }
        });
    }).bind("focus",function(){
        // 显示提示信息
        validateTip(userCode.next(),{"color":"#666666"},
                    "* 用户编码是您登录系统的账号 ",false);
    }).focus();
```

在上述代码中，在新增用户页面完成用户编码（userCode）的输入之后，即用户编码输入框中的鼠标失去焦点时，进行 Ajax 异步验证，请求 URL“/user/ucexist.html”，请求参数为用户输入的 userCode 的值。异步调用请求之后，返回的数据类型为 JSON 类型，若调用成功，则根据返回的 JSON 对象，提示相应的信息。

4. 部署运行

完成以上代码后，部署并运行测试。登录系统后进入新增用户界面，先输入已存在的用户名（如 admin），运行结果如图 11.1 所示。

图 11.1　新增用户——用户名同名验证 1

将鼠标移开时，也就是用户编码的输入框失去焦点后进行了异步验证，输入框后显示提示信息：该用户账号已存在。再次输入一个不存在的用户编码（如 TEST），将鼠标移开后，输入框后显示提示信息：该账号可以使用。界面效果如图 11.2 所示。

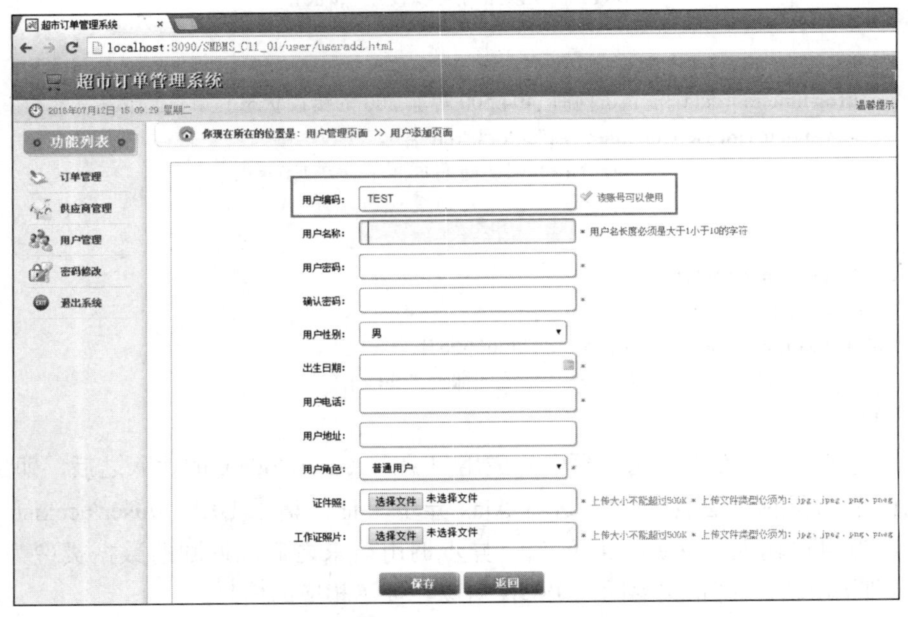

图 11.2　新增用户——用户名同名验证 2

11.1.2　JSON 数据传递的常见问题及解决方法

在 11.1.1 节中，我们学习了如何在 Spring MVC 框架中实现 Ajax 的异步请求调用；对于处理方法返回的结果，一般都会把它转换为 JSON 对象，并使用 @ResponseBody 注解实现数据的输出。但是在上述示例中，返回的结果并非复杂数据类型，只是将 Map 类型转换成 JSON 对象进行输出，若返回结果为 Bean 对象，又要如何转换成 JSON 对象进行输出？若 Bean 对象中含有日期类型数据，那么在 Spring MVC 输出 JSON 数据时，日期格式又该如何处理？下面我们就通过一个案例来演示。

JSON 返回 Bean 对象

案例需求：实现查看指定用户的明细信息功能。具体实现要求：通过 Ajax 异步调用来获取用户信息。在用户列表页，选中用户并单击“查看”按钮，页面下方展示出该用户的明细信息，最终实现效果如图 11.3 所示。

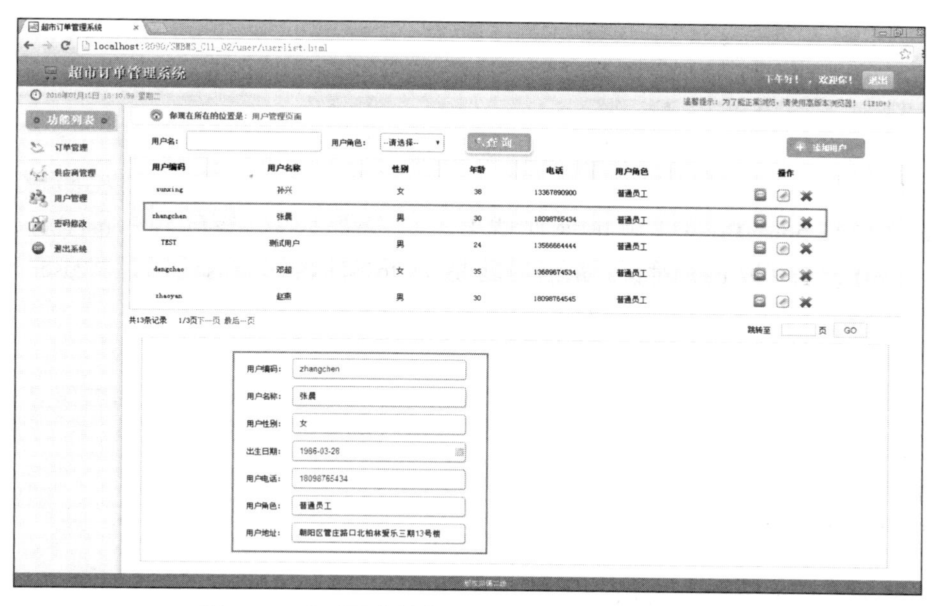

图 11.3　查看用户信息界面效果——Ajax 异步获取

具体实现步骤如下。

1. 改造控制层

修改 UserController.java，增加根据 id 异步获取用户信息的处理方法 view()，关键代码如示例 3 所示。

示例 3

```
@RequestMapping(value="/view.html",method=RequestMethod.GET)
@ResponseBody
public Object view(@RequestParam String id){
    logger.debug("view id： "+id);
    String cjson = "";
    if(null == id || "".equals(id)){
        return "nodata";
    }else{
        try {
            User user = userService.getUserById(id);
            cjson = JSON.toJSONString(user);
            logger.debug("cjson ：  " + cjson);
        } catch (Exception e) {
            // TODO Auto-generated catch block
            e.printStackTrace();
            return "failed";
```

```
        }
        return cjson;
    }
}
```

在上述代码中，通过 @RequestMapping 指定请求 URL，并明确仅处理 GET 请求，通过 @ResponseBody 来输出处理结果。在方法体内，调用后台 userService.getUserById(id) 方法获取 user 对象。最后通过 JSON.toJSONString(user) 方法将 user 对象转换成 JSON 格式的字符串，并返回。

2. ***改造视图层***

（1）修改 userlist.jsp，在页面下方增加一个 div 区域用于展示用户明细信息，关键代码如示例 4 所示。

示例 4

```
<div class="providerAdd">
    <div>
        <label> 用户编码：</label>
        <input type="text" id="v_userCode" value="" readonly="readonly">
    </div>
    <div>
        <label> 用户名称：</label>
        <input type="text" id="v_userName" value="" readonly="readonly">
    </div>
    <div>
        <label> 用户性别：</label>
        <input type="text" id="v_gender" value="" readonly="readonly">
    </div>
    <div>
        <label> 出生日期：</label>
        <input type="text" Class="Wdate" id="v_birthday" value=""
                readonly="readonly" onclick="WdatePicker();">
    </div>
    <div>
        <label> 用户电话：</label>
        <input type="text" id="v_phone" value="" readonly="readonly">
    </div>
    <div>
        <label> 用户角色：</label>
        <input type="text" id="v_userRoleName" value="" readonly="readonly">
    </div>
    <div>
        <label> 用户地址：</label>
        <input type="text" id="v_address" value="" readonly="readonly">
    </div>
```

```
</div>
```

（2）修改 userlist.js，关键代码如示例 5 所示。

示例 5

```
$(".viewUser").on("click",function(){
    var obj = $(this);
    /*window.location.href=path+"/user/view/"+ obj.attr("userid");*/
    $.ajax({
        type:"GET",
        url:path+"/user/view.html",
        data:{id:obj.attr("userid")},
        dataType:"json",
        success:function(result){
            if("failed" == result){
                alert(" 操作超时！ ");
            }else if("nodata" == result){
                alert(" 没有数据！ ");
            }else{
                $("#v_userCode").val(result.userCode);
                $("#v_userName").val(result.userName);
                if(result.gender == "1"){
                    $("#v_gender").val(" 女 ");
                }else if(result.gender == "2"){
                    $("#v_gender").val(" 男 ");
                }
                $("#v_birthday").val(result.birthday);
                $("#v_phone").val(result.phone);
                $("#v_address").val(result.address);
                $("#v_userRoleName").val(result.userRoleName);
            }
        },
        error:function(data){
            alert("error!");
        }
    });
});
```

在上述代码中，当用户在用户列表页面选中指定用户，单击“查看”按钮时进行 Ajax 异步请求“/user/view.html”，请求参数为用户 id，返回的数据类型为 JSON 类型。若成功，则根据返回的 JSON 对象（user 对象转换成的 JSON 字符串）分别对页面上的各个元素进行赋值操作。

3．部署运行

完成以上代码后，部署并运行测试。登录系统后，进入用户列表界面，选择用户，单击“查看”按钮，界面效果如图 11.4 所示。

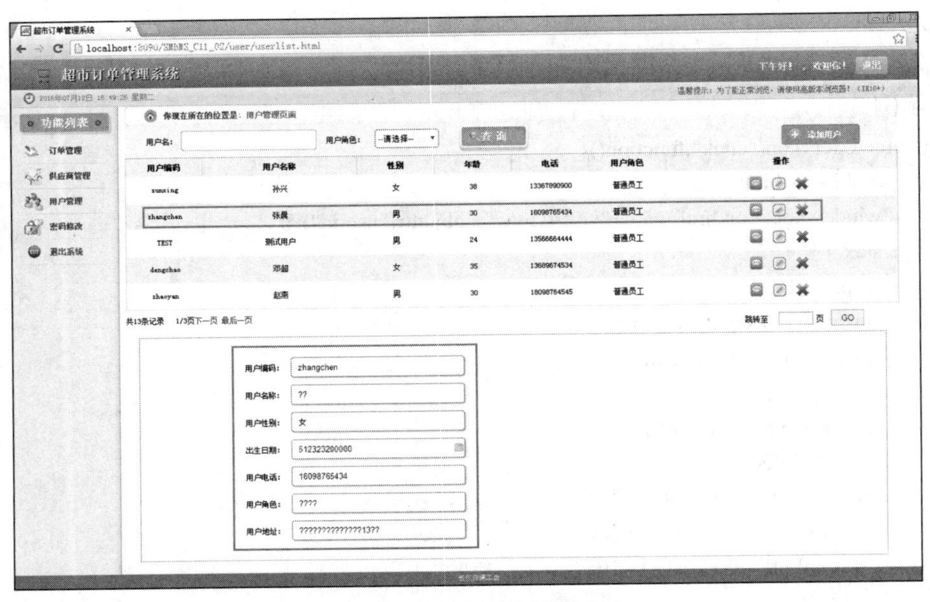

图 11.4　查看用户信息界面 1

从上述的运行界面中可以很明显地发现两个问题：中文乱码和出生日期格式显示不正确。下面就来依次解决这两个问题。

4．解决 JSON 数据传递的中文乱码问题

在 Spring MVC 中，控制器的处理方法使用 @ResponseBody 注解向前台页面以 JSON 格式传递数据时，若返回值是中文字符串，则会出现乱码。原因是消息转换器（org.springframework.http.converter.StringHttpMessageConverter）中固定了转换字符编码，即“ISO-8859-1”，如图 11.5 所示。

```
StringHttpMessageConverter.class
 2⊕ * Copyright 2002-2014 the original author or authors.
16
17 package org.springframework.http.converter;
18
19 import java.io.IOException;
20 import java.io.UnsupportedEncodingException;
21 import java.nio.charset.Charset;
22 import java.util.ArrayList;
23 import java.util.List;
24
25 import org.springframework.http.HttpInputMessage;
26 import org.springframework.http.HttpOutputMessage;
27 import org.springframework.http.MediaType;
28 import org.springframework.util.StreamUtils;
29
30⊖/**
31  * Implementation of {@link HttpMessageConverter} that can read and write strings.
32  *
33  * <p>By default, this converter supports all media types ({@code &#42;&#47;&#42;}),
34  * and writes with a {@code Content-Type} of {@code text/plain}. This can be overridden
35  * by setting the {@link #setSupportedMediaTypes supportedMediaTypes} property.
36  *
37  * @author Arjen Poutsma
38  * @since 3.0
39  */
40 public class StringHttpMessageConverter extends AbstractHttpMessageConverter<String> {
41
42     public static final Charset DEFAULT_CHARSET = Charset.forName("ISO-8859-1");
43
44
45     private final Charset defaultCharset;
46
47     private final List<Charset> availableCharsets;
48
49     private boolean writeAcceptCharset = true;
```

图 11.5　StringHttpMessageConverter——转换编码

扩展

HttpMessageConverter<T> 是 Spring 的一个接口，主要负责将请求信息转换为一个对象（类型为 T），再通过对象（类型为 T）输出响应信息。StringHttpMessageConverter 是其中一个实现类，它的作用就是将请求信息转换为字符串，由于其默认字符集为 ISO-8859-1，故返回 JSON 字符串中有中文时则会出现乱码问题。

要解决这个问题，就必须更改字符串转换编码为“UTF-8”。解决方案有很多种，在此介绍两种方法。

（1）在控制器处理方法上的 @RequestMapping 注解中配置 produces。

produces：指定返回的内容类型。produces ={"application/json;charset=UTF-8"}：表示该处理方法将产生 JSON 格式的数据，此时会根据请求报文头中的 Accept 进行匹配，若请求报文头“Accept：application/json”时即可匹配，并且字符串的转换编码为“UTF-8”。更改示例 3 代码如示例 6 所示。

示例 6

```
@RequestMapping(value="/view.html",
                method=RequestMethod.GET,
                produces = {"application/json;charset=UTF-8"})
@ResponseBody
public Object view(@RequestParam String id){
    //……省略方法体内容
}
```

更改完成之后，部署运行测试，选择用户并单击“查看”按钮之后，界面效果如图 11.6 所示。

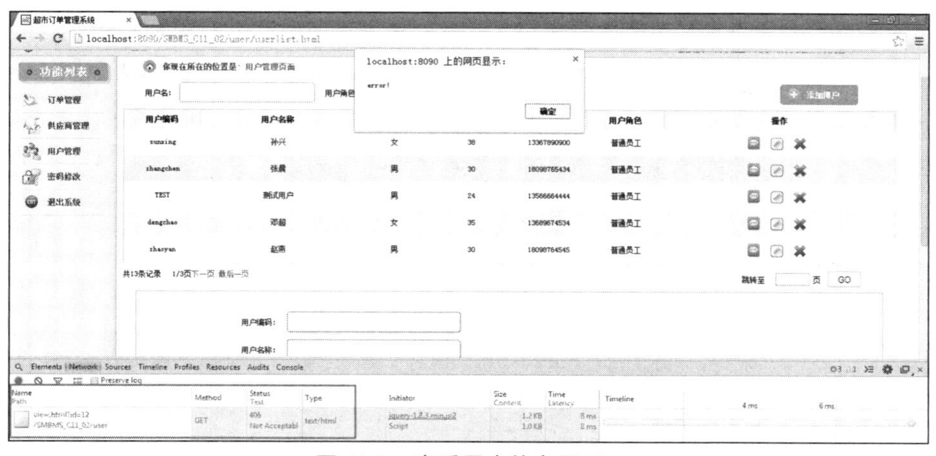

图 11.6　查看用户信息界面 2

通过 Ajax 的异步请求并没有获取到正确的数据结果，页面弹出 error 的对话框，查看具体的报错信息。对于该请求，我们发现服务器返回了一个 406 状态码（表示客户端浏览器不接收所请求页面的 MIME 类型），单击 Network 中的请求流，查看 HTTP 请求响应报文，如图 11.7 所示。

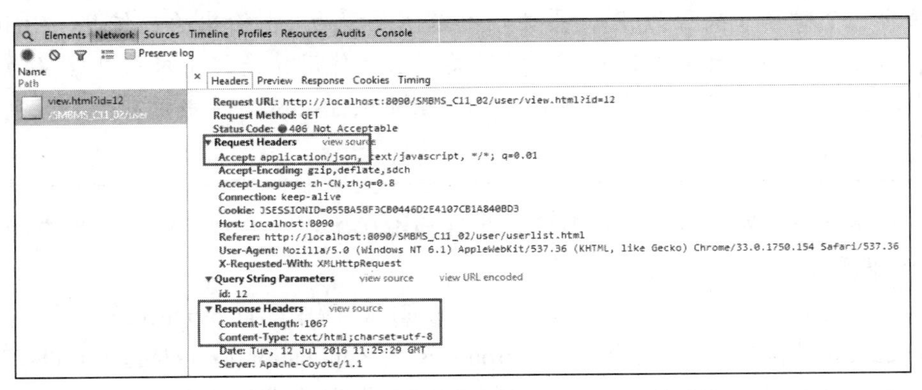

图 11.7　HTTP 请求响应报文——JSON 格式

我们发现请求报文头的 Accept : application/json 与响应报文头中的 Content-Type : text/html 类型不一致，所以才会导致 406 的错误。要解决该问题，只需要修改 @ResquestMapping 的 value 属性，去掉 .html 的后缀即可。因为有此后缀，Spring MVC 就会以 HTML 格式来显示响应信息。修改代码如下：

```
@RequestMapping(value="/view",
                method=RequestMethod.GET,
                produces = {"application/json;charset=UTF-8"})
```

另外，还需要修改 userlist.js 中单击“查看”按钮时的异步请求 URL：path+"/user/view"。

完成上述修改之后，重启服务并运行测试，中文乱码问题完美解决，界面效果如图 11.8 所示。

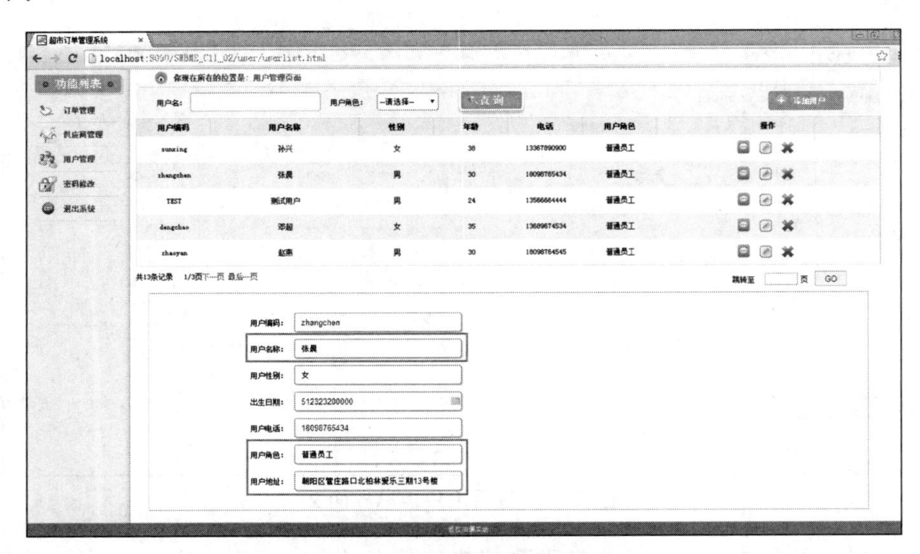

图 11.8　查看用户信息界面 3

这种方法比较简单实用，并且可以做到灵活处理。当然，如果想达到一次配置、永久有效，可以采用第二种解决方法。

（2）装配消息转换器 StringHttpMessageConverter，设置字符编码为 UTF-8。

修改配置文件 springmvc-servlet.xml，关键配置代码如示例 7 所示。

示例 7

```
<mvc:annotation-driven>
   <mvc:message-converters>
    <bean class="org.springframework.http.converter.StringHttpMessageConverter">
        <property name="supportedMediaTypes">
            <list>
               <value>application/json;charset=UTF-8</value>
            </list>
        </property>
    </bean>
   </mvc:message-converters>
</mvc:annotation-driven>
```

在上述配置中，通过设置 StringHttpMessageConverter 中的 supportedMediaTypes 属性，指定媒体类型为 application/json，字符编码为 UTF-8。

在 Spring MVC 中配置了消息转换器之后，就可以去掉 @RequestMapping 中配置的 produces = {"application/json;charset=UTF-8"} 了。修改 UserController.java，关键代码如示例 8 所示。

示例 8

```
@RequestMapping(value="/view",method=RequestMethod.GET)
@ResponseBody
public Object view(@RequestParam String id){
    //……省略方法体内容
}
```

最后重启服务并运行测试，中文乱码问题同样得到解决。

5. **解决 JSON 数据传递的日期格式问题**

解决了中文乱码问题之后，下面来处理日期格式问题。在 Spring MVC 中使用 @ResponseBody 返回 JSON 数据时，日期格式默认显示为时间戳。如图 11.4 所示，用户明细信息中的出生日期显示为时间戳（如 512323200000），我们需要把它转换成具有可读性的“yyyy-MM-dd”日期格式（如 1986-03-28）。具体的解决方式有两种。

（1）注解方式：@JSONField(format="yyyy-MM-dd")

在查看用户明细功能的实现中，我们使用 FastJson 将从后台查询获取的 user 对象转换成 JSON 字符串返回给前台，那么 FastJson 可以通过注解方式来解决日期格式问题，即：在 user 对象的日期属性（如 birthday）上加上 @JSONField(format="yyyy-MM-dd") 来进行日期格式化处理。关键代码如示例 9 所示。

示例 9

```
package cn.smbms.pojo;
import java.util.Date;
import javax.validation.constraints.NotNull;
import javax.validation.constraints.Past;
import org.hibernate.validator.constraints.Length;
import org.hibernate.validator.constraints.NotEmpty;
import org.springframework.format.annotation.DateTimeFormat;
import com.alibaba.fastjson.annotation.JSONField;
public class User {
    @Past(message=" 必须是一个过去的时间 ")
    @DateTimeFormat(pattern="yyyy-MM-dd")
    @JSONField(format="yyyy-MM-dd")
    private Date birthday; // 出生日期
    //……其他属性以及 getter 和 setter 方法省略
}
```

修改完成后，直接部署运行，选中用户后查看明细信息，出生日期字段的日期格式显示正确，界面效果如图 11.9 所示。

图 11.9 查看用户信息界面 4

这种方式比较简单直接，但是存在一定的不足：代码具有强侵入性、紧耦合，并且修改麻烦，所以在实际开发中，并不建议采用这种硬编码的方式来处理，一般都会采用下面的这种方式来解决。

（2）配置 FastJson 的消息转换器——FastJsonHttpMessageConverter

在 Spring MVC 中，需要进行 JSON 转换时，通常会使用 FastJson 提供的 FastJson HttpMessageConverter 来完成。之前我们采用 StringHttpMessageConverter 解决了中文乱码问题，现在配置 FastJson 的消息转换器来解决 JSON 数据传递过程中的日期格式问题。

我们使用 FastJsonHttpMessageConverter 的序列化属性 WriteDateUseDateFormat 配置使用默认日期类型（FastJson 规定了默认的返回日期类型 DEFAULT_DATE_FORMAT 为 yyyy-MM-dd HH:mm:ss）。当然，对于特殊类型字段，可使用 @JSONField 来控制。具体实现如下。

首先修改 springmvc-servlet.xml，配置 FastJsonHttpMessageConverter 消息转换器，关键代码如示例 10 所示。

示例 10

```
<mvc:annotation-driven>
  <mvc:message-converters>
    <bean class="org.springframework.http.converter.StringHttpMessageConverter">
        <property name="supportedMediaTypes">
            <list>
                <value>application/json;charset=UTF-8</value>
            </list>
        </property>
    </bean>
    <bean class="com.alibaba.fastjson.support.spring.FastJsonHttpMessageConverter">
        <property name="supportedMediaTypes">
            <list>
                <value>text/html;charset=UTF-8</value>
                <value>application/json</value>
            </list>
        </property>
        <property name="features">
            <list>
                <!-- 输出 Date 的日期转换器 -->
                <value>WriteDateUseDateFormat</value>
            </list>
        </property>
    </bean>
  </mvc:message-converters>
</mvc:annotation-driven>
```

在上述配置中，通过设置 FastJsonHttpMessageConverter 中的 features 属性指定输出时的日期转换器 WriteDateUseDateFormat，按照 FastJson 默认的日期格式进行转换输出。

注意

FastJson 是一个 JSON 处理工具包，包括序列化和反序列化两部分。它提供了强大的日期处理和识别能力，在序列化时指定格式，支持多种方式实现；在反序列化时也可识别多种格式的日期。关于 FastJsonHttpMessageConverter、JSON、SerializerFeature 等，此处不做讲解，可自行查看源码深入研究。

接下来修改 UserController.java 的 view() 方法。在该方法内，无需再将 user 对象转换成 JSON 字符串，直接把获取的 user 对象返回即可。关键代码如示例 11 所示。

示例 11

```
@RequestMapping(value="/view",method=RequestMethod.GET)
@ResponseBody
public User view(@RequestParam String id){
    logger.debug("view id： "+id);
    User user = new User();
    try {
        user = userService.getUserById(id);
    } catch (Exception e) {
        // TODO Auto-generated catch block
        e.printStackTrace();
    }
    return user;
}
```

最后还需要注释掉 User.java 中的 @JSONField 注解。为了更好地演示本示例中的日期类型字段，页面上除了显示出生日期（yyyy-MM-dd）外，还需要输出创建时间（yyyy-MM-dd HH:mm:ss），并在 userlist.js 中对其进行赋值：$("#v_creationDate").val(result.creationDate)。

修改 userlist.jsp，关键代码如示例 12 所示。

示例 12

```
<div class="providerAdd">
    < !-- 其他代码省略 -->
    <div>
        <label> 出生日期：</label>
        <input type="text" Class="Wdate" id="v_birthday" value=""
                readonly="readonly" onclick="WdatePicker();">
    </div>
    <div>
        <label> 创建日期：</label>
        <input type="text" Class="Wdate" id="v_creationDate" value=""
                readonly="readonly" onclick="WdatePicker();">
    </div>
</div>
```

部署运行后，选中用户，查看其明细信息，界面效果如图 11.10 所示。

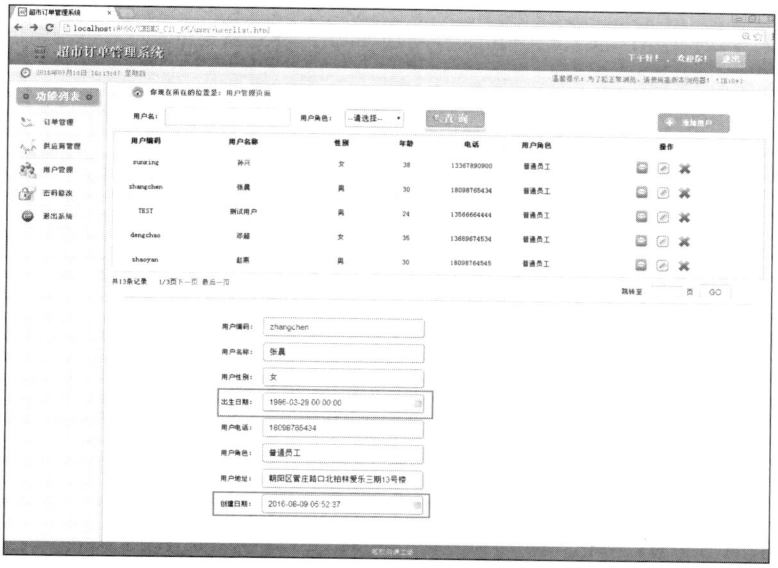

图 11.10　查看用户信息界面 5

从运行结果中可以看出，出生日期和创建日期都按照 yyyy-MM-dd HH:mm:ss 的格式进行了转换输出，但由于出生日期（数据库中字段类型为 date）不需要精确到时分秒，只需输出年月日即可。那么对于这种特殊的字段需求，可以通过 @JSONField 来实现，需在 User.java 的 birthday 属性上增加 @JSONField(format="yyyy-MM-dd")。修改 User.java 之后重启，运行界面效果如图 11.11 所示。

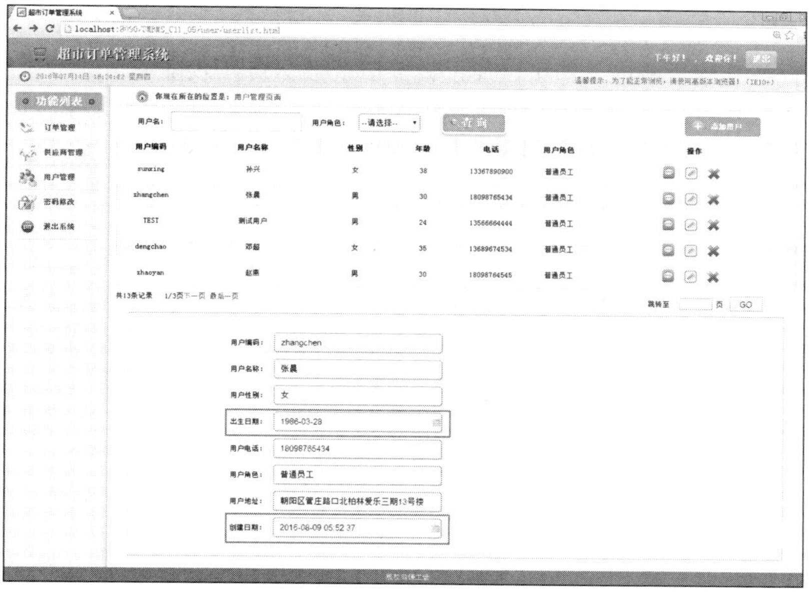

图 11.11　查看用户信息界面 6

上述方法中，虽然通过配置的方式，使代码的侵入性有所降低，但是在实际开发中，有时对于日期的输出格式还是以年月日（yyyy-MM-dd）居多。而 FastJson 中默认的日期转换格式为 yyyy-MM-dd HH:mm:ss，除了通过 @JSONField 注解去解决，还有什么方式可解决这个问题？

我们可以自行实现 FastJson 的消息转换器，通过自定义的转换器，手工注入默认的日期格式来最终满足我们的项目需求。对此本书不再过多讲解，有兴趣的读者可以参看 FastJson 的源码进行尝试。

小结

在 Spring MVC 中，使用 FastJson 来处理 JSON 数据的传递，对上述日期格式问题的解决方案，简单总结以下几点:

- 若没有配置消息转换器中的 <value>WriteDateUseDateFormat</value>，也没有加入属性注解 @JSONField(format="yyyy-MM-dd")，则转换输出时间戳。
- 若只配置 <value>WriteDateUseDateFormat</value>，则会转换输出 yyyy-MM-dd HH:mm:ss 格式的日期。
- 若配置了 <value>WriteDateUseDateFormat</value>，也增加了属性注解 @JSONField (format="yyyy-MM-dd")，则会转换输出为属性注解格式，即注解优先。

11.1.3 配置多视图解析器

在查看用户明细功能时，控制器的处理方法 view() 返回的其实是一个 JSON 数据，我们在示例 6 中已经对标注 @ResponseBody 的处理方法进行了响应信息的转换，由于 Spring MVC 可以根据请求报文头的 Accept 属性值，将处理方法的返回值以 XML、JSON、HTML 等不同形式输出响应，即可以通过设置请求报文头 Accept 的值来控制服务端返回的数据格式。而对于该示例功能的实现，我们只是希望资源能以 JSON 纯数据的格式输出，故可以通过一个强大的多视图解析器 ContentNegotiatingViewResolver 来进行灵活处理。

知识扩展

ContentNegotiatingViewResolver 可以根据请求所要求的 MIME 类型决定由哪个视图解析器负责处理，即它允许以同样的内容数据来呈现不同的 View（HTML、JSON、XML、XLS 等）。比如我们希望使用以下 URL 以不同的 MIME 格式获取相同资源（用户 id 为 12 的用户明细信息）。

- /user/view .json?id=12（返回 JSON 格式的用户明细信息）。
- /user/view .html?id=12（返回 HTML 格式的用户明细信息）。
- /user/view .xml?id=12（返回 XML 格式的用户明细信息）。

通过 ContentNegotiatingViewResolver，其实就实现了同一资源（用户明细信息）根据相同 id 访问，并通过设置 MIME 格式控制服务器端返回的数据格式，从而获取不同形式的返回内容。这也恰恰是 REST 的编程风格。

在之前的示例代码中，我们采用的视图解析器为 InternalResourceViewResolver，它主要用来处理 JSP 模板类型的视图映射。现在修改 springmvc-servlet.xml 中有关视图解析器的配置，把之前的 InternalResourceViewResolver 配置替换为如示例 13 所示的代码。

示例 13

```
<!-- 配置多视图解析器：允许同样的内容数据呈现不同的 view -->
<bean class="org.springframework.web.servlet.view
        .ContentNegotiatingViewResolver">
    <property name="favorParameter" value="true"/>
    <property name="defaultContentType" value="text/html"/>
    <property name="mediaTypes">
        <map>
            <entry key="html" value="text/html;charset=UTF-8"/>
            <entry key="json" value="application/json;charset=UTF-8"/>
            <entry key="xml" value="application/xml;charset=UTF-8"/>
        </map>
    </property>
    <property name="viewResolvers">
        <list>
            <bean class="org.springframework.web.servlet.view
                    .InternalResourceViewResolver" >
                <property name="prefix" value="/WEB-INF/jsp/"/>
                <property name="suffix" value=".jsp"/>
            </bean>
        </list>
    </property>
</bean>
```

关于 ContentNegotiatingViewResolver 的相关属性配置如下。

（1）favorParameter 属性：设置为 true（默认为 true），则表示支持参数匹配，可以根据请求参数的值确定 MIME 类型，默认的请求参数为 format。

（2）mediaTypes 属性：根据请求参数值和 MIME 类型的映射列表，即 contentType 以何种格式来展示，若请求 URL 中的后缀为“.json”，则会以 application/json 的格式进行数据的展示。

（3）viewResolvers 属性：表示网页视图解析器，我们项目中使用的是 JSP 技术，所以此处采用 InternalResourceViewResolver 进行视图解析。

注意

目前在实际开发中，JSON 数据格式较为常用，XML 则使用较少，因此不再讲解演示 XML 数据格式的输出。

对于 HTML 格式的数据输出，由于在本示例中的控制器处理方法 view() 返回的是一个 user 对象，并非一个逻辑视图名，所以也无法演示。

既然已经配置了多视图解析器，那么在查看用户明细的处理方法中，返回从后台获取的 User 对象即可，无需再转换为 JSON 字符串返回。Spring MVC 会根据用户的请求，进行不同形式的展示。UserController.java 的 view() 在示例 11 中已经修改，此处不再赘述。

最后修改 userlist.js 中的 Ajax 异步请求用户明细的 URL，关键代码如示例 14 所示。

示例 14

```
$(".viewUser").on("click",function(){
    var obj = $(this);
    /*window.location.href=path+"/user/view/"+ obj.attr("userid");*/
    $.ajax({
        type:"GET",
        url:path+"/user/view.json",
        data:{id:obj.attr("userid")},
        dataType:"json",
        /* ……省略其他代码 */
    });
});
```

注意

在示例 13 中，我们配置 ContentNegotiatingViewResolver 的 favorParameter 属性为 true，示例 14 中的代码可以这样写：

```
$(".viewUser").on("click",function(){
  var obj = $(this);
  /*window.location.href=path+"/user/view/"+ obj.attr("userid");*/
  $.ajax({
      type:"GET",
      url:path+"/user/view ",
      data:{id:obj.attr("userid"),format:"json"},
      dataType:"json",
      /* ……省略其他代码 */
  });
});
```

那么它的请求 URL 为 /user/view?id=12&format=json，运行后的界面效果与示例 13 一样。

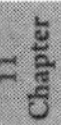

完成以上的修改之后，可以进行部署运行。登录系统成功并进入用户列表页，选择用户，单击“查看”按钮，界面效果如图 11.11 所示，此处不再赘述。

直接在地址栏中输入 URL：http://localhost:8090/SMBMS_C11_06/user/view.json? id=12。界面效果如图 11.12 所示。

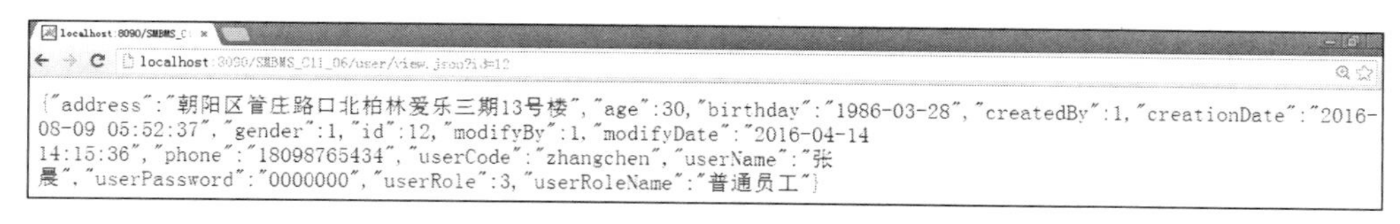

图 11.12　ContentNegotiatingViewResolver——JSON

在运行结果中，用户信息按照 JSON 的数据格式进行展示，这种配置方式较为灵活。在实际开发中，经常采用 ContentNegotiatingViewResolver 这种多视图解析的方式，它的最大作用就是增加了对 MediaType（也称为 Content-Type）和后缀的支持。对于具体的网页视图解析则使用 viewResolvers 属性中的 ViewResolver。我们可以灵活配置多种视图解析器来分别应对解析 JSP、Freemarker 等。

技能训练

上机练习 1——改造超市订单管理系统，实现个人密码修改功能

需求说明

（1）实现超市订单管理系统的密码修改功能，界面效果如图 11.13 所示。

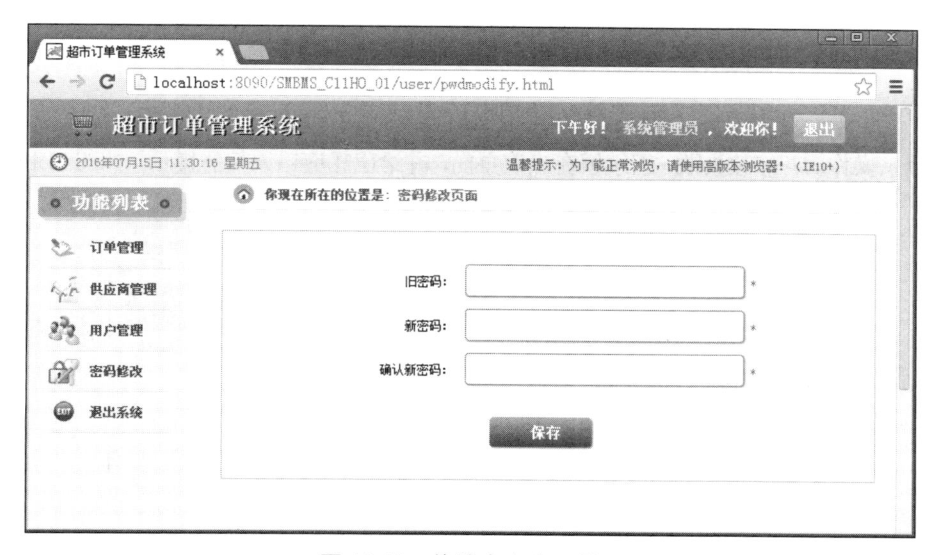

图 11.13　修改个人密码界面

（2）用户修改个人密码，登录系统成功之后，输入旧密码需进行异步验证。检验旧密码输入是否正确，并给予相应的信息提示，如图 11.14 和图 11.15 所示。

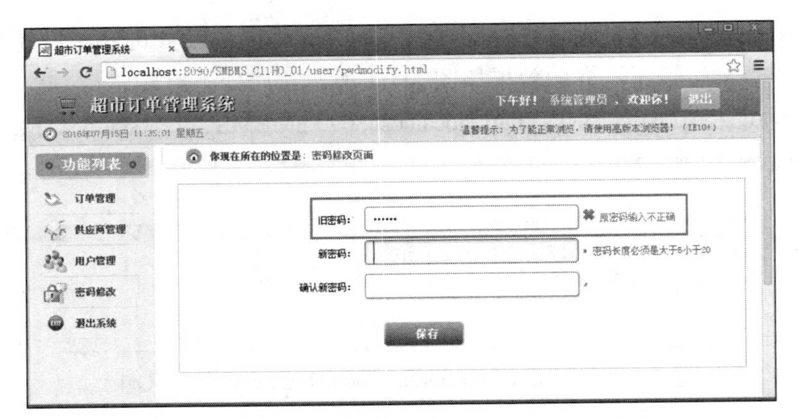

图 11.14　修改个人密码界面——旧密码输入错误提示

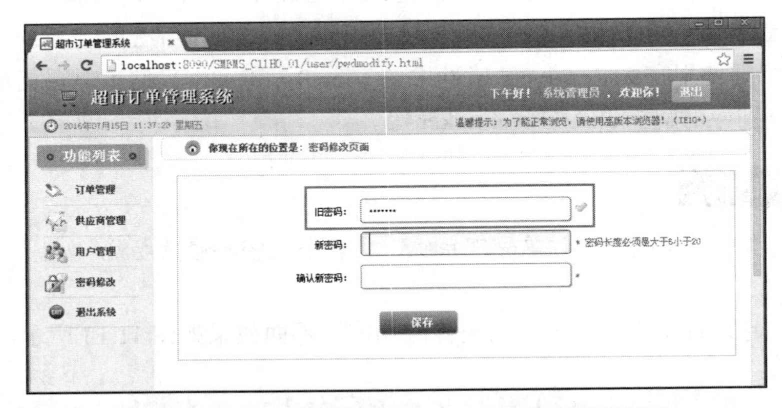

图 11.15　修改个人密码界面——旧密码输入正确提示

（3）用户输入新密码后，单击“保存”按钮，若密码修改成功，直接进入系统登录页面，进行重登录操作；若修改失败，继续留在当前页面，并给出相应错误信息提示，如图 11.16 所示。

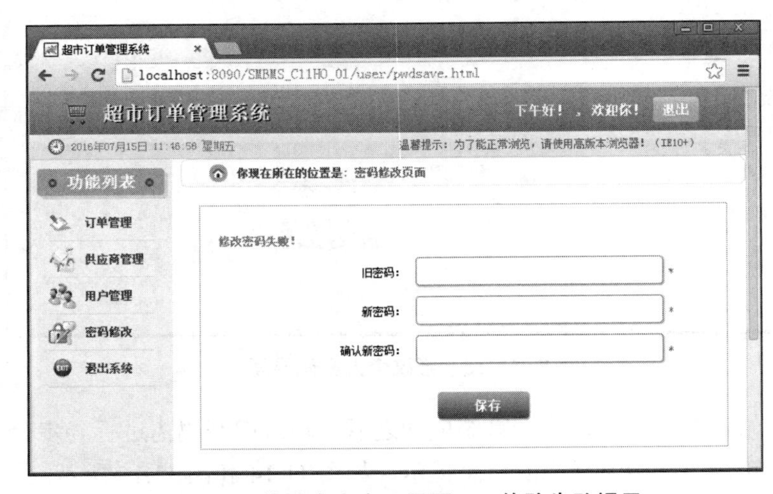

图 11.16　修改个人密码界面——修改失败提示

提示

（1）导入 FastJson 的 jar 文件（fastjson-1.2.13.jar）。

（2）DAO 层和 Service 层直接使用 SMBMS 项目素材即可。

（3）控制层：修改 UserController.java，增加以下三个处理方法。

➢ pwdModify ( ) 方法：进入密码修改页。

➢ getPwdByUserId ( ) 方法：Ajax 异步调用的处理方法，用来判断用户输入的旧密码是否正确（用户输入旧密码与当前登录用户 session 中存储密码进行比较），并给予相应的返回结果。

➢ pwdSave( ) 方法：保存修改的密码，若修改成功，则直接退出系统重登录。

（4）视图层：

➢ pwdmodify.jsp：直接使用 SMBMS 项目素材即可（注意修改 js 的引用路径等）。

➢ pwdmodify.js：直接使用 SMBMS 项目素材即可，修改进行旧密码验证的 js 方法。

注意：修改个人密码属于安全级别较高的操作，需要判断登录用户 session 是否过期。

上机练习 2——改造超市订单管理系统，实现增加用户时异步加载用户角色列表

需求说明

（1）在新增用户时，动态加载角色列表。界面效果如图 11.17 所示。

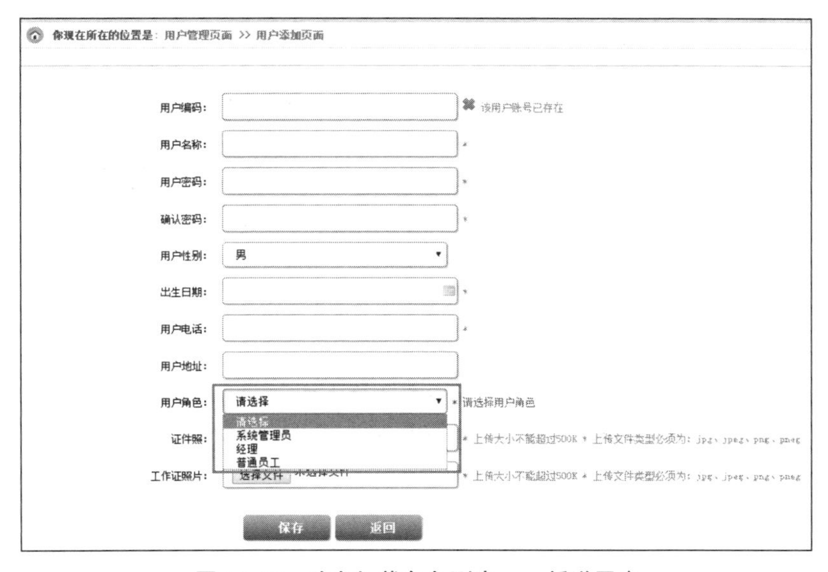

图 11.17　动态加载角色列表——新增用户

（2）要求在控制器 Ajax 的处理方法上的 @RequestMapping 注解中配置 produces，指定返回的内容类型以及字符编码。

提示

（1）控制层：修改 UserController.java，增加一个处理方法：

➢ getRoleList ( ) 方法：异步获取角色列表，返回 JSON 字符串。

（2）视图层：

➢ useradd.jsp：直接使用 SMBMS 项目素材即可（注意修改 js 的引用路径等）。

➢ useradd.js：直接使用 SMBMS 项目素材即可，修改进行动态加载的 js 方法。

上机练习 3——改造超市订单管理系统，实现根据 id 删除用户功能

需求说明

（1）在用户列表页面，选择指定用户，单击“删除”按钮将用户删除。界面效果如图 11.18 所示。

（2）要求使用 Ajax 异步调用进行用户信息的删除。

（3）要求配置多视图解析器 ContentNegotiatingViewResolver 以及 FastJson 的消息转换器 FastJsonHttpMessageConverter。

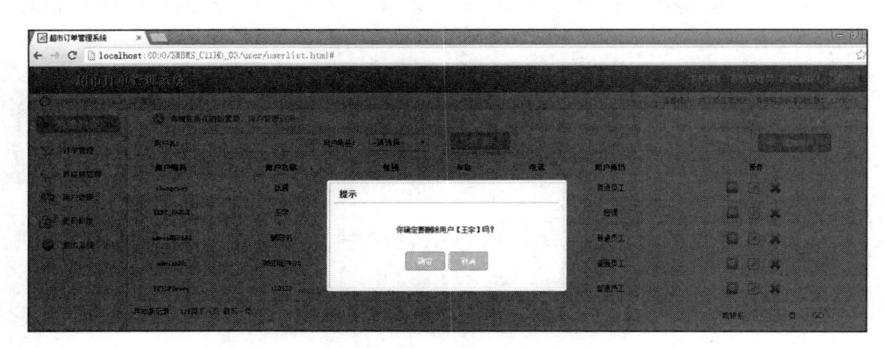

图 11.18　删除用户界面

提示

（1）Service 层：修改 UserService.java 和 UserServiceImpl.java。

➢ 增加根据用户 id 删除用户信息的方法 deleteUserById ( )。在该方法中，需要首先根据用户 id 查询该用户是否上传附件（idPicPath 和 workPicPath 字段是否为空），若不为空，则删除上传的附件，然后再进行数据库表的删除操作。

（2）控制层：修改UserController.java。

- 增加删除功能的处理方法delUser( )：根据id删除用户信息，返回JSON字符串。

（3）视图层：

- userlist.jsp：直接使用SMBMS项目素材即可（注意修改js的引用路径等）。
- userlist.js：直接使用SMBMS项目素材即可，修改删除用户的js方法，根据处理方法返回的JSON对象提示不同的信息。

注意

配置多视图解析器，需做以下功能的修改：

- 判断用户编码是否存在的处理方法的@RequestMapping(value="/ucexist.html")改为@RequestMapping (value="/ucexist.json")。
- 判断用户输入的旧密码是否正确的处理方法应为@RequestMapping(value="/pwdmodify.json")

任务2 转换与格式化数据

关键步骤如下。

- 编写自定义转换器。
- 编写自定义编辑器。

在10.1.1节的演示示例中，进行新增用户的操作时，曾经出现了400的错误，并抛出BindException异常，这是在对Bean的属性进行数据绑定时出了问题。当时的解决方案是在User的日期属性（birthday）上标注了格式化注解@DateTimeFormat(pattern="yyyy-MM-dd")。那么为何会存在这样的问题？如何解决该类问题？下面进行简单分析。

在实际操作中，经常会遇到表单中的日期字符串与JavaBean中的日期类型的属性需要自动转换的情况，而Spring MVC框架默认不支持这个格式转换，即在Spring MVC中时间数据无法实现自动绑定，必须要手动配置自定义数据类型的绑定才能实现该功能，这是Spring MVC框架本身的问题。下面来学习Spring MVC的数据转换和格式化。

通过之前的学习，我们知道Spring会根据的请求方法签名不同，将请求中的信息以一定的方式转换并绑定到请求方法的入参中。其实在请求信息真正到达处理方法之前，Spring MVC还完成了许多工作，包括数据转换、数据格式化，以及数据校验等。

下面通过图 11.19 简单了解数据绑定的流程。

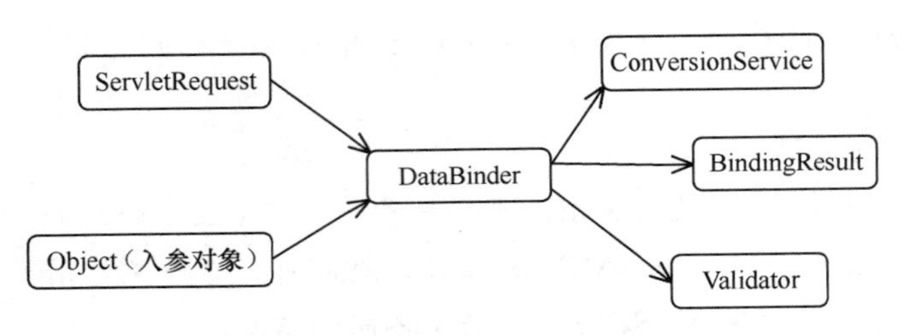

图 11.19　数据绑定流程图

Spring MVC 将 ServletRequest 对象以及处理方法的入参对象实例传递给 DataBinder。DataBinder 调用 ConversionService 组件进行数据的转换和格式化的工作，并将 ServletRequest 中的请求消息填充到入参对象中。然后再调用 Validator 组件对已经绑定了请求数据的入参对象进行数据合法性验证，并最终生成数据绑定结果 BindingResult 对象。

1. DataBinder

数据绑定的核心部件，它在整个流程中起到核心调度的作用。

2. ConversionService

可以利用 org.springframework.context.support.ConversionServiceFactoryBean 在 Spring 的上下文中定义一个 ConversionService，它是 Spring 类型转换体系的核心接口。Spring 会自动识别出上下文中的 ConversionService，在 Bean 属性配置和处理方法入参绑定时，使用它进行数据的转换。那么对于 Spring MVC 中的前台 form 表单中的时间字符串到后台 Date 数据类型的转换问题，就可以通过 ConversionService 来解决。具体配置如下：

```
<bean id="conversionService"
    class="org.springframework.context.support.ConversionServiceFactoryBean"/>
```

我们在之前的配置中使用的是 <mvc:annotation-driven/> 标签，并没有配置 Conversion Service，但是也能通过格式化注解来解决日期的转换问题。这是因为 <mvc:annotation-driven/> 标签是 Spring MVC 的简化配置。默认情况下，它会创建并注册一个默认的 DefaultAnnotationHandlerMapping 和一个 AnnotationMethodHandlerAdapter 实例，并且还会注册一个默认的 ConversionService 实例 FormattingConversionServiceFactoryBean，那么 Spring MVC 对处理方法的入参绑定就可以支持注解驱动的功能，以满足大部分类型的转换需求。

3. BindingResult

BindingResult 包含了已完成数据绑定的入参对象和相应的校验错误对象，Spring MVC 会抽取 BindingResult 中的入参对象及校验错误对象，将它们赋给处理方法的相应入参。这种方式我们在 10.1.3 节中已经学习过。

11.2.1　编码实现自定义转换器

在前面的示例中，我们直接通过 <mvc:annotation-driven/> 标签来支持注解驱动的功能（@DateTimeFormat(pattern=“yyyy-MM-dd”)），满足了日期类型的转换需求。现在可以自定义转换器，来规定转换的规则。

编写自定义转换器

Spring 在 org.springframework.core.convert.converter 包中定义了最简单的 Converter 转换接口，它仅包括一个接口方法，如图 11.20 所示。

Converter 的作用就是将一种类型的对象转换成另一种类型的对象。例如，用户输入的日期可能有多种形式，如“2016-07-18”“18/07/2016”等，都表示同一个日期。若希望 Spring 在将输入的日期字符串绑定到 Date 时，使用不同的日期格式，则需要编写一个 Converter，才能将字符串转换成日期。具体实现也很简单：首先需要创建一个实现 org.springframework.core.convert.converter.Converter 接口的 Java 类，然后将实现了 Converter 接口的自定义转换器注册到 ConversionServiceFactoryBean 中即可。实现步骤如下。

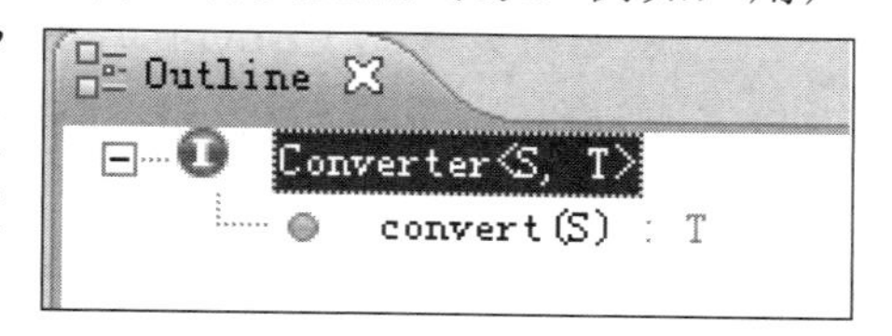

图 11.20　Converter 接口

1. 创建 StringToDateConverter.java

定义一个负责将字符串转换成指定格式的时间对象 Date 的自定义转换器，关键代码如示例 15 所示。

示例 15

```
package cn.smbms.tools;
import java.text.ParseException;
import java.text.SimpleDateFormat;
import java.util.Date;
import org.springframework.core.convert.converter.Converter;
public class StringToDateConverter implements Converter<String, Date> {
    private String datePattern;
    public StringToDateConverter(String datePattern){
        System.out.println("StringToDateConverter convert :  " + datePattern );
        this.datePattern = datePattern;
    }
    @Override
```

```
    public Date convert(String s) {
        // TODO Auto-generated method stub
        Date date = null;
        try {
          date =  new SimpleDateFormat(datePattern).parse(s);
          System.out.println("StringToDateConverter convert date ： " + date);
        } catch (ParseException e) {
          // TODO Auto-generated catch block
          e.printStackTrace();
        }
        return date;
    }
}
```

在上述代码中，StringToDateConverter 需要实现 Converter 接口的 convert() 方法，在方法体内完成字符串到 java.util.Date 类型指定格式的转换。

2. **装配自定义的 ConversionService**

修改 springmvc-servlet.xml，关键代码如示例 16 所示。

示例 16

```
<mvc:annotation-driven conversion-service="myConversionService">
    < !-- 省略中间配置代码 -->
</mvc:annotation-driven>
<bean id="myConversionService"
      class="org.springframework.context.support.ConversionServiceFactoryBean">
    <property name="converters">
      <list>
        <bean class="cn.smbms.tools.StringToDateConverter">
            <constructor-arg type="java.lang.String" value="yyyy-MM-dd"/>
        </bean>
      </list>
    </property>
</bean>
```

前面提过 <mvc :annotation-driven/> 标签会自动注册一个默认的 ConversionService，现在我们需要显式定义一个 Conversion Service 来覆盖 <mvc :annotation-driven/> 中的默认实现，通过配置 <mvc :annotation-driven/> 标签的 conversion-service 属性（本示例中 Bean 的名称为 myConversionService）来完成。

装配完成 StringToDateConverter 之后，就可以在任何控制器的处理方法中使用这个转换器，并且不需要在 User.java 的 birthday 属性上进行格式化注解的标注，只注释掉 @DateTimeFormat (pattern="yyyy-MM-dd") 即可。

3. **运行测试**

最后，部署运行测试，增加用户信息时实现正常保存，此处不再赘述。

11.2.2 自定义编辑器的使用

对于数据转换，还有一种更加灵活的方式，就是通过自定义的编辑器去实现数据的转换和格式化处理。下面通过 @InitBinder 添加自定义的编辑器，来解决 SpringMVC 日期类型无法绑定的问题。具体实现步骤如下。

（1）创建 BaseController.java，并标注 @InitBinder。

在 Controller 中抽象出一个父类对象 BaseController.java，每个 Controller 都继承自 BaseController，而这个父类使用 @InitBinder。关键代码如示例 17 所示。

示例 17

```
package cn.smbms.controller;
import java.text.SimpleDateFormat;
import java.util.Date;
import org.springframework.beans.propertyeditors.CustomDateEditor;
import org.springframework.web.bind.WebDataBinder;
import org.springframework.web.bind.annotation.InitBinder;
public class BaseController {
    /**
    * 使用 @InitBinder 解决 SpringMVC 日期类型无法绑定的问题
    * @param dataBinder
    */
    @InitBinder
    public void initBinder(WebDataBinder dataBinder){
        System.out.println("initBinder========================");
        dataBinder.registerCustomEditor(Date.class,
                new CustomDateEditor(new SimpleDateFormat("yyyy-MM-dd"),true));
    }
}
```

在控制器初始化时调用标注了 @InitBinder 注解的方法。在 initBinder() 方法体内，通过 dataBinder 的 registerCustomEditor() 方法注册一个自定义编辑器：第一个参数表示编辑器为日期类型（Date.class）；第二个参数表示使用自定义的日期编辑器（CustomDateEditor），时间格式为 yyyy-MM-dd，true 表示允许为空（该参数表示是否允许为空）。

（2）修改 UserController.java，继承 BaseController，关键代码如示例 18 所示。

示例 18

```
@Controller
@RequestMapping("/user")
public class UserController extends BaseController{
    //……省略中间代码
}
```

（3）部署运行测试，增加用户信息时正常保存，此处不再赘述。

注意

在 Spring MVC 中，Bean 中定义了 Date、double 等类型，如果没有做任何处理，Date、double 都无法实现自动绑定。那么上述的两种方案都可以解决 Spring MVC 的时间类型绑定问题，当然也可以满足更多业务上的需求，使用时可灵活掌握。

任务 3 SSM 框架整合

关键步骤如下。

- 分析整合策略。
- 实施框架整合。
- 实现登录、注销功能。

到目前为止，已经基本掌握了 Spring MVC 的关键知识点，超市订单管理系统的框架结构为 Spring MVC+Spring+JDBC。接下来要把 DAO 层实现替换成 MyBatis 框架，继续改造该项目框架实现为 Spring MVC+Spring+MyBatis，即 SSM。SSM 具有速度快、性能高、配置简单等优势，目前在互联网项目中所占比例越来越大。掌握 SSM 框架整合，并能够在该框架上熟练地进行项目开发，是我们学习本书的最终目的。

11.3.1 SSM 框架架构策略

1. SSM 简介

Spring MVC 是一个优秀的 Web 框架，MyBatis 是一个 ORM 数据持久化框架，它们是两个独立的框架，之间没有直接的联系。但由于 Spring 框架提供了 IoC 和 AOP 等相当实用的功能，若把 Spring MVC 和 MyBatis 的对象交给 Spring 容器进行解耦合管理，不仅能大大增强系统的灵活性、便于功能扩展，还能通过 Spring 提供的服务简化编码、减少开发工作量、提高开发效率。SSM 框架整合就是分别实现 Spring 与 Spring MVC、Spring 与 MyBais 的整合，而实现整合的主要工作就是把 Spring MVC、MyBatis 中的对象配置到 Spring 容器中，交给 Spring 来管理。当然对于 Spring MVC 框架来说，它本身就是 Spring 为展现层提供的 MVC 框架，所以在进行框架整合时，Spring MVC 与 Spring 可以无缝集成。

2. 超市订单管理系统——架构设计

采用 SSM 的框架设计改造超市订单管理系统的架构实现，具体的系统架构设计如图 11.21 所示。

（1）数据存储：采用 MySQL 数据库进行数据存储。

（2）ORM：采用 MyBatis 框架，实现数据的持久化操作。

（3）Spring Core：基于 IoC 和 AOP 的处理方式，统一管理所有的 JavaBean。

（4）Web 框架：采用 Spring MVC 进行 Web 请求的接收与处理。

（5）前端框架：以 JSP 为页面载体，使用 jQuery 框架以及 HTML5、CSS3 实现页面的展示和交互。

下面就按照上述的 SSM 架构设计来搭建框架，实现超市订单管理系统的业务功能。

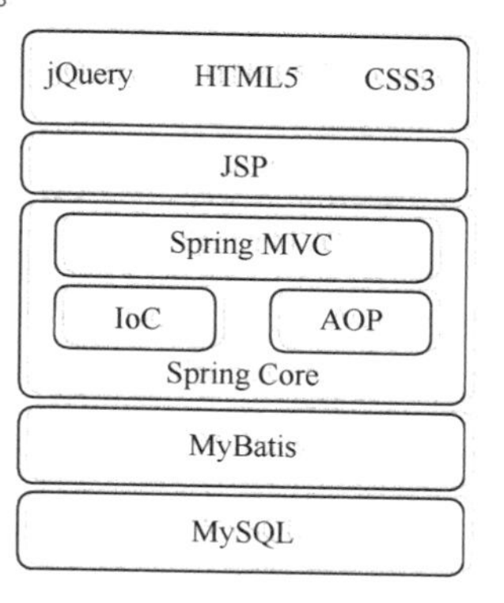

图 11.21　SMBMS 系统架构图

11.3.2　实施框架整合

1．新建 Web Project 并导入相关 jar 文件

SSM 框架所需 jar 文件如图 11.22 所示。

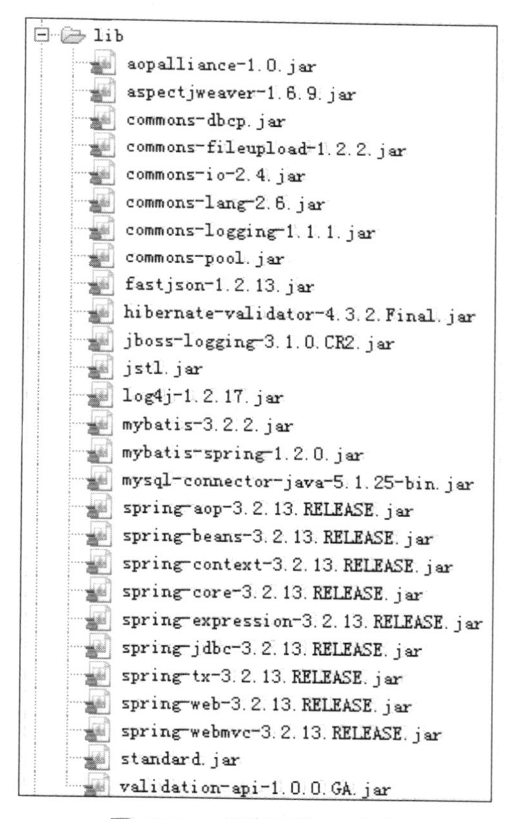

图 11.22　框架所需 jar 文件

2．web.xml

前面学习过在 web.xml 中配置 Spring MVC 的核心控制器 DispatcherServlet、字符编码过

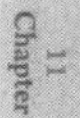

滤器，以及指定 Spring 配置文件所在的位置并配置 ContextLoaderListener 等，此处不再赘述。

3. **配置文件**（/resources）

（1）applicationContext-mybatis.xml

applicationContext-mybatis.xml 是 Spring 的配置文件，该文件内的主要配置信息有数据源对象、事务管理，以及 MyBatis 的配置信息等。

① 数据源相关配置。数据源的配置在前面已经学习过，这里进行 SSM 框架整合，结合实际项目开发经验，新增配置 SQL 心跳包等补充内容，关键代码如示例 19 所示。

示例 19

```
<!-- 读取数据库配置文件 -->
<context:property-placeholder location="classpath:database.properties"/>
<!-- 获取数据源 ( 使用 dbcp 连接池 ) -->
<bean id="dataSource"
        class="org.apache.commons.dbcp.BasicDataSource"
        destroy-method="close" scope="singleton">
    <property name="driverClassName" value="${driver}" />
    <property name="url" value="${url}" />
    <property name="username" value="${user}" />
    <property name="password" value="${password}" />
    <property name="initialSize" value="${initialSize}"/>
    <property name="maxActive" value="${maxActive}"/>
    <property name="maxIdle" value="${maxIdle}"/>
    <property name="minIdle" value="${minIdle}"/>
    <property name="maxWait" value="${maxWait}"/>
    <property name="removeAbandoned" value="${removeAbandoned}"/>
    <property name="removeAbandonedTimeout" value="${removeAbandonedTimeout}"/>
    <!-- sql 心跳 -->
    <property name= "testWhileIdle" value="true"/>
    <property name= "testOnBorrow" value="false"/>
    <property name= "testOnReturn" value="false"/>
    <property name= "validationQuery" value="select 1"/>
    <property name= "timeBetweenEvictionRunsMillis" value="60000"/>
    <property name= "numTestsPerEvictionRun" value="${maxActive}"/>
</bean>
```

- initialSize：数据库连接池在初始化连接时，第一次就要创建的连接个数，默认为 0。
- maxActive：定义连接池中可同时连接的最大连接数，默认连接数为 8。若设置为 50，则表示可以支持单机并发 50 个左右的处理能力。

- maxIdle：定义连接池中可允许的最大空闲连接数，默认连接数为 8。超过设置的空闲连接数的连接将被释放掉，若设置为负数则表示不受限制。
- minIdle：定义连接池中最小的空闲连接数，默认连接数为 0。低于该数值的连接池将会创建新的连接。

注意

maxIdle 不能设置得太小，因为在高负载的情况下，连接的打开时间比关闭时间要短，会引起连接池中空闲连接个数上升并超过最大的空闲数，从而造成连接频繁的销毁和创建，导致性能下降，所以具体设置要根据业务量来定义。

一般情况下 minIdle 设置的数值越接近 maxIdle，系统性能就越好，因为连接的创建和销毁都需要消耗系统资源。这个值也不能设置得太大，否则服务器在很空闲的时候，会创建 minIdle 个数的连接。

- maxWait：定义最大等待连接时间，单位为 ms。即当连接池中没有可用连接时，连接池需要等待的连接释放的最大时间。若等待时间超过这个设置时间，则会抛出异常，若该值设置为 -1，则表示无限等待下去。该值默认为无限等待。配置该数值可以避免因线程池不够用而导致的请求被无限挂起和连接不可用等问题。
- removeAbandoned：定义该配置项的作用是告诉连接池是否开启无用连接回收的机制，默认为 false，这里要调整为 true。
- removeAbandonedTimeout：当开启了无用连接回收的机制之后，配置该项可以控制连接池在超出配置的时间后回收没有用的连接，这个配置默认值为 300 秒，建议稍微小一点，以尽量快速地回收没有用的连接。
- testWhileIdle：定义开启 Evict（依次回收）的定时校验（循环校验）。
- timeBetweenEvictionRunsMillis：定义 Evict 的时间间隔，单位为毫秒，此处设为 6000，即 1 分钟，这个值大于 0 才会开启 Evict。
- testOnBorrow：定义在进行 borrowObject 处理时，对得到的连接是否进行校验，false 为不校验，默认为 false。
- testOnReturn：定义在 returnObject 时，对返回的连接是否进行校验，false 为不校验，默认为 false。
- validationQuery：定义校验使用的 SQL 语句，跟 MySQL 简单通信，校验连接是否有效。注意：该 SQL 语句不能太复杂，因为复杂的校验 SQL 会严重影响性能。
- numTestsPerEvictionRun：定义每次校验连接的数量。一般情况下，该值会和 maxActive 大小一样，每次可以校验所有的连接。

配置 SQL 心跳是指在校验连接的同时，解决数据库重新连接的问题，从而确保连接池中的连接是真实有效的连接。举例说明：

当系统正常运行，此时若由于某种原因，需将数据库停掉（或者突发情况，数据库服务器直接宕机），那么此时连接池的所有连接都已经无效，整个系统功能将不可用。需要对数据库服务器和应用服务器进行重启操作，才能正常访问应用系统，使用系统功能。当有了 SQL 心跳包的配置后，数据库重启系统不用重启。

另外，默认情况下，如果 8 小时内没有连接动态（即没有请求数据），MySQL 会主动断掉所有连接，此时应用系统是不可用的。若想恢复必须重启应用程序，重新建立连接，让它主动去请求 MySQL。

上述的 testWhileIdle、testOnBorrow、testOnReturn 是连接池提供的几种校验机制，通过外部钩子（Hook）的方式回调。dbcp 连接池使用 validationQuery 来定义数据库连接校验查询，此处使用“select 1”来简单地校验 SQL 连接。

校验的过程：当开启了 whileIdle 校验后，相当于打开了一个回收（Evict）的定时器，通过定时器的时间设定，定时对连接进行校验。对无效的连接关闭后，适当建立连接，以保证最小的 minIdle 连接数。既然开启了定时，就需要定义时间轮询，那么 timeBetweenEvictionRunsMillis 配置就是定义 Evict 的定时时间间隔。

② 事务管理相关配置。配置事务管理器，采用 AOP 的方式进行事务处理，定义所有以 smbms 开头的业务方法都会进行事务处理。关键代码如示例 20 所示。

示例 20

```
<bean id="transactionManager"
      class="org.springframework.jdbc.datasource.DataSourceTransactionManager">
    <property name="dataSource" ref="dataSource"/>
</bean>
<!-- AOP 事务处理 -->
<aop:aspectj-autoproxy />
<aop:config  proxy-target-class="true">
    <aop:pointcut
      expression="execution(* *cn.smbms.service..*(..))" id="transService"/>
    <aop:advisor pointcut-ref="transService" advice-ref="txAdvice" />
</aop:config>
<tx:advice id="txAdvice" transaction-manager="transactionManager">
<tx:attributes>
    <tx:method name="smbms*"
      propagation="REQUIRED" rollback-for="Exception"  />
    </tx:attributes>
```

```
</tx:advice>
```

③ 配置 MyBatis 的 SqlSessionFactoryBean。

关键代码如示例 21 所示。

示例 21

```
<bean id="sqlSessionFactory"class="org.mybatis.spring.SqlSessionFactoryBean">
    <property name="dataSource" ref="dataSource"/>
    <property name="configLocation" value="classpath:mybatis-config.xml"/>
</bean>
```

④ 配置 MyBatis 的 MapperScannerConfigurer。

在 Spring 容器中注册 MapperScannerConfigurer，并注入 Mapper 接口所在包名，Spring 会自动查找其下所有的 Mapper，并自动注册 Mapper 对应的 MapperFactoryBean 对象。关键代码如示例 22 所示。

示例 22

```
<bean class="org.mybatis.spring.mapper.MapperScannerConfigurer">
    <property name="basePackage" value="cn.smbms.dao" />
</bean>
```

（2） springmvc-servlet.xml

① 配置 <mvc:annotation-driven/> 标签（包括消息转换器配置）。

② 通过 <mvc:resources/> 标签配置静态文件访问。

③ 配置支持文件上传——MultipartResolver。

④ 配置多视图解析器——ContentNegotiatingViewResolver。

⑤ 配置拦截器——Interceptors。

在接收前端请求时，DispatcherServlet 会将请求交给处理器映射（HandlerMapping），让它找出对应请求的 HandlerExecutionChain 对象。该对象是一个执行链，包含处理该请求的处理器（Handler），以及若干个对请求实施拦截的拦截器（HandlerInterceptor）。HandlerInterceptor 是一个接口，包含三个方法，如图 11.23 所示。

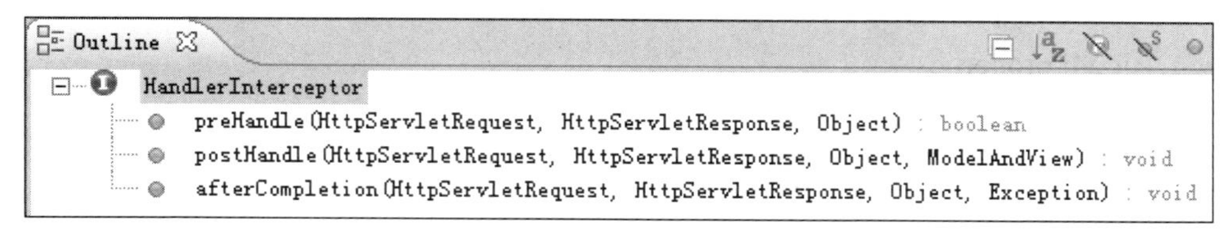

图 11.23　HandlerInterceptor

- preHandle()：在请求到达 Handler 之前，先执行该前置处理方法。当该方法返回 false 时，请求直接返回；若返回 true 时，请求继续往下传递（HandlerExecutionChain 中下一个节点）。由于 preHandle() 会在 Controller 之前执行，我们可以在该方法里进行编码、安全控制等逻辑处理。
- postHandle()：在请求被 HandlerAdapter 执行之后，执行这个后置处理方法。由于 postHandle() 在 Controller 处理方法生成视图之前执行，因此可以在该方法中修改 ModelAndView。

➢ afterCompletion()：在响应已经被渲染之后，最后执行该方法，可用于释放资源。

注意

在之前改造的超市订单管理系统中存在一个问题，若用户非法进入系统（不进行登录操作而直接通过功能连接进入业务功能界面），浏览系统内部业务信息，并且进行相应的业务操作（如增加用户、修改订单操作等），会存在很大的安全隐患。在进行更新操作时，由于业务处理都需要记录当前登录用户 id（createdBy），从 session 中获取当前用户信息，那么必然会报 500 空指针的错误。当然也可以在不同的业务方法中加入 session 是否为空的判断，但是最佳的解决方案就是增加系统拦截器，在拦截器中统一进行 session 判断。

通过上述的分析，可以理解为：Spring MVC 的拦截器是基于 HandlerMapping 的，我们可以根据业务需求，基于不同的 HandlerMapping 来定义多个拦截器。关键代码如示例 23 所示。

示例 23

```
<mvc:interceptors>
    <mvc:interceptor>
        <mvc:mapping path="/sys/**" />
        <bean class="cn.smbms.interceptor.SysInterceptor"/>
    </mvc:interceptor>
</mvc:interceptors>
```

cn.smbms.interceptor.SysInterceptor：自定义的系统拦截器，它的主要作用就是拦截用户请求，进行 session 判断，在后续内容中会详细讲解其具体实现。

/sys/**：表示所有以 /sys 开头的请求都需要通过自定义的 SysInterceptor 拦截器。

（3） database.properties

（4） log4j.properties

（5） mybatis-config.xml

① 配置 typeAliases。通过 typeAliases 元素，给实体类取别名，方便在 mapper 配置文件中使用。关键代码如示例 24 所示。

示例 24

```
<typeAliases>
    <package name="cn.smbms.pojo"/>
</typeAliases>
```

② 设置全局性延迟加载。通过 setting 元素，设置延迟加载（lazy LoadingEnabled）为“false”，即所有相关联的实体都被初始化加载。关键代码如示例 25 所示。

示例 25

```
<settings>
    <setting name="lazyLoadingEnabled" value="false" />
</settings>
```

4. **数据对象模型**（cn.smbms.pojo）

所有的数据对象模型都放置在此包下，如图 11.24 所示。

5. DAO **数据访问接口**（cn.smbms.dao）

所有数据操作全部在 dao 包下，并按照功能模块划分规则进行分包命名，如图 11.25 所示。

6. **系统服务接口**（cn.smbms.service）

系统服务接口负责系统的业务逻辑处理，基于接口的编程方式，接口和接口实现类按照功能模块放置在同一包下，命名规则同 dao 包，如图 11.26 所示。

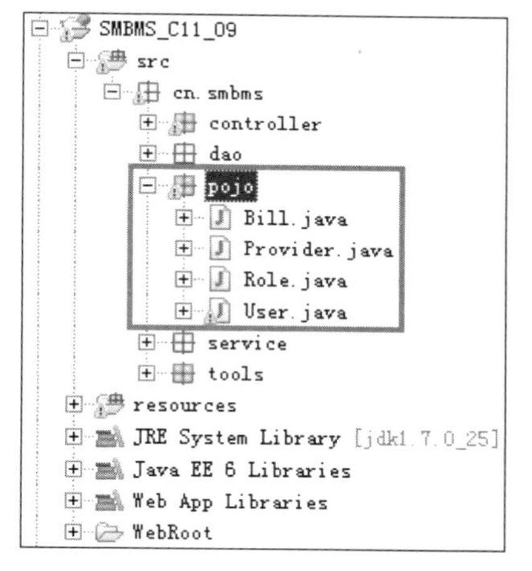

图 11.24　smbms——POJO

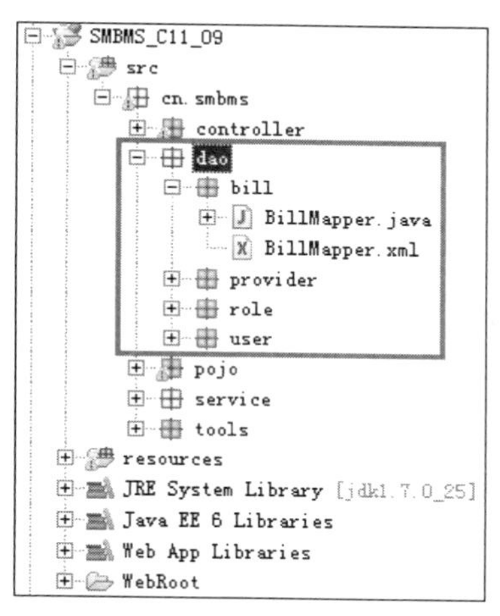

图 11.25　smbms——DAO 层

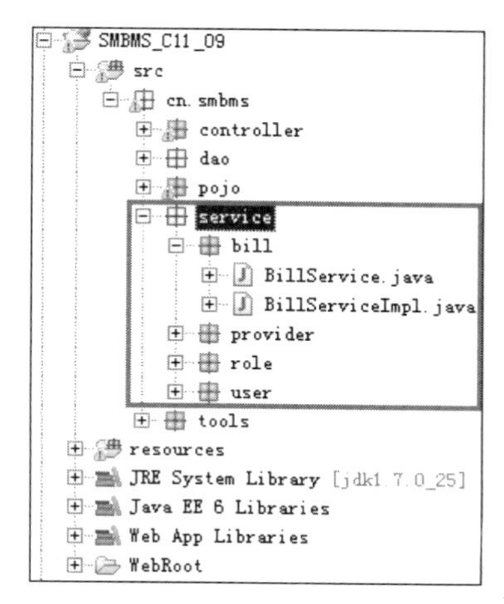

图 11.26　smbms——Service 层

7. **前端控制层** Controller（cn.smbms.controller）

前端控制器全部在 controller 包下，如图 11.27 所示。

8. **系统工具类**（cn.smbms.tools）

tools 包中放置系统所有的公共对象、资源以及工具类，如分页、常量等，如图 11.28 所示。

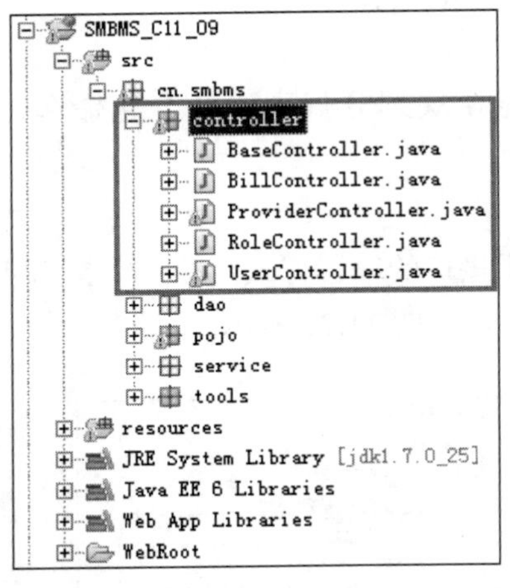

图 11.27　smbms——Controller 层

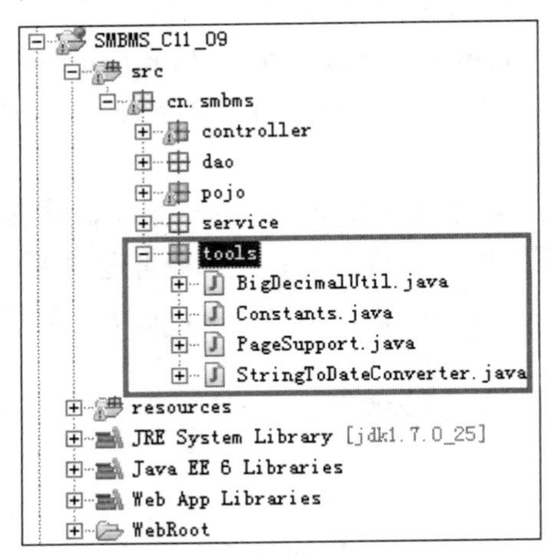

图 11.28　smbms——tools

9. **前端页面**（/WEB-INF/jsp）**和静态资源文件**（/WebRoot/statics）

基于系统安全性考虑，前端的 JSP 页面全部放置在 /WEB-INF/jsp 目录下。为了便于对 js、css、images 等静态资源文件进行统一管理，把它们统一放置在 /WebRoot/statics 目录下，如图 11.29 所示。

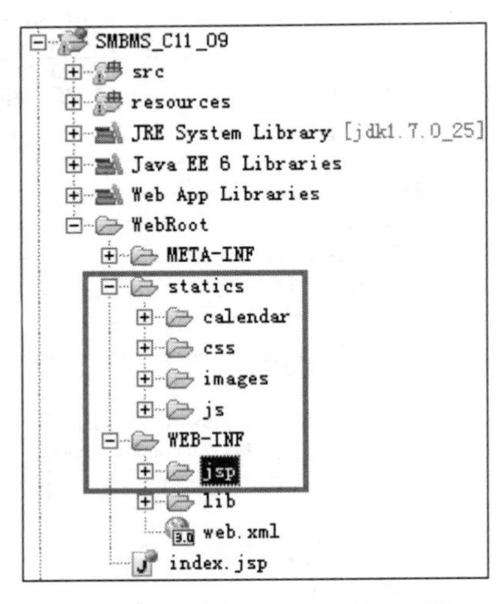

图 11.29　smbms——View 层

通过上述步骤，SSM 框架已经搭建完成。下面需要实现系统功能（如登录、注销）来验证框架是否可用。

11.3.3　实现登录和注销功能

在 SSM 框架上实现超市订单管理系统的登录和注销功能，具体实现步骤如下。

1. POJO

直接使用上一示例中的 User.java 即可，此处不再赘述。

2. DAO 层

创建 UserMapper.java，关键代码如示例 26 所示。

示例 26

```java
package cn.smbms.dao.user;
import org.apache.ibatis.annotations.Param;
import cn.smbms.pojo.User;
public interface UserMapper {
    /**
    * 通过 userCode 获取 User
    * @param userCode
    * @return
    * @throws Exception
    */
    public User getLoginUser(@Param("userCode")String userCode)throws Exception;
}
```

创建 UserMapper.xml，关键代码如示例 27 所示。

示例 27

```xml
<?xml version="1.0" encoding="UTF-8" ?>
<!DOCTYPE mapper
PUBLIC "-//mybatis.org//DTD Mapper 3.0//EN"
"http://mybatis.org/dtd/mybatis-3-mapper.dtd">
<mapper namespace="cn.smbms.dao.user.UserMapper">
    <select id="getLoginUser" resultType="User">
        select * from smbms_user u
        <trim prefix="where" prefixOverrides="and | or">
            <if test="userCode != null">
                and u.userCode = #{userCode}
            </if>
        </trim>
    </select>
</mapper>
```

3. Service 层

创建 UserService.java，关键代码如示例 28 所示。

示例 28

```java
package cn.smbms.service.user;
import cn.smbms.pojo.User;
```

```
public interface UserService {
    /**
     * 用户登录
     * @param userCode
     * @param userPassword
     * @return
     */
    public User login(String userCode,String userPassword) throws Exception;
}
```

创建 UserServiceImpl.java，关键代码如示例 29 所示。

示例 29

```
package cn.smbms.service.user;
import javax.annotation.Resource;
import org.springframework.stereotype.Service;
import cn.smbms.dao.user.UserMapper;
import cn.smbms.pojo.User;
@Service
public class UserServiceImpl implements UserService {
    @Resource
    private UserMapper userMapper;
    @Override
    public User login(String userCode, String userPassword) throws Exception {
        // TODO Auto-generated method stub
        User user = null;
        user = userMapper.getLoginUser(userCode);
        // 匹配密码
        if(null != user){
            if(!user.getUserPassword().equals(userPassword))
                user = null;
            }
            return user;
    }
}
```

4. 拦截器（Interceptor）

在示例 23 中，我们在 springmvc-servlet.xml 中配置了拦截器，现在创建自定义的拦截器，创建 SysInterceptor.java，关键代码如示例 30 所示。

示例 30

```
package cn.smbms.interceptor;
import javax.servlet.http.HttpServletRequest;
import javax.servlet.http.HttpServletResponse;
import javax.servlet.http.HttpSession;
import org.apache.log4j.Logger;
```

```
import org.springframework.web.servlet.handler.HandlerInterceptorAdapter;
import cn.smbms.pojo.User;
import cn.smbms.tools.Constants;
public class SysInterceptor extends HandlerInterceptorAdapter {
    private Logger logger = Logger.getLogger(SysInterceptor.class);
    public boolean preHandle(HttpServletRequest request,
                             HttpServletResponse response,
                             Object handler) throws Exception{
        logger.debug("SysInterceptor preHandle ！ ");
        HttpSession session = request.getSession();
        User user = (User)session.getAttribute(Constants.USER_SESSION);
        if(null == user){
            response.sendRedirect(request.getContextPath()+"/401.jsp");
            return false;
        }
        return true;
    }
}
```

在上述代码中，SysInterceptor 继承了 HandlerInterceptorAdapter，而 HandlerInterceptorAdapter 是 HandlerInterceptor 接口的一个实现类。根据业务需求，对访问该系统的所有请求（注：登录请求除外）进行身份验证以保证数据的安全性。因此，在 preHandle() 方法中进行 session 的判断，若 session 中存储了当前登录用户信息，则返回 true，通过请求，进入控制器的处理方法；反之，拦截该请求，返回 false，并重定向到 /WebRoot/401.jsp，进行信息提示。401 页面的关键代码如示例 31 所示。

示例 31

```
<div>
    <h2> 对不起，您没有权限访问，请返回到 <a href="login.html"> 首页 </a></h2>
</div>
<div>
    <img src="statics/images/jg.png"/>
</div>
```

注意

示例 30 中使用的 cn.smbms.tools.Constants 是系统工具类（cn.smbms.tools），可直接使用素材，此处不再赘述。

5. **控制层**

创建 LoginController.java，关键代码如示例 32 所示。

示例 32

```
@Controller
```

```
public class LoginController {
private Logger logger = Logger.getLogger(LoginController.class);
    @Resource
    private UserService userService;
    @RequestMapping(value="/login.html")
    public String login(){
        return "login";
    }
    @RequestMapping(value="/dologin.html",method=RequestMethod.POST)
    public String doLogin(@RequestParam String userCode,
                          @RequestParam String userPassword,
                          HttpServletRequest request,
                          HttpSession session) throws Exception{
        // 调用 service 方法，进行用户匹配
        User user = userService.login(userCode,userPassword);
        if(null != user){// 登录成功
            session.setAttribute(Constants.USER_SESSION, user);
            return "redirect:/sys/main.html";
        }else{
            request.setAttribute("error", " 用户名或密码不正确 ");
            return "login";
        }
    }
    @RequestMapping(value="/logout.html")
    public String logout(HttpSession session){
        session.removeAttribute(Constants.USER_SESSION);
        return "login";
    }
    @RequestMapping(value="/sys/main.html")
    public String main(){
        return "frame";
    }
}
```

需要注意：在上述代码中，当登录成功之后，要重定向到“/sys/main.html”，而不是“/main.html”，这样才能实现通过自定义的拦截器对非法请求的有效拦截。

6. 视图层

login.jsp 页面内容同前面示例的代码，只需修改登录的 form 表单的 action 请求路径为 action="${pageContext.request.contextPath }/dologin.html"，此处不再赘述。

7. 部署运行测试

访问系统：http://localhost:8090/SMBMS_C11_10/，进行登录和注销测试，运行正常。测试拦截器是否生效，当注销退出系统之后，在地址栏中输入：http://localhost:8090/SMBMS_C11_10/sys/main.html。界面效果如图 11.30 所示。

图 11.30　401 页面

实现了对非法请求的有效拦截，并给出了提示，以及返回登录系统的入口。

技能训练

上机练习 4——搭建 SSM 框架，实现超市订单管理系统用户管理功能

需求说明

搭建 SSM 框架，实现用户管理模块的功能。

（1）根据条件查询用户列表，并分页显示列表页（查询条件：用户名称、用户角色）。

（2）增加用户信息。

（3）修改用户信息，具体实现如下需求。

- 选择指定用户，进入修改页面，若该用户有附件信息（个人证件照、工作证照片），则显示附件，附件不要求做修改操作。
- 若该用户无附件信息，则提供上传附件功能。

（4）删除指定用户，具体实现需求如下：

- 若该用户有附件信息，先删除附件，后删除数据库数据。

（5）查看指定用户明细。

（6）修改个人密码。

上机练习 5——搭建 SSM 框架，实现超市订单管理系统供应商管理功能

需求说明

搭建 SSM 框架，实现供应商管理模块的功能。

（1）根据条件查询供应商列表，并分页显示列表页（查询条件：供应商编码、供应商名称）。

（2）增加供应商信息。

（3）修改供应商信息，具体实现如下需求。

➢ 选择指定供应商，进入修改页面，若该供应商有附件信息（企业营业执照、组织机构代码证），则显示附件，附件不要求做修改操作。

➢ 若该供应商无附件信息，则提供上传附件功能。

（4）删除指定供应商，具体实现如下需求。

➢ 若该供应商有订单信息，则需先删除该供应商的订单信息，后删除该供应商。

➢ 若该供应商有附件信息，则需先删除附件，后删除数据库数据。

（5）查看指定供应商明细。

提示

根据供应商 id 删除供应商信息时，包括三步业务操作：

（1）查询该供应商是否有订单信息。

（2）若有订单信息，则进行如下删除操作。

➢ 先删除该供应商下的所有订单信息。

➢ 再删除该供应商信息。

（3）若没有订单信息，则直接根据供应商 id 删除供应商信息。

上述业务操作需在 Service 层实现，并且需要进行事务处理。根据定义的 AOP 切面表达式，定义接口方法为：

```
boolean smbmsDeleteProviderById(Integer delId) throws Exception;
```

本章总结

➢ 使用 @ResponseBody 实现异步请求时返回的数据对象的输出。

➢ 通过配置 StringHttpMessageConverter 消息转换器来解决 JSON 数据传递中出现的中文乱码问题。

➢ 在实际项目开发中，配置多视图解析器 ContentNegotiatingViewResolver 来实现各种数据形式的输出以及页面视图的解析。

➢ 编写自定义转换器或者使用 @InitBinder 装配自定义编辑器来解决数据转换和格式化问题。

➢ 搭建 Spring MVC+Spring+MyBatis 框架，并在该框架上进行开发。

本章练习

1．简述对于 JSON 数据传递处理的几种解决方案。

2．简述数据绑定流程。

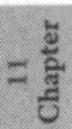

3．简述搭建 SSM 框架的实现步骤。

4．改造超市订单管理系统，完成功能：根据 id 删除指定供应商信息。具体要求如下：

（1）实现超市订单管理系统的根据 id 删除供应商功能，要求通过 Ajax 异步实现，并显示相应的信息提示，界面效果如图 11.31 所示。

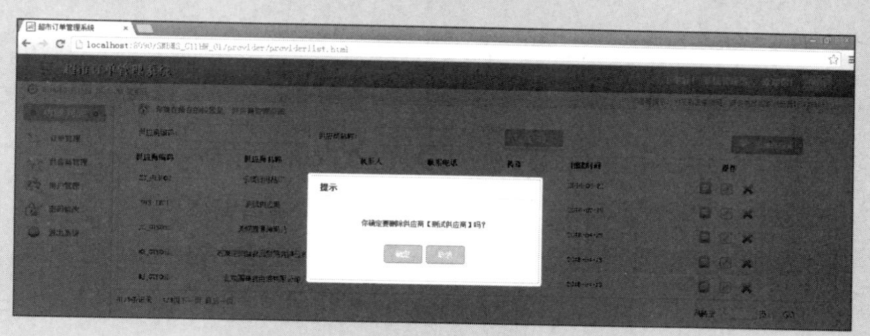

图 11.31 删除供应商界面——删除提示

（2）根据 id 删除供应商的业务规则。

➢ 根据 id 删除供应商表的数据之前，需要先去订单表里查询，若订单表中无该供应商的订单数据，则可以删除；若有该供应商的订单数据，则不可以删除，并给出相应的提示。

➢ 根据 id 删除供应商，包括两方面：①删除服务器上存储的该供应商相关附件信息（企业营业执照、组织机构代码证）。②删除相应的供应商数据库表的数据记录（注意：若附件删除失败，则不能继续数据表记录的删除操作）。

（3）要求在控制器 Ajax 的处理方法上的 @RequestMapping 注解中配置 produces，指定返回的内容类型以及字符编码。

提示

（1）POJO：增加 Bill.java。

（2）DAO 层：

➢ 创建 BillDao.java 和 BillDaoImpl.java，提供根据供应商 id 查询订单数量方法：getBillCountByProviderId ( )。

➢ 修改 ProviderDao.java 和 ProviderDaoImpl.java，增加根据供应商 id 删除供应商信息的方法：deleteProviderById( )。

（3）Service 层：修改 ProviderService.java 和 ProviderServiceImpl.java。

➢ 增加根据供应商 id 删除供应商信息的方法：deleteProviderById( )。在该方法中需要先进行供应商下的订单查询，若有订单，返回订单数量(billCount)；若无订单，则进行删除操作。

➢ 删除操作的顺序：首先根据供应商 id 查询该供应商是否上传附件(company

LicPicPath 和 orgCodePicPath 字段是否为空)，若不为空，则删除上传的附件。删除附件成功之后，再进行数据库表的删除操作。

(4) 控制层：修改 ProviderController.java，增加处理方法 delProviderById ( )，完成指定供应商的删除操作，并返回 JSON 字符串。

(5) 视图层：修改 providerlist.js，根据处理方法返回的 JSON 对象进行不同的信息提示。

(6) 部署并运行测试结果。

第12章

项目实战——APP信息管理平台

技能目标

❖ 使用 Git 进行项目代码的版本管理
❖ 使用 Bootstrap 前端框架，实现响应式设计
❖ 使用 SSM 框架开发程序功能
❖ 使用三层架构组织程序代码

本章任务

学习本章，读者需要完成以下4个任务。记录学习过程中遇到的问题，并通过自己的努力或访问 kgc.cn 解决。

任务1：掌握 Git 版本控制管理
任务2：基于 Bootstrap 进行前端开发
任务3：需求分析与系统概述
任务4：项目功能演示

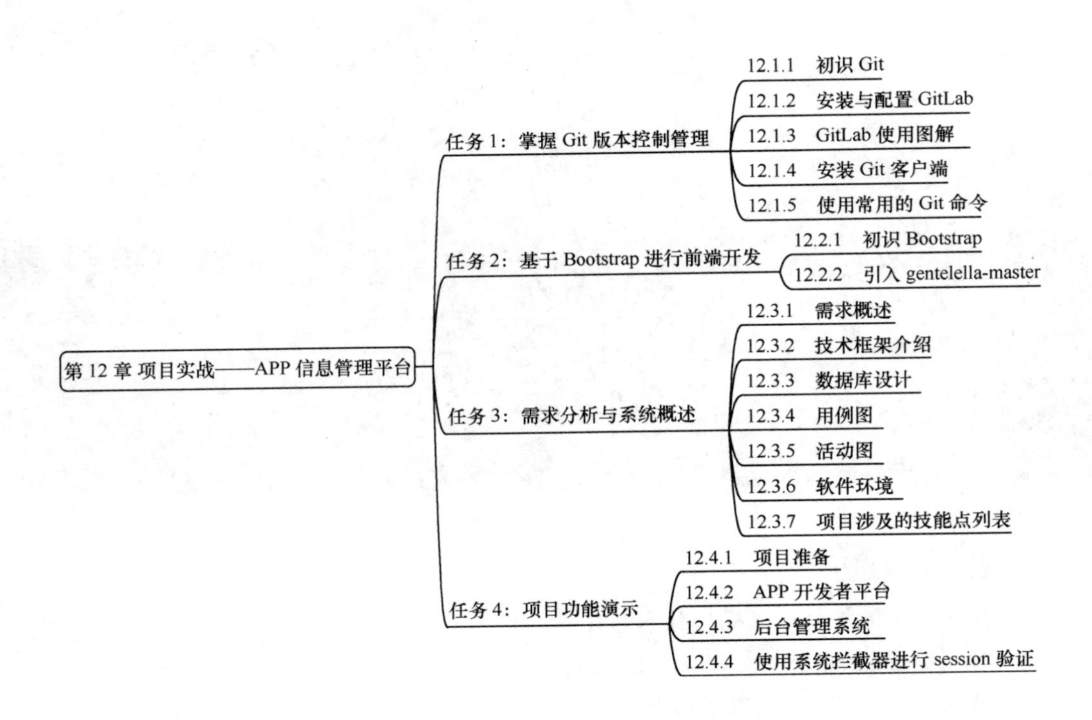

任务 1 掌握 Git 版本控制管理

关键步骤如下。

- 了解 Git。
- 安装和配置 GitLab。
- 安装 Git 客户端。
- 掌握常用 Git 命令的使用。

12.1.1 初识 Git

Git 是一个免费、开源的分布式版本控制系统，可以敏捷高效地进行各种不同规模大小的项目版本管理。它与之前项目中使用的 SVN 一样，都可以用来进行项目代码的版本管理，二者最核心的区别：Git 是分布式的，而 SVN 是集中式的。分布式相对于集中式的最大区别在于开发者可以提交到本地，每个开发者通过克隆（git clone），在本地机器上复制一个完整的 Git 仓库，这样就非常适合离线工作。

知识扩展

（1）集中式版本控制系统：版本库都是集中存放在中央服务器上的，团队成员在个人本地计算机上进行功能的代码开发工作，每完成一个单元模块，就需要上传到中央服务器。若团队成员需要修改某个单元模块代码，就需要先从服务器上下载最新代码，进行相应修改，然后再执行上传提交操作。在整个流程中，我们发现一个必要条件是：整个团队（个人计算机与中央服务器）必须处于联网状态下才可以正常工作。那么就存在一个问题：网速会成为一个最大的瓶颈。

（2）分布式版本控制系统：该系统中没有“中央服务器”的概念，团队内每个人的计算机都是一个完整的版本库，完全可以离线工作，那么既然每个团队成员计算机上都有一份完整的版本库，又如何进行多人协作开发？比如团队成员 A 修改了文件 X，团队成员 B 也修改了文件 X，此时 A、B 之间只需把各自的修改推送给对方，就可以互相看到对方的改动。与集中式的版本控制相比，分布式的版本控制的安全性要提升很多。由于每个人计算机里都有完整的版本库，若某个团队成员的计算机坏掉了也没关系，随便从其他成员计算机里复制一份即可。但如果是集中式版本控制系统的中央服务器出了问题，所有的团队成员都将无法正常工作了。

注意

GitHub：是一个基于 Git 的免费项目托管平台（http://github.com），它提供了 Web 界面，可以在上面创建资源仓库来存放自己的项目。MyBatis、Bootstrap 等开源项目的代码都是由 GitHub 托管的。

12.1.2　安装与配置 GitLab

在上一节中我们了解了 GitHub 是一个免费托管开源项目代码的 Git 服务器，若我们不想公开项目源代码，又不想付费使用，那么可以自己搭建一台 Git 服务器。Git 是用 Linux 内核开发的版本控制工具，早期只能在 Liunx 和 UNIX 系统上运行，现在虽然已经移植到 Windows 平台上，但是在实际运用中，使用 Linux 平台搭建 Git 服务器仍较为常用。下面我们讲解如何在 CentOS 上搭建配置 GitLab，具体步骤如下。

注意

（1）GitLab 是一个用 Ruby on Rails 开发的开源版本管理系统，实现一个自托管的 Git 项目仓库，可通过 Web 界面访问公开或者私人的项目。它拥有与 GitHub 类似的功能，可以浏览源代码、管理缺陷和注释。它的依赖组件包括 Ruby、MySQL、Git、Redis 等。

GitLab 官网（https://about.gitlab.com）上提供了针对各种平台的安装教程可供参考。

（2）在安装 GitLab 之前，需要准备一个纯净版的 CentOS6.5（不要安装 JDK、MySQL、SVN 等软件）。

（1）从 GitLab 官网 https://about.gitlab.com/downloads/#centos6 上选择安装平台为 CentOS6，如图 12.1 所示。

图 12.1　GitLab 平台选择

（2）选择 CentOS6 之后，页面会出现安装方法和步骤，如图 12.2 所示。

按照图 12.2 所示的步骤执行命令即可。注意：所有的操作命令都需要在 root 用户下执行。

第一步：安装 GitLab 的依赖包。

第二步：安装 GitLab 的 rpm 包（注：如不能访问 GitLab 的下载地址，可以使用素材提供的安装包 gitlab-ce-8.10.2-ce.0.el6.x86_64.rpm 进行安装）。

第三步：执行 gitlab-ctl reconfigure，完成 GitLab 的配置。

第四步：修改 GitLab 的配置文件（gitlab.yml、gitlab.rb），把配置文件中的“localhost”

更改为自定义的域名（定义方式见本小节末尾）或者 GitLab 服务器 IP。此处自定义域名为 gitlab.fqdn.com。

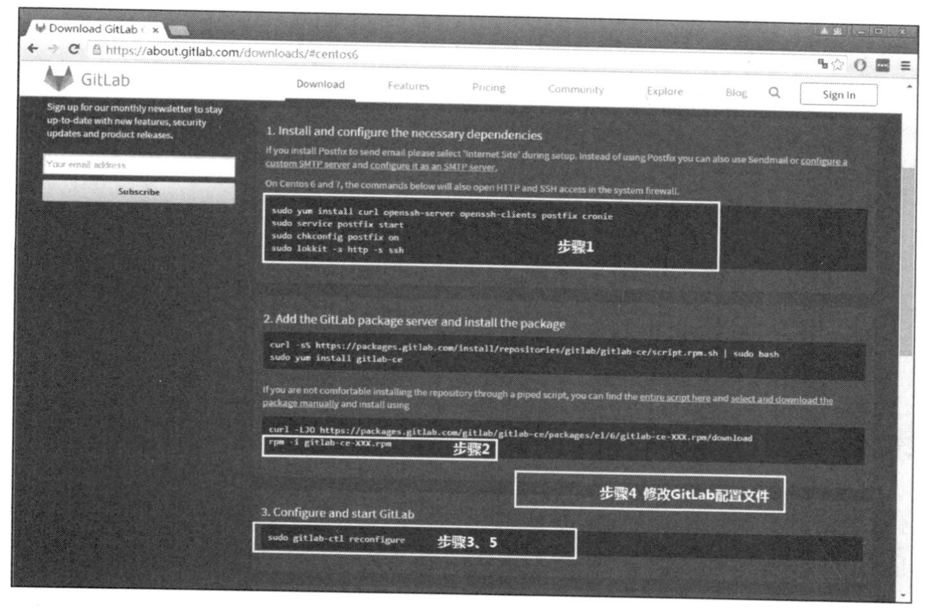

图 12.2　GitLab 安装步骤

1）修改 vim /var/opt/gitlab/gitlab-rails/etc/gitlab.yml，如图 12.3 所示。

```
## GitLab settings
gitlab:
  ## Web server settings (note: host is the FQDN,
  host: gitlab.fqdn.com
  port: 80
  https: false
```

图 12.3　修改 gitlab.yml

2）修改 vim /etc/gitlab/gitlab.rb，如图 12.4 所示。

```
## For more details on configuring exter
## https://gitlab.com/gitlab-org/omnibus
ettings/configuration.md#configuring-the
external_url 'http://gitlab.fqdn.com'
```

图 12.4　修改 gitlab.rb

第五步：再次执行命令 gitlab-ctl reconfigure，按照新的配置重新启动服务。

第六步：通过客户端浏览器访问 GitLab 服务器（http://gitlab.fqdn.com），进入图 12.5 所示的界面，证明 GitLab 安装配置成功。

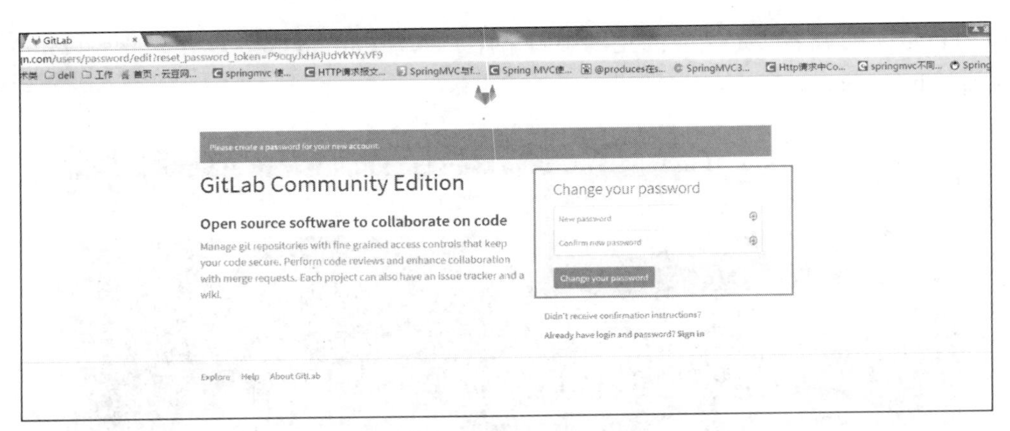

图 12.5　GitLab 界面

若把 GitLab 配置为根据自定义域名访问，那么需要在客户端的个人计算机上修改 hosts，加入 GitLab 服务器 IP 和自定义域名的对应关系（如 192.168.1.20 gitlab.fqdn.com），这样才可以在客户端通过域名访问 GitLab。

12.1.3　GitLab 使用图解

完成 GitLab 服务器的安装配置之后，可以通过 Web 界面进行主干、分支以及用户、组、项目仓库等的管理配置工作，非常方便。

1. **修改 root 用户的密码**

首次进入 GitLab，设置 root 用户的密码，如图 12.5 所示，重新设置密码。

2. **个人用户注册和登录**

团队成员都可以进行个人用户的注册，如图 12.6 所示。

图 12.6　GitLab 用户注册

（1）Name：输入用户姓名。
（2）Username：登录并操作 GitLab 的用户名。
（3）Email：Email 地址。
（4）Password：输入最少 8 位的登录密码。
注册成功后，重新登录 GitLab，如图 12.7 所示。

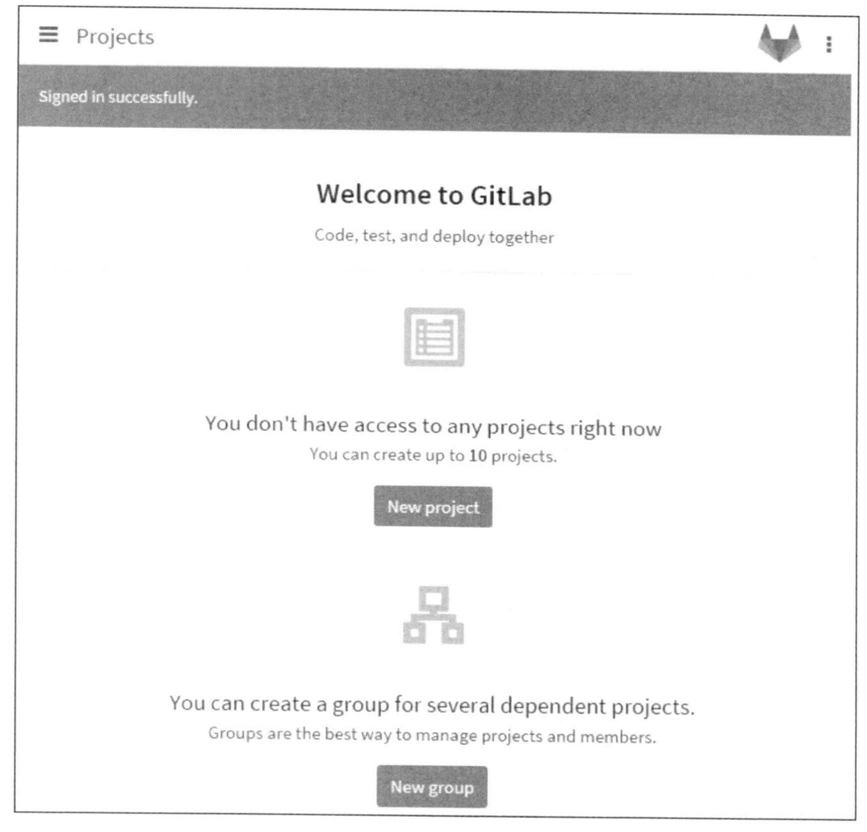

图 12.7　GitLab 用户登录

- New project：创建项目。
- New group：创建组。

注意

若直接创建项目，由于是团队开发，需要多人对项目进行操作，再加上将来项目增多，就需要把 RD（Research & Development，研发工程师）添加到项目中，操作烦琐，维护成本较高。所以一般先创建组，可在组内创建项目，组内成员（即团队成员）对该组内的所有项目都有相关的权限操作，不需要为每一个项目都进行 RD 的添加操作。

3. 创建组

单击图 12.7 中的“New group”按钮，进入如图 12.8 所示界面。

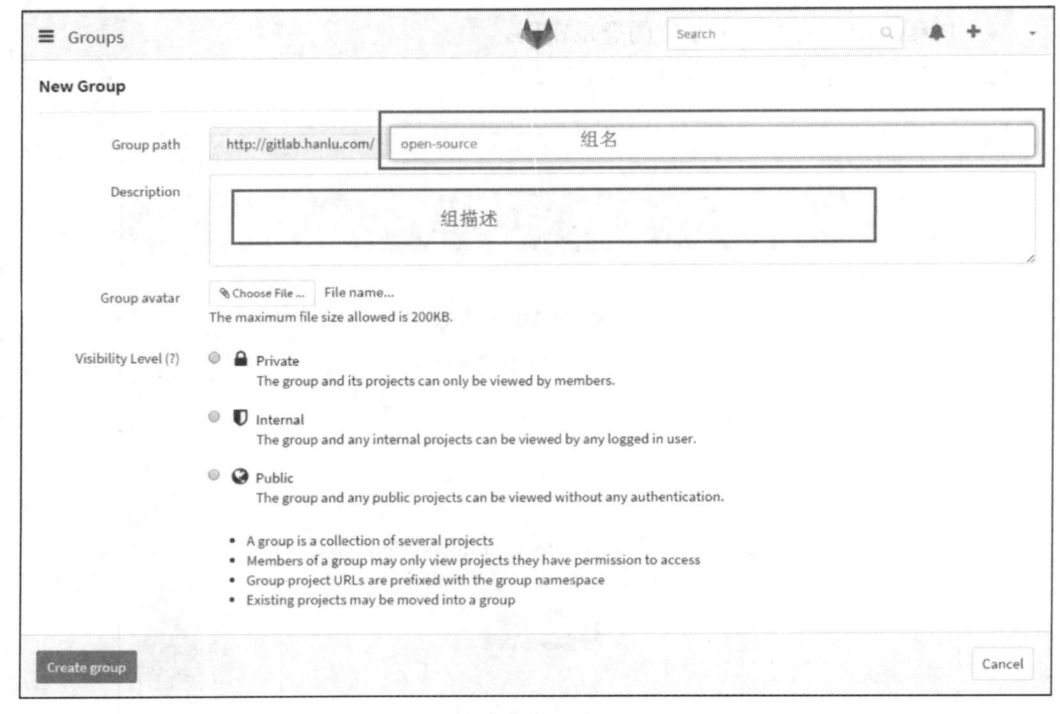

图 12.8　GitLab 创建组——1

（1） Group path：添加组名。

（2） Description：添加组的描述信息。

（3）输入完成之后，单击“Create group”按钮，完成创建，如图 12.9 所示。

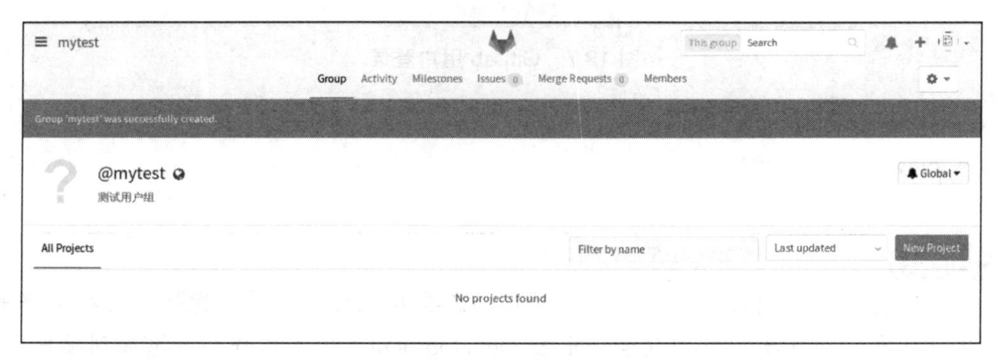

图 12.9　GitLab 创建组——2

4. 创建项目

单击图 12.9 中“New Project”按钮，进入如图 12.10 所示界面。

图 12.10　GitLab 创建项目——1

（1）Project path：选择组。

（2）Project name：仓库名或者项目名，一般都与项目工程同名。

（3）Project description：项目描述。

（4）输入完成之后，单击“Create project”按钮，完成创建，如图 12.11 所示。

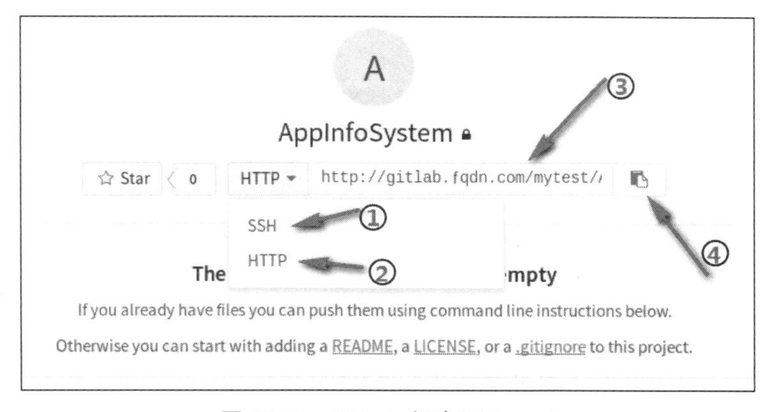

图 12.11　GitLab 创建项目——2

对图 12.11 所标注的元素解释如下：

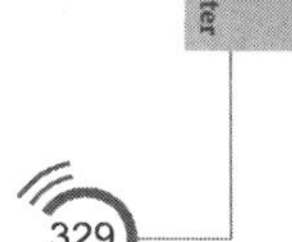

① SSH：以 SSH 协议访问和使用 Git。

② HTTP：以 http 协议访问和使用 Git。

③ http://gitlab.fqdn.com/mytest/AppInfoSystem.git：项目仓库地址。

④ 复制仓库地址。

5．member 管理

在创建完组和工程之后，就要进行组内成员的管理，在图 12.12 所示界面中，单击设置中的“Members”选项，进入 Add new user to project 界面（见图 12.13），进行用户的添加以及用户权限的分配（见图 12.14）。对于团队内的开发者，一般会设置 Developer 权限。

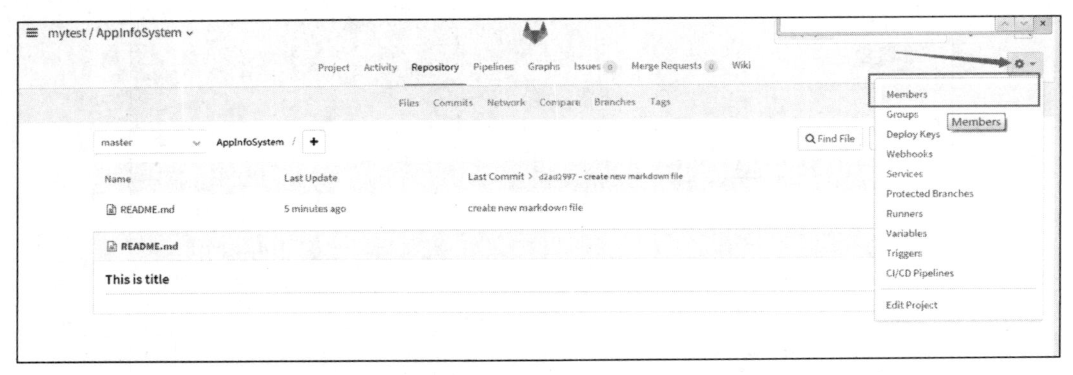

图 12.12　GitLab member——1

图 12.13　GitLab member——2

图 12.14　GitLab member——3

12.1.4　安装 Git 客户端

完成 GitLab 服务器端的安装与相关配置之后，接下来在客户端（个人计算机）上安装 Git 客户端（GitBash-windows）来操作 Git，下载地址：https://git-for-windows.github.io/（注：素材提供了安装文件 Git-2.6.2-64-bit.exe）。

安装完成之后，直接在本地创建目录进行 Git 测试，单击鼠标右键弹出快捷菜单，如图 12.15 所示。

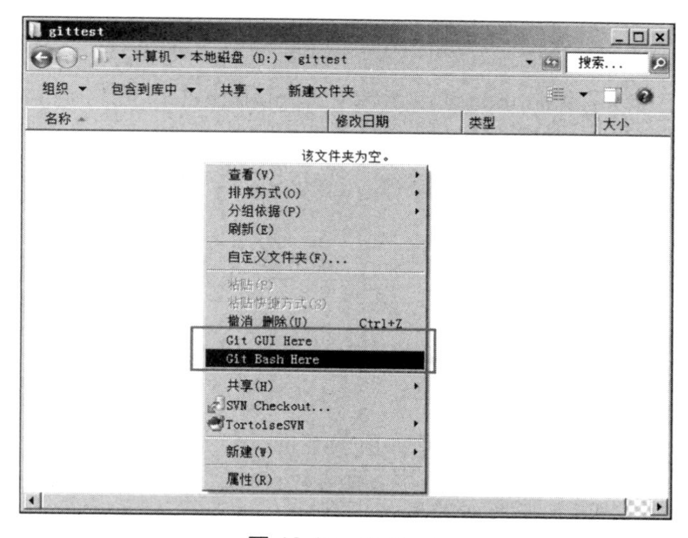

图 12.15　GitBash

（1）Git GUI Here：使用界面方式操作 Git。

（2）Git Bash Here：使用命令行方式操作 Git。

注意

在实际项目开发中，一般会采用命令行的方式（Git Bash Here）来操作 Git，接下来就使用命令行方式操作 Git。

选择“Git Bash Here”命令，进入 Git 命令行窗口，如图 12.16 所示。

图 12.16 Git Bash Here 窗口

12.1.5 使用常用的 Git 命令

完成 GitLab 的安装、环境配置以及 Git 客户端的安装后，就可以使用 Git 命令来操作 Git。常用的操作如下：

（1）git clone http://gitlab.fqdn.com/mytest/AppInfoSystem.git：把 origin master（远程主干）上的项目克隆到本地（注：origin 标识为远程）。

（2）git add 文件名：向 Git 添加文件。

git add -A：向 Git 添加所有文件

（3）git commit -m “消息内容”：向 Git 提交。-m 是输入信息参数，双引号内是备注信息内容。

（4）git push：向远程 Git 进行 push 操作，push 到远程同名分支。

git push origin master：向远程主干进行 push 操作，push 到远程主干。

（5）git status：查看本地分支以及当前的本地文件状态（是否提交到远程）。

以上操作都是在主干上进行的，但是我们的代码开发工作一般都是在分支上进行的，下面就来介绍分支的创建。

创建分支有两种方式。

1．在线创建

在线创建即通过 Web 界面进行分支的创建。下面以在线创建的方式创建分支

branch1，如图 12.17 和图 12.18 所示。

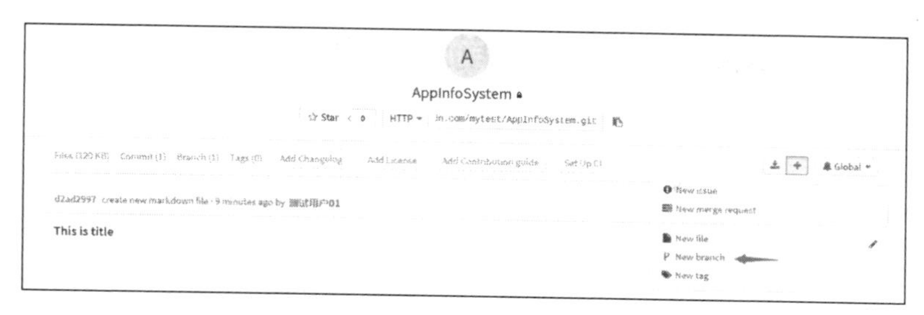

图 12.17　创建 branch1——1

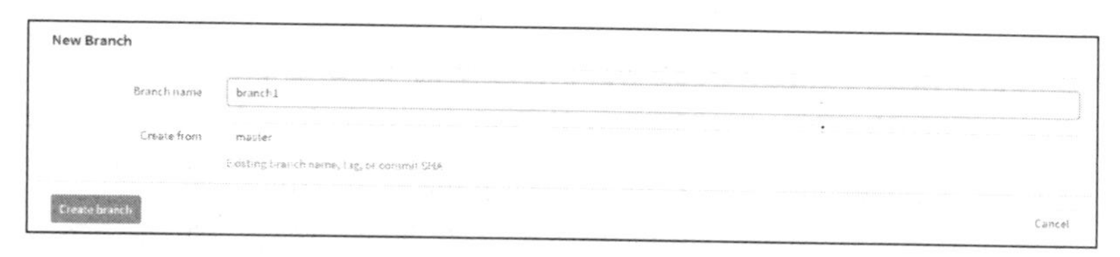

图 12.18　创建 branch1——2

2. 命令创建

创建完成分支 branch1 之后，接下来通过命令创建的方式创建 branch2 分支，具体操作步骤如下：

（1）git fetch：首先通过命令更新分支。

（2）git branch -a：查看本地分支和远程分支（remote：远程分支），带星号绿色的为当前所在分支。

（3）git checkout -b branch2 origin/master：以 master 为基础创建新的本地分支 branch2。-b：创建分支后，自动切换到新的分支。

（4）git push origin branch2：创建完成本地 branch2 分支之后，将本地新分支推送到远程 branch2 分支上。

到目前为止，分支 branch1 和 branch2 均已创建成功。下面再了解一下 Git 的其他常用命令：

（1）git checkout 分支名：切换分支。

（2）git pull：获取文件（注：默认从当前分支获取文件）。

（3）git merge 分支名：合并代码。

（4）gitlab-ctl stop：关闭 GitLab 服务。

（5）gitlab-ctl start：开启 GitLab 服务。

在实际项目开发中，在每次 push、merge 之前或者 checkout 切换分支后，都需要先进行 pull 操作，以更新该分支上的最新代码。

任务 2 基于 Bootstrap 进行前端开发

关键步骤如下。

- 了解 Bootstrap。
- 掌握免费模板 gentelella-master 的使用方法。

12.2.1 初识 Bootstrap

Bootstrap 是 Twitter 推出的一个开源的用于前端开发的工具包，是一个 CSS/HTML 框架。它提供了优雅的 HTML 和 CSS 规范，由动态 CSS 语言 Less 写成。其对浏览器 FireFox 和 Chrome 的支持较好，目前对 IE9 的支持尚可，但是对低版本的 IE 兼容性较差。

Bootstrap 是基于 jQuery 框架开发的，它在 jQuery 框架的基础上进行了更为个性化和人性化的完善，形成了一套独有的网站风格，并兼容大部分 jQuery 插件；它包含了丰富的 Web 组件（下拉菜单、按钮组、导航、分页、排版、缩略图、进度条等），还有大量的 jQuery 插件（file 标签、模式对话框、标签页等）。另外，它还是基于 HTML5 和 CSS3 的，实现了响应式设计。

知识扩展

所谓响应式设计是指页面的设计与开发根据用户行为以及设备环境（系统平台、屏幕尺寸、屏幕定向等）进行相应的响应和调整。例如，先在 PC 上浏览一个网站，然后在手机上浏览，手机的屏幕尺寸远小于 PC，但是你却能感受到与 PC 端不同的移动端的用户体验。这说明这个网站在响应式设计方面做得很好，能够让用户通过各种尺寸的设备浏览网站并获得良好的视觉效果体验。本着“让人们忘记设备尺寸”的理念，Bootstrap 应运而生。

Bootstrap 官网是 http://getbootstrap.com，在官网上可以下载最新版本的 Bootstrap，并且也有一些 demo 示例可供参考。Bootstrap 的源码也在 GitHub 上进行托管，可以下载查看源码。本章项目案例中使用的是 Bootstrap3.3.7（素材提供：bootstrap-3.3.7-dist.zip），在 Bootstrap 官网上提供了一些免费和收费的主题模板资源包。为了方便项目的快速开发，我们下载一个免费主题模板：gentelella-master（素材提供：gentelella-master.zip）。gentelella-master 本身也是一个 demo 和教程，解压后进入 product 目录，该目录下有 css、images、js，还有一些静态页面，其中 css、js、images 是需要引入项目工程的资源包（根据项目需要适当引入），如图 12.19 所示。

直接运行 index.html 文件，浏览 gentelella-master 的主题效果，如图 12.20 所示。

左边是菜单，右边是对应的显示内容，页面上部是页头，展现 Logo 和用户相关的一些常用链接。这样的排版界面清新、简洁，还具有炫酷的 UI 效果和良好的富客户端用户体验。

Bootstrap 支持响应式设计，它建立了一个响应式的 12 栅格系统，引入了固定和流式两种布局方式。大家可以自行测试界面效果：当把浏览器窗口缩小到一定比例的时候，页面布局并没有混乱，而是根据窗口大小自动做了调整。

production

bootstrap ▸ gentelella-master ▸ production　　搜索 production

组织 ▼　包含到库中 ▼　共享 ▼　新建文件夹

名称	修改日期	类型	大小
css	2016/7/13 9:37	文件夹	
images	2016/7/13 9:37	文件夹	
js	2016/7/13 9:37	文件夹	
calendar.html	2016/7/13 9:37	HTML 文档	22 KB
chartjs.html	2016/7/13 9:37	HTML 文档	27 KB
chartjs2.html	2016/7/13 9:37	HTML 文档	27 KB
contacts.html	2016/7/13 9:37	HTML 文档	36 KB
e_commerce.html	2016/7/13 9:37	HTML 文档	23 KB
echarts.html	2016/7/13 9:37	HTML 文档	84 KB
fixed_footer.html	2016/7/13 9:37	HTML 文档	14 KB
fixed_sidebar.html	2016/7/13 9:37	HTML 文档	14 KB
form.html	2016/7/13 9:37	HTML 文档	79 KB
form_advanced.html	2016/7/13 9:37	HTML 文档	130 KB
form_buttons.html	2016/7/13 9:37	HTML 文档	35 KB
form_upload.html	2016/7/13 9:37	HTML 文档	16 KB
form_validation.html	2016/7/13 9:37	HTML 文档	22 KB
form_wizards.html	2016/7/13 9:37	HTML 文档	35 KB
general_elements.html	2016/7/13 9:37	HTML 文档	88 KB
glyphicons.html	2016/7/13 9:37	HTML 文档	90 KB
icons.html	2016/7/13 9:37	HTML 文档	130 KB
inbox.html	2016/7/13 9:37	HTML 文档	35 KB
index.html	2016/7/13 9:37	HTML 文档	55 KB
index2.html	2016/7/13 9:37	HTML 文档	46 KB
index3.html	2016/7/13 9:37	HTML 文档	49 KB
invoice.html	2016/7/13 9:37	HTML 文档	23 KB
level2.html	2016/7/13 9:37	HTML 文档	14 KB

图 12.19　gentelella-master 主题效果

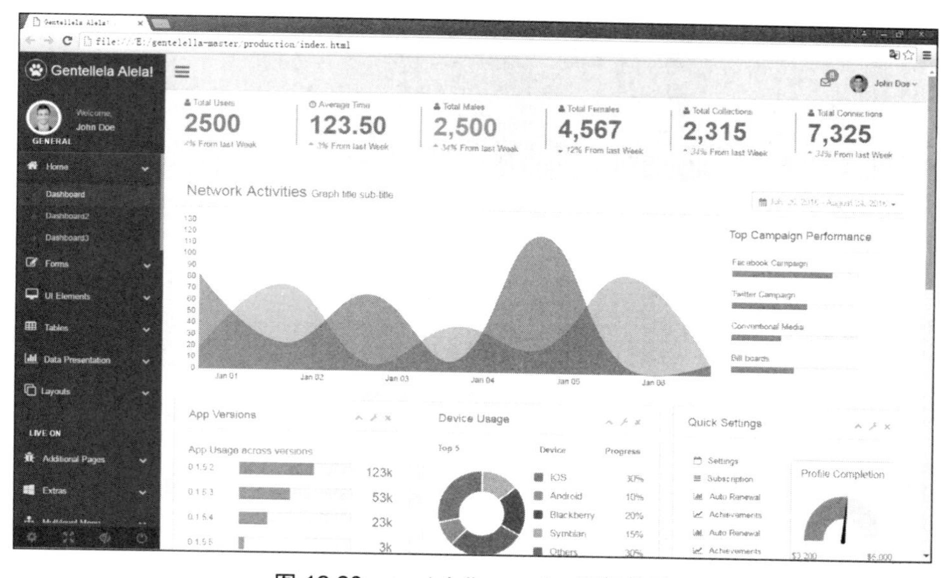

图 12.20　gentelella-master 运行效果

注意

gentelella-master 前端框架是基于 Bootstrap 核心框架进行的二次开发，在 Bootstrap 的基础框架上对标签进行了封装，添加了自定义属性和 jQuery 插件，使得 gentelella-master 的 UI 更漂亮、交互更酷炫，最关键的是节省了开发者的前端开发时间。

12.2.2 引入 gentelella-master

下面以登录页面为例，讲解 gentelella-master 的使用，具体实现步骤如下。

1. 资源包的引入

首先引入 gentelella-master 的资源包：js、css、images、fonts。

问题

整个 gentelella-master 资源包中有很多 js、css 及 images 文件等，到底都要引用哪些资源文件？

答案是：按需引用，避免不必要的引入造成前端的冗余，从而影响页面的运行加载速度。

如何实现按需引入资源包？我们可以先运行 gentelella-master/production/login.html，如图 12.21 所示。

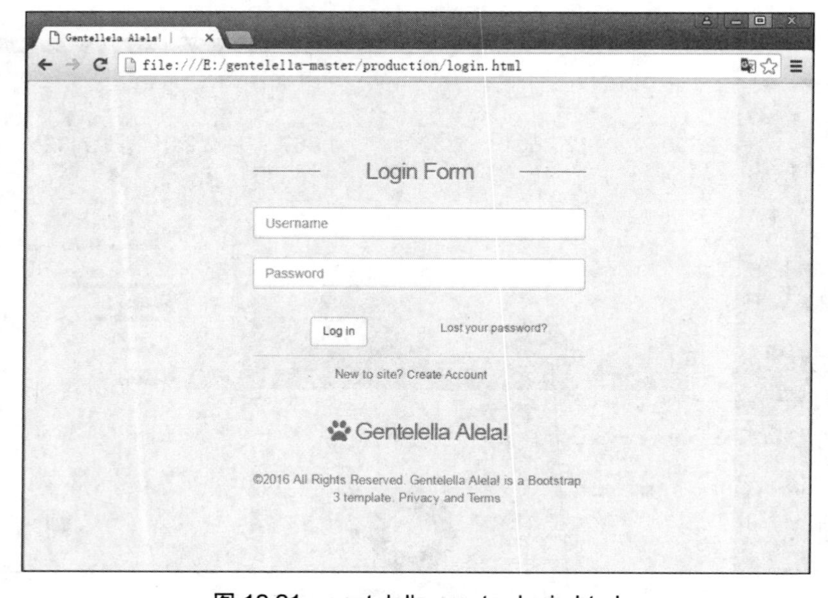

图 12.21 gentelella-master-login.html

查看页面源码，根据该页面的资源引入，找到相应的资源文件，进行 js、css 的引入。

2. **页面元素编写**

直接复制 login.html 页面登录的 form 表单进行复用。其他的页面元素也以同样的方式进行复用即可。

小结

对于前端框架的引入，使用比较简单，并且引入框架之后会给我们的开发工作带来便利，不用再考虑界面的 UI 设计。但是前端的报错、调整还是要非常严谨和细心处理，应该多熟悉 Bootstrap 框架源码。

任务 3　需求分析与系统概述

关键步骤如下。

- 进行项目需求分析。
- 了解项目的技术架构。
- 进行项目的数据库设计。
- 设计用例图和活动图。
- 搭建项目所需的软件环境。
- 理清项目要用到的技能点。

12.3.1　需求概述

本项目案例是开发一个企业级的 CMS 系统——APP 信息管理平台。

针对目前的 Android 应用市场，开发一套后台管理平台——APP 信息管理平台，以进行 APP 应用的维护管理工作。该平台分为两个子系统：APP 开发者平台和后台管理系统。

（1）APP 开发者平台。该子系统是一个 b2C 的管理平台，也是一个开放平台，它可以让开发者（平台用户）入驻进来自行操作（故也称作小 b 的 B2C 平台）。例如，上传自己的 APP，并自行处理 APP 的版本维护以及版本发布等。

（2）后台管理系统。主要负责后台数据的维护和管理。它与传统的企业级软件不一样，之前是一个系统的超级管理员负责所有的维护工作，但是有了 APP 开发者平台这个子系统之后，后台管理系统的超级管理员就只需要做一些审核工作即可，如 APP 审核、开发者账号的审核等。大部分工作由小 b 用户（开发者）在开发者平台完成，如 APP

的维护和发布等。

APP 信息管理平台作为一个平台级的应用，在本项目中我们只进行主流业务的具体实现，只是一些复杂业务的精简系统。本章将涉及 APP 开发者平台的登录 / 注销、APP 应用管理功能模块以及后台管理系统的登录 / 注销、APP 审核功能模块的开发实现。整个系统主要包括两种角色：超级管理员和开发者。

超级管理员负责的业务功能：APP 的审核。

开发者负责的业务功能：APP 基础信息以及版本信息的增删改查、提交 APP 审核、APP 发布（上架、下架）。

APP 信息管理平台的系统功能框图如图 12.22 所示。

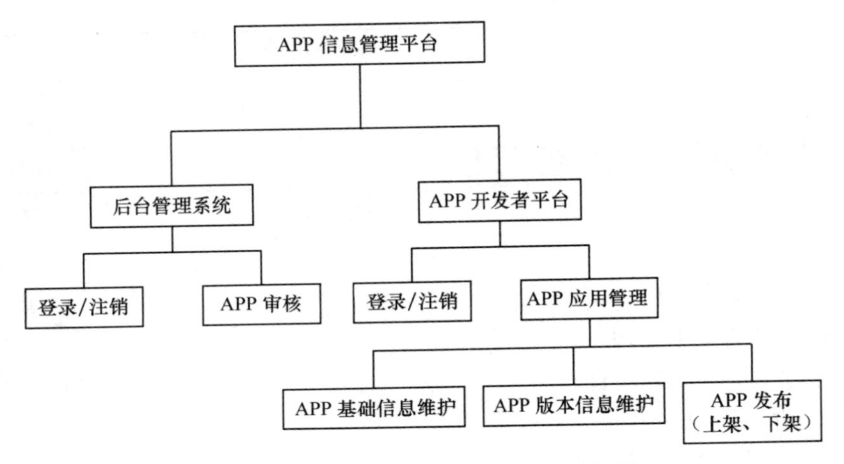

图 12.22　APP 信息管理平台的功能框图

12.3.2　技术框架介绍

本系统采用 Spring MVC+Spring+MyBatis 集成框架来开发。以 Spring 作为系统核心框架，数据持久化使用 MyBatis 完成，表现层使用 Spring MVC。这些框架都是目前流行的 Java 开源框架，三个框架的组合可以保证更高的开发效率。

12.3.3　数据库设计

根据业务介绍来分析一下都需要哪些数据表。首先系统拥有两种角色的用户（超级管理员和开发者），分别对应不同的子系统。基于架构角度和系统安全性的考虑，建议采用两张用户表（开发者用户表 dev_user 和后台用户表 backend_user）来进行数据的维护记录，以便于系统的迁移以及功能的扩展。然后需要设计 APP 基础信息表（app_info）和 APP 版本信息表（app_version）来记录 APP 的相关信息。由于开发者开发出一套 APP 应用可以发布多个版本，所以 APP 基础信息表与 APP 版本信息表之间是一对多的关系。APP 基础信息表和 APP 版本信息表中的一些描述字段，如所属平台、APP 状态、发布状态等均来自数据字典表（data_dictionary），APP 所属分类则来自分类表（app_category）。

经过以上分析，APP 信息管理平台的数据库设计如图 12.23 所示。

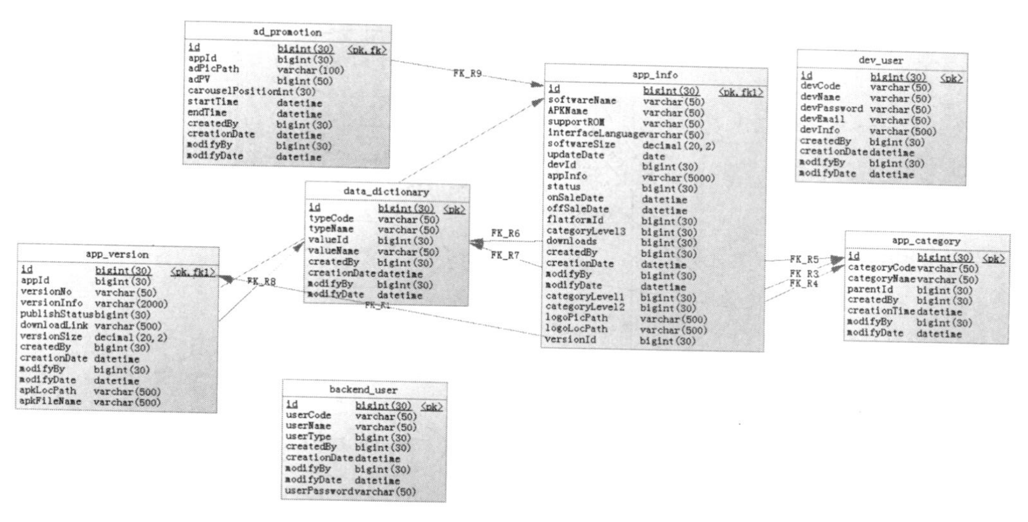

图 12.23　APP 信息管理平台的数据库设计

注意

在实际的项目开发中，不会通过建立外键的方式来实现表关联，一般都是通过逻辑外键进行逻辑关联来描述表与表之间的关联关系。在该项目中，我们就采用此种方式实现。

数据字典：

（1）APP 状态：1 待审核，2 审核通过，3 审核未通过，4 已上架，5 已下架。

（2）所属平台：1 手机，2 平板，3 通用。

（3）版本的发布状态：1 不发布，2 已发布，3 预发布。

12.3.4　用例图

本项目的用例图如图 12.24 和图 12.25 所示。

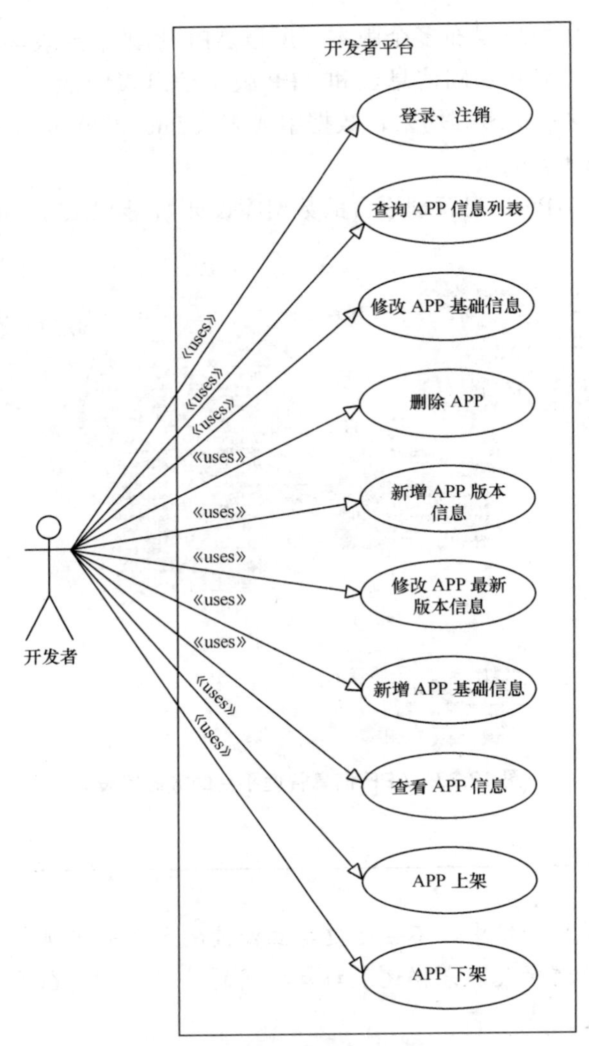

图 12.24　开发者平台用例图

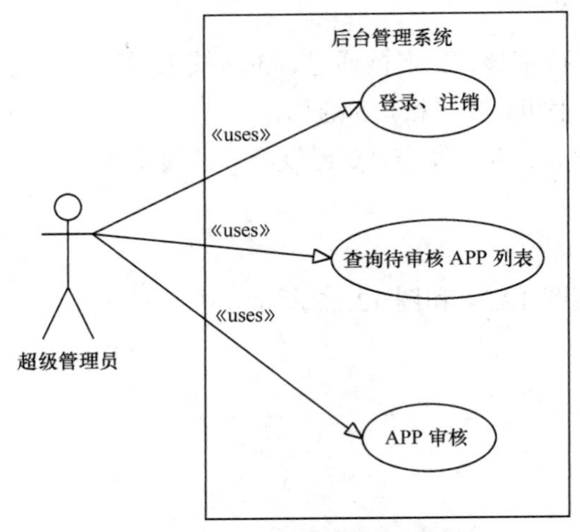

图 12.25　后台管理系统用例图

12.3.5　活动图

本项目的活动图如图 12.26 至图 12.34 所示。

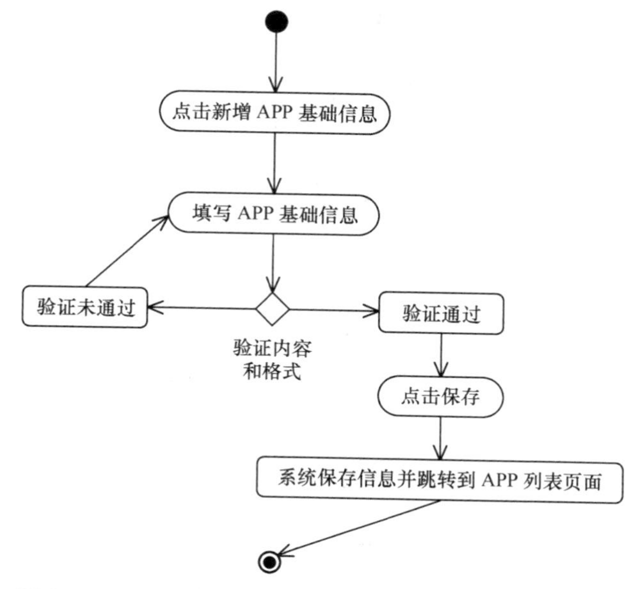

图 12.26　APP 开发者平台——新增 APP 基础信息活动图

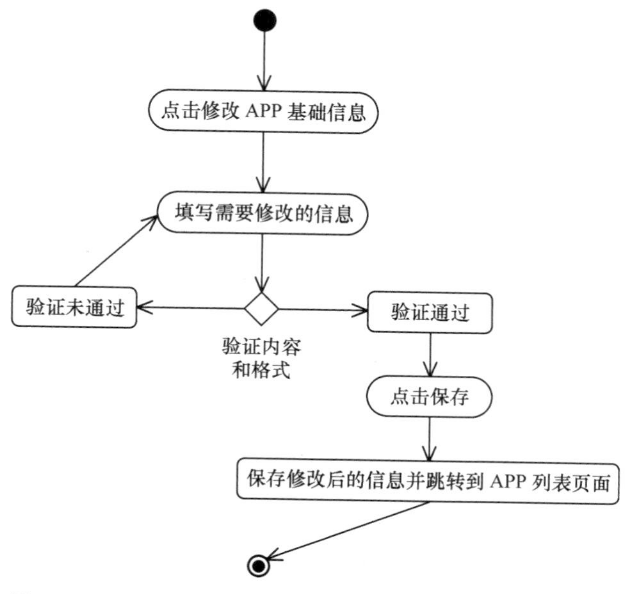

图 12.27　APP 开发者平台——修改 APP 基础信息活动图

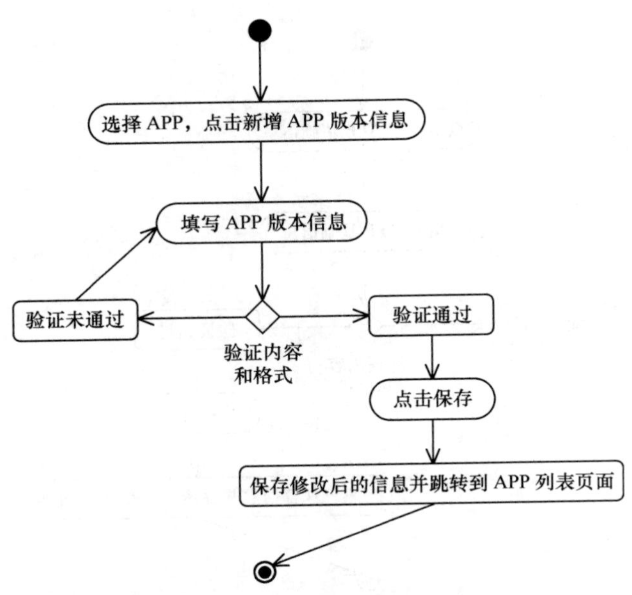

图 12.28 APP 开发者平台——新增 APP 版本信息活动图

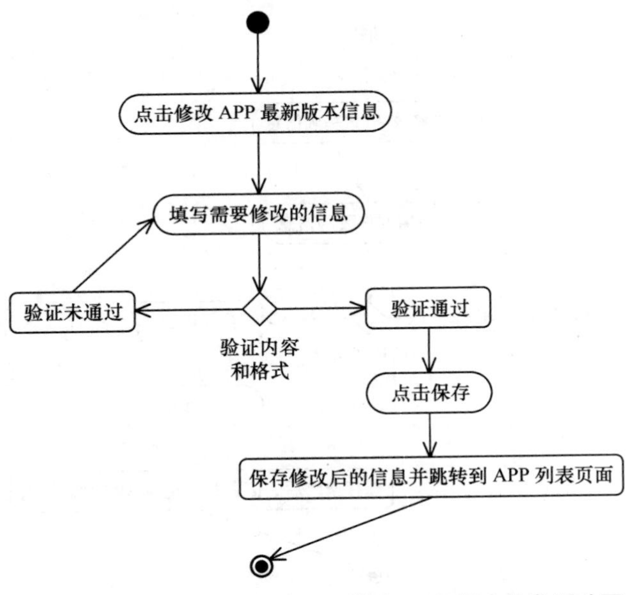

图 12.29 APP 开发者平台——修改 APP 版本信息活动图

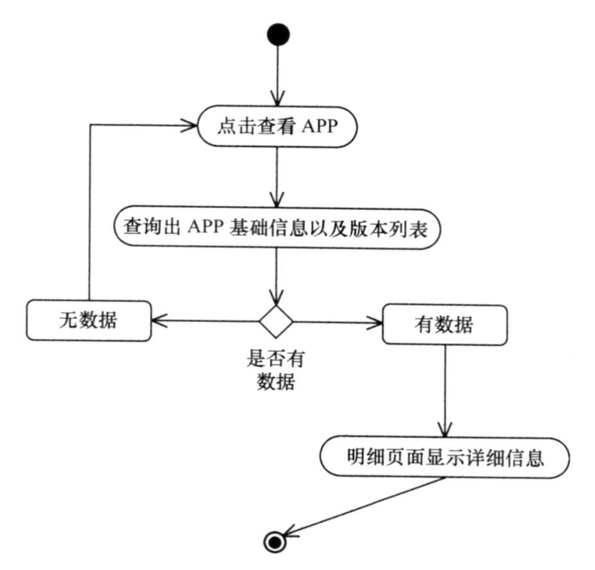

图 12.30　APP 开发者平台——查看 APP 信息活动图

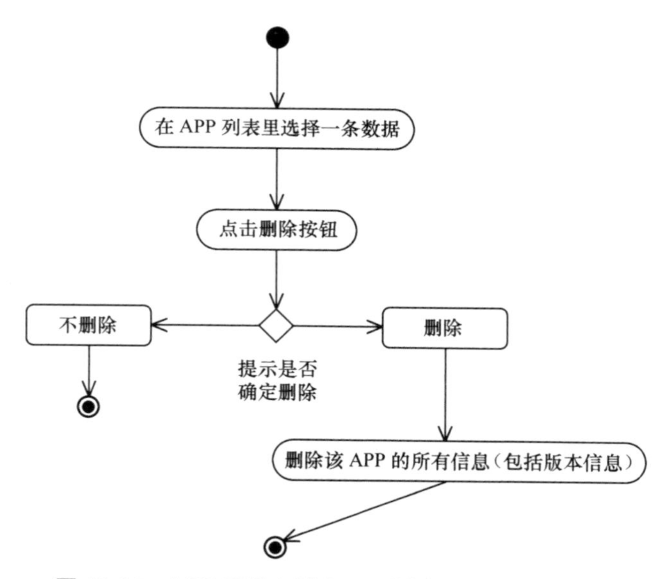

图 12.31　APP 开发者平台——删除 APP 信息活动图

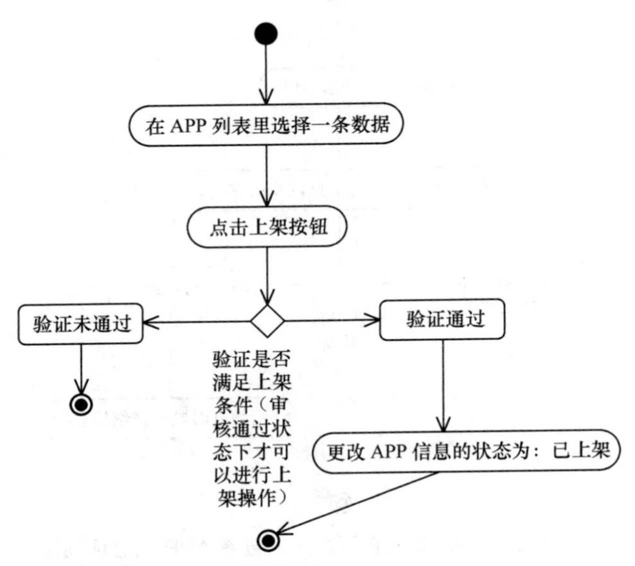

图 12.32　APP 开发者平台——APP 上架活动图

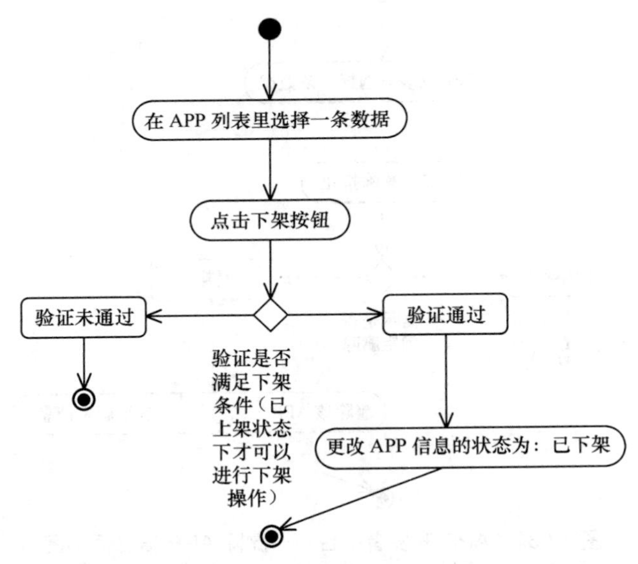

图 12.33　APP 开发者平台——APP 下架活动图

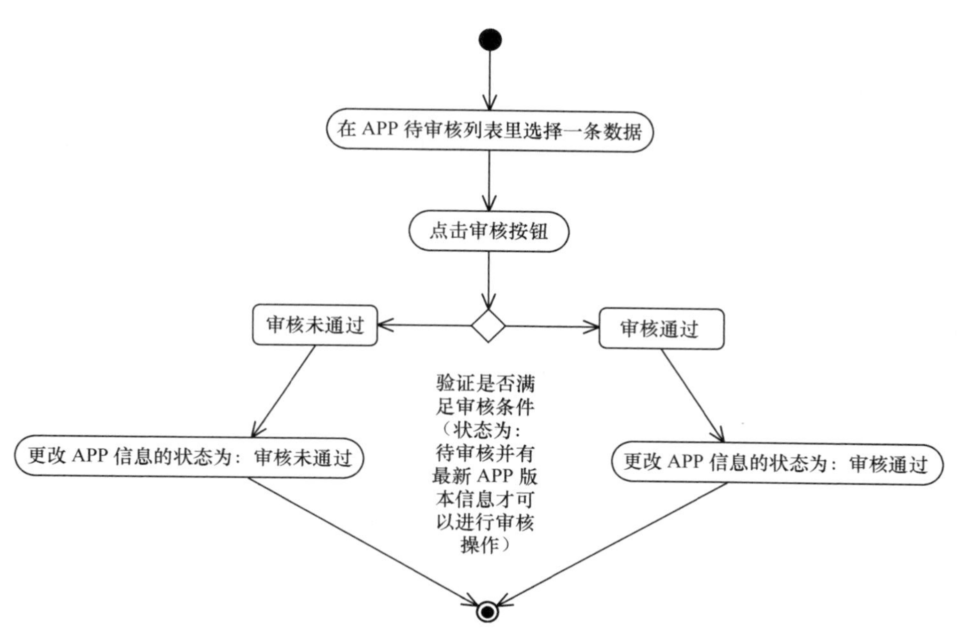

图 12.34 后台管理系统——APP 审核操作活动图

12.3.6 软件环境

开发环境：JDK 1.7、MyEclipse 10、MySQL5.5、Tomcat7.x。

12.3.7 项目涉及的技能点列表

- 使用 Spring 管理业务 Bean。
- 使用 Spring 与 Spring MVC 集成。
- 使用 Spring 与 MyBatis 集成。
- 使用 Spring 实现声明式事务管理。
- 使用前端框架 Bootstrap 开发系统界面。
- 使用 Git 进行项目代码的版本管理。

任务 4 项目功能演示

关键步骤如下。

- 进行项目框架的搭建。
- 通过 APP 开发者平台运行结果图了解各功能点的具体需求。

- 通过后台管理系统运行结果图了解各功能点的具体需求。
- 使用系统拦截器进行 session 验证。

12.4.1 项目准备

项目开发中建立工程时需要遵循一定的规范，这对阅读和维护代码都有好处。下面按照目录结构来开发整个项目。

项目代码和相关素材

本项目案例采用 SSM 的框架结构，Java 代码结构如图 12.35 所示。主要包和文件的含义如下。

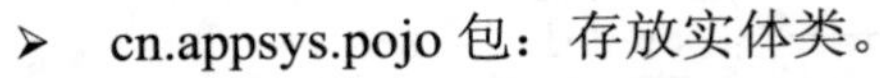

- cn.appsys.pojo 包：存放实体类。
- cn.appsys.dao 包：存放数据访问接口及其实现类。
- cn.appsys.service 包：存放业务逻辑接口及其实现类。
- cn.appsys.controller 包：存放控制器类。
- cn.appsys.tools 包：存放常量类、工具类等。
- cn.appsys.interceptor 包：存放自定义的拦截器类。
- /resources 目录：主要存放系统资源文件以及配置文件。

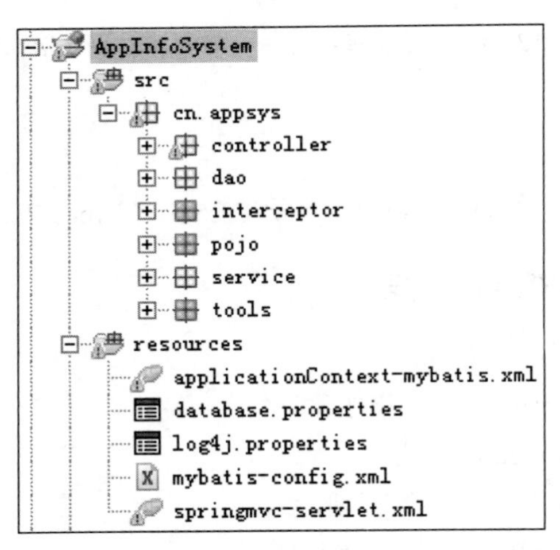

图 12.35 AppInfoSystem——Java 结构图

WebRoot 工程目录如图 12.36 所示，系统所有的静态资源文件（css、js、images 等）都放置在 statics 目录下，主要的包和文件的含义如下。

- statics/css：存放 Bootstrap 的样式文件。
- statics/images：存放图片文件。
- statics/js：存放 Bootstrap 的 js 文件。
- statics/fonts：存放 Bootstrap 的字体包。
- statics/localjs：存放自定义的 JavaScript 文件（注：每个 JS 文件需与 JSP 页面命名保持一致）。
- statics/localcss：存放自定义的样式文件（注：每个 CSS 文件需与 JSP 页面命名

保持一致）。

- /WEB-INF/jsp：系统页面。
- index.jsp：系统首页。
- 403.jsp：系统 403 页面。

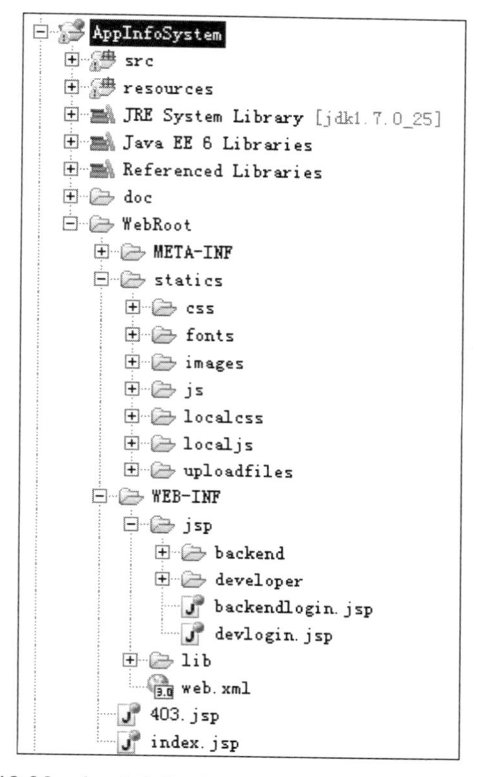

图 12.36　AppInfoSystem——WebRoot 目录结构图

技术框架一般由项目团队中的架构师完成，如果是在遗留系统上开发，一般采用原有框架。同一个项目团队必须遵守技术框架中约定的规范进行开发，包括文件命名、获取 Session 的方式等。

使用框架开发的常见错误只有几种，只要善于总结，乐于分享，很快就能熟练掌握。

12.4.2　APP 开发者平台

1．用例 1：登录、注销

进入系统首页后，选择入口：开发者平台，如图 12.37 所示。

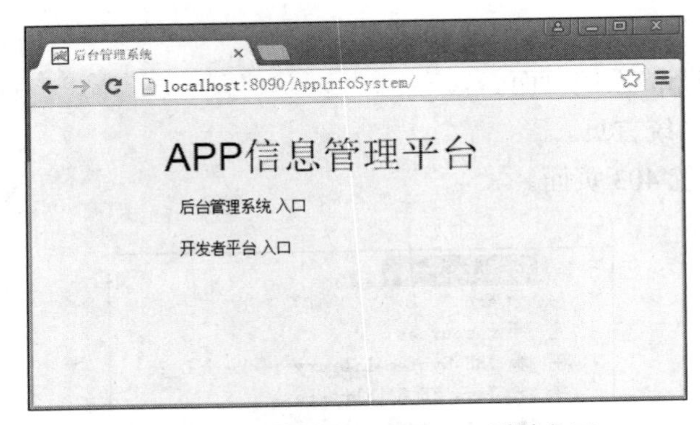

图 12.37　AppInfoSystem——系统入口

选择“开发者平台入口”，进入“APP 开发者平台”登录界面，如图 12.38 所示。

图 12.38　APP 开发者平台——登录界面

输入用户名和密码进行登录，进入“APP 开发者平台”首页，如图 12.39 所示。

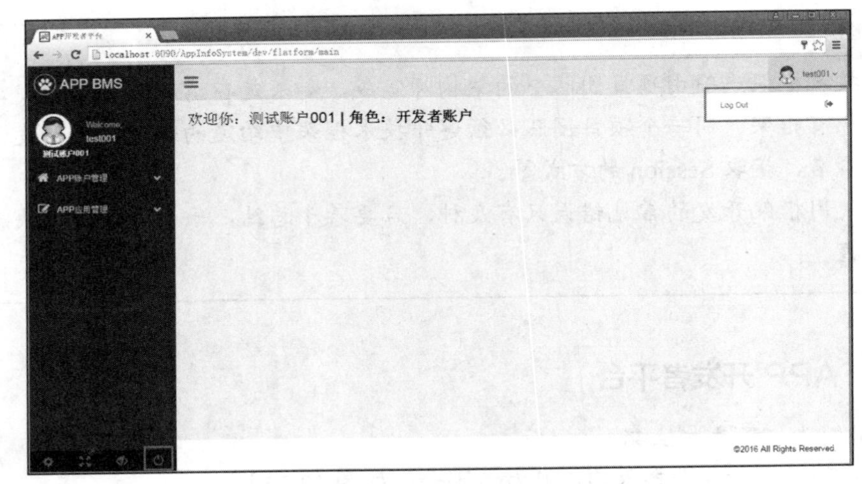

图 12.39　APP 开发者平台——首页

单击“Log Out”链接或者界面左下方的退出图标，进行注销操作，即可返回系统登录页。

2. **用例 2：根据条件查询 APP 信息列表**

进入“APP 开发者平台”首页后，选择左侧菜单列表中“APP 应用管理→ APP 维护”，进入 APP 查询列表界面，如图 12.40 所示。

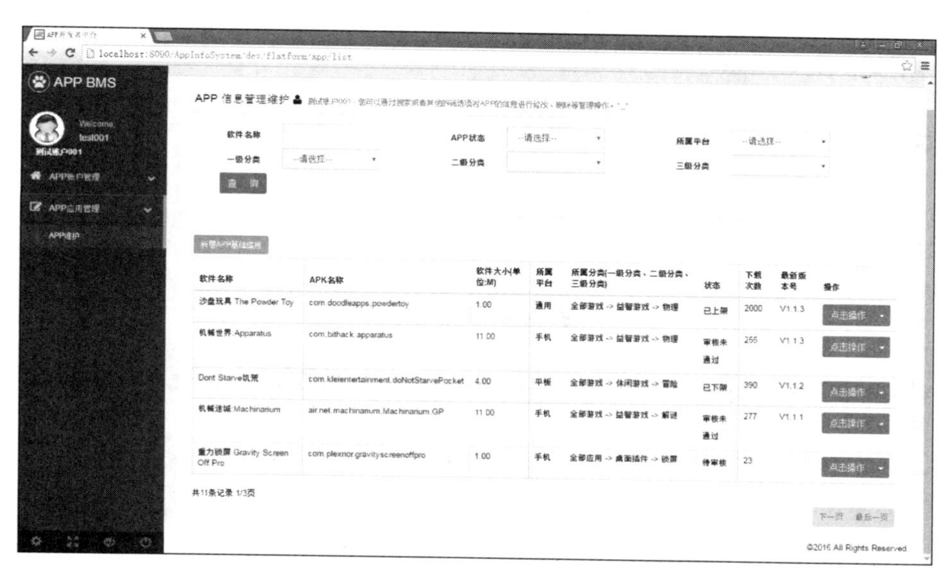

图 12.40　APP 开发者平台——APP 查询列表

查询条件如下。

- 软件名称：用户输入，进行模糊查询。
- APP 状态：动态获取下拉列表，列表数据来源于数据字典表（1 待审核，2 审核通过，3 审核未通过，4 已上架，5 已下架）。
- 所属平台：动态获取下拉列表，列表数据来源于数据字典表（1 手机，2 平板，3 通用）。
- 一级分类：动态获取下拉列表，列表数据来源于分类表。
- 二级分类：动态获取下拉列表，列表数据来源于分类表（注：二级分类列表将根据用户选择的一级分类进行联动查询显示）。
- 三级分类：动态获取下拉列表，列表数据来源于分类表（注：三级分类列表将根据用户选择的二级分类进行联动查询显示）。

列表显示字段：软件名称、APK 名称、软件大小（单位为 MB）、所属平台、所属分类（一级分类、二级分类、三级分类）、状态、下载次数、最新版本号。查询结果分页显示。

列表数据中“点击操作”下拉列表的内容如下。

- 新增版本：当新增 APP 基础信息后，任何状态下都可以进行新增版本操作。
- 修改版本：当该 APP 已经新增过版本信息，可以针对最新的版本进行信息修改操作。注意：只有在审核未通过或者待审核状态下，才可以进行 APP 版本信息的修改。审核通过后，不能再进行修改，只能新增版本。

- 修改：只有在审核未通过或者待审核状态下，才可以进行 APP 基础信息的修改。审核通过后，不能修改。
- 查看：查看 APP 基础信息和 APP 的所有版本列表。
- 删除：删除 APP 及其全部的版本信息。
- 上架：审核通过后，可以进行上架操作。
- 下架：上架状态时，可以进行下架操作。

注意

"点击操作"下拉列表内容需根据 APP 数据的 5 种状态（1 待审核，2 审核通过，3 审核未通过，4 已上架，5 已下架）进行显示控制。具体显示需求如表 12-1 所示。

表 12-1　显示需求

状态	显示内容
待审核、审核未通过	新增版本、修改版本、修改、删除、查看
审核通过、已下架	新增版本、修改版本、修改、删除、查看、上架
审核通过、已上架	新增版本、修改版本、修改、删除、查看、下架

3. ***用例 3：新增 APP 基础信息***

在 APP 查询列表页（见图 12.40），单击"新增 APP 基础信息"按钮，进入新增页面，如图 12.41 所示。

图 12.41　APP 开发者平台——新增 APP 基础信息界面

输入字段内容：软件名称、APK 名称（注：需异步验证唯一性）、支持 ROM、界面语言、软件大小（注：只能输入数字）、下载次数（注：只能输入数字）、所属平台（动态获取下拉列表，列表数据来源于数据字典表）、一级分类（动态获取下拉列表，列表数据来源于分类表）、二级分类（根据所选的一级分类进行二级分类下拉列表的动态加载，列表数据来源于分类表）、三级分类（根据所选的二级分类进行三级分类下拉列表的动态加载，列表数据来源于分类表）、APP 状态（新增时，默认为待审核状态）、应用简介、LOGO 图片（注：上传图片格式限定为 jpg、jpeg、png；上传图片大小不能超过 50KB）。

注：所有输入字段均需做非空验证。

单击“保存”按钮之后，返回 APP 列表页面，可查看新增的数据。

4. **用例 4：修改 APP 基础信息**

在 APP 查询列表页（见图 12.40），选择目标数据，单击“点击操作”按钮，选择“修改”选项，由于只有在审核未通过或者待审核状态下，才可以进行 APP 基础信息的修改，故 APP 状态为“审核通过”“已上架”“已下架”时，会给出信息提示“不能修改”，界面效果如图 12.42 所示。

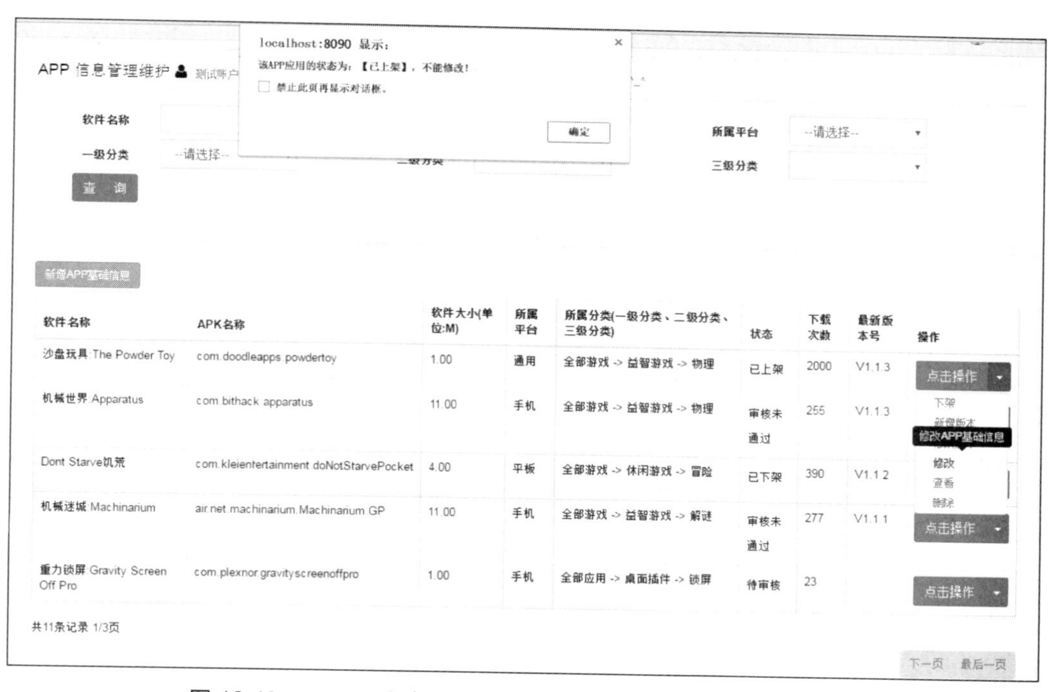

图 12.42　APP 开发者平台——修改 APP 基础信息“信息提示”

选择待审核状态数据，进入修改 APP 基础信息界面，如图 12.43 所示。

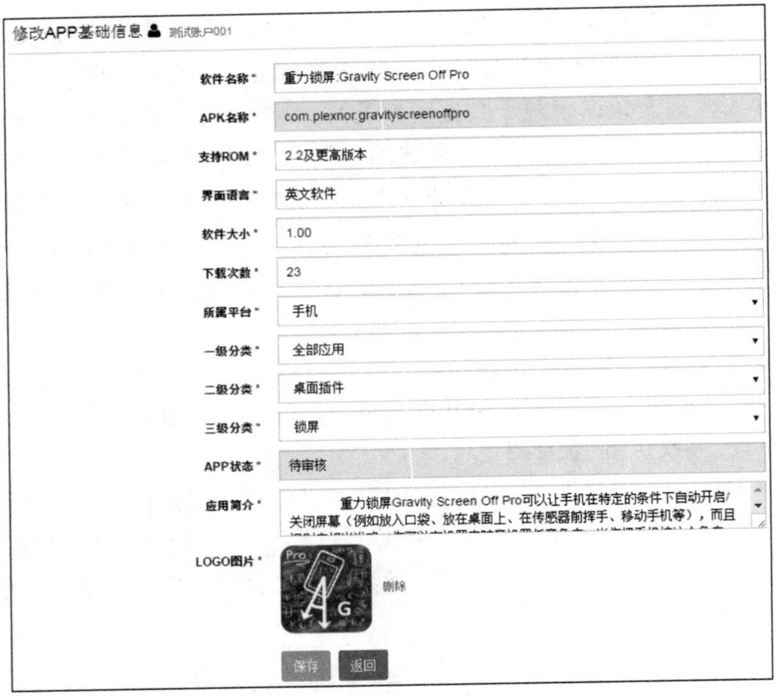

图 12.43　APP 开发者平台——修改 APP 基础信息“待审核”

选择审核未通过状态数据，进入修改 APP 基础信息界面，如图 12.44 所示。

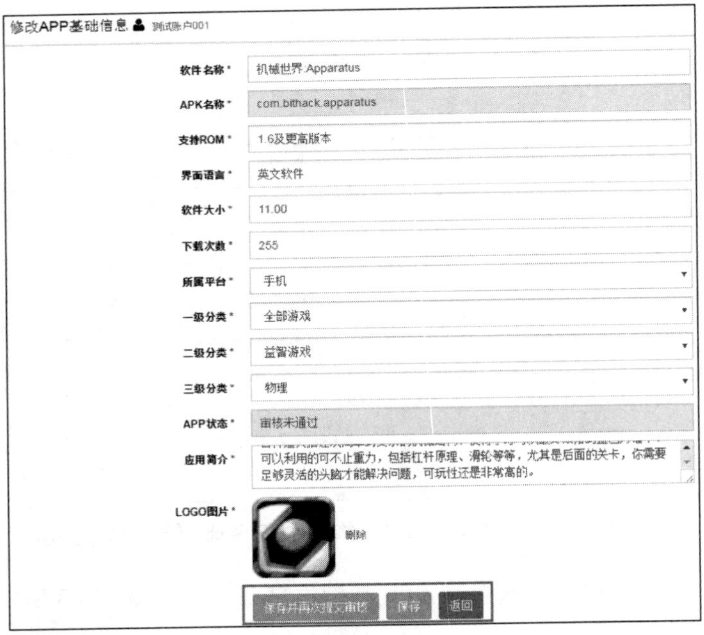

图 12.44　APP 开发者平台——修改 APP 基础信息“审核未通过”

审核未通过状态下的修改界面，除了“保存”按钮，还有一个“保存并再次提交审核”

按钮，用来保存数据并重新修改状态为“待审核”，以便后台系统管理员再次进行审核。

注意

所有输入字段均需做非空验证。

单击“保存”或“保存并再次提交审核”按钮之后，返回 APP 列表页面，可查看到修改的数据。

5. **用例 5：新增 APP 版本信息**

在 APP 查询列表页（见图 12.40），选择目标数据，单击“点击操作”按钮，选择“新增版本”选项，进入新增版本界面，如图 12.45 所示。

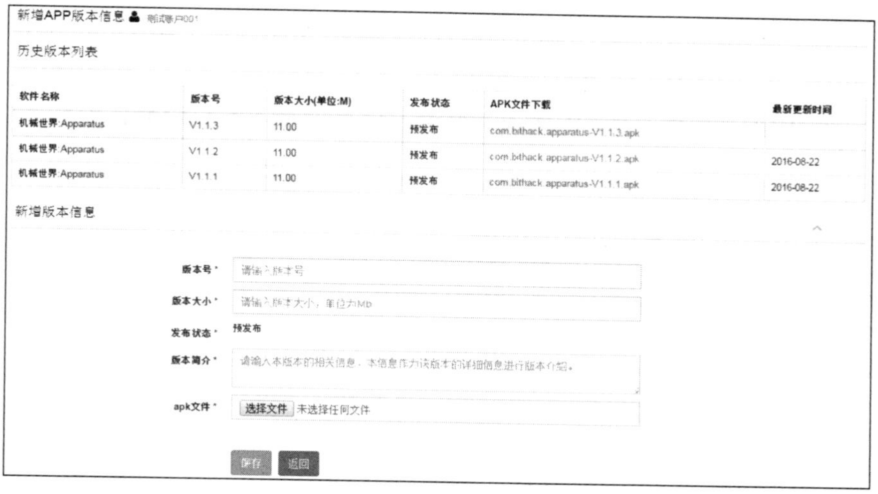

软件名称	版本号	版本大小(单位:M)	发布状态	APK文件下载	最新更新时间
机械世界:Apparatus	V1.1.3	11.00	预发布	com.bithack.apparatus-V1.1.3.apk	
机械世界:Apparatus	V1.1.2	11.00	预发布	com.bithack.apparatus-V1.1.2.apk	2016-08-22
机械世界:Apparatus	V1.1.1	11.00	预发布	com.bithack.apparatus-V1.1.1.apk	2016-08-22

图 12.45　APP 开发者平台——新增版本界面

在该新增版本界面上半部显示的是该 APP 的历史版本列表，下半部为新增版本的输入界面，输入字段内容：版本号、版本大小（注：只能输入数字）、发布状态（新增时，默认为预发布状态）、版本简介、apk 文件（注：上传文件格式限定为 apk；上传文件大小不能超过 500MB）。

注意

所有输入字段均需做非空验证。

单击“保存”按钮之后，除了更新 APP 版本表，还需要更新 APP 基础信息表的 version_id（注：该字段记录 APP 最新版本号），返回 APP 列表页面，可查看该 APP 数据最新版本号（见图 12.46），若单击“查看”按钮，也可以看到新增的版本信息。

新增APP基础信息

软件名称	APK名称	软件大小(单位:M)	所属平台	所属分类(一级分类、二级分类、三级分类)	状态	下载次数	最新版本号	操作
沙盘玩具:The Powder Toy	com.doodleapps.powdertoy	1.00	通用	全部游戏 -> 益智游戏 -> 物理	已上架	2000	V1.1.3	点击操作
机械世界:Apparatus	com.bithack.apparatus	11.00	手机	全部游戏 -> 益智游戏 -> 物理	审核未通过	255	V1.1.3	点击操作
Dont Starve饥荒	com.kleientertainment.doNotStarvePocket	4.00	平板	全部游戏 -> 休闲游戏 -> 冒险	已下架	390	V1.1.2	点击操作
机械迷城:Machinarium	air.net.machinarium.Machinarium.GP	11.00	手机	全部游戏 -> 益智游戏 -> 解谜	审核未通过	277	V1.1.1	点击操作
重力锁屏:Gravity Screen Off Pro	com.plexnor.gravityscreenoffpro	1.00	手机	全部应用 -> 桌面插件 -> 锁屏	待审核	23		点击操作

图 12.46　APP 开发者平台——更新最新版本号

6. ***用例 6：修改 APP 最新版本信息***

在 APP 查询列表页（见图 12.40），选择目标数据，单击“点击操作”按钮，选择“修改版本”选项，分为以下三种情况：

（1）若还未上传版本，则不能修改，并给出信息提示，界面效果如图 12.47 所示。

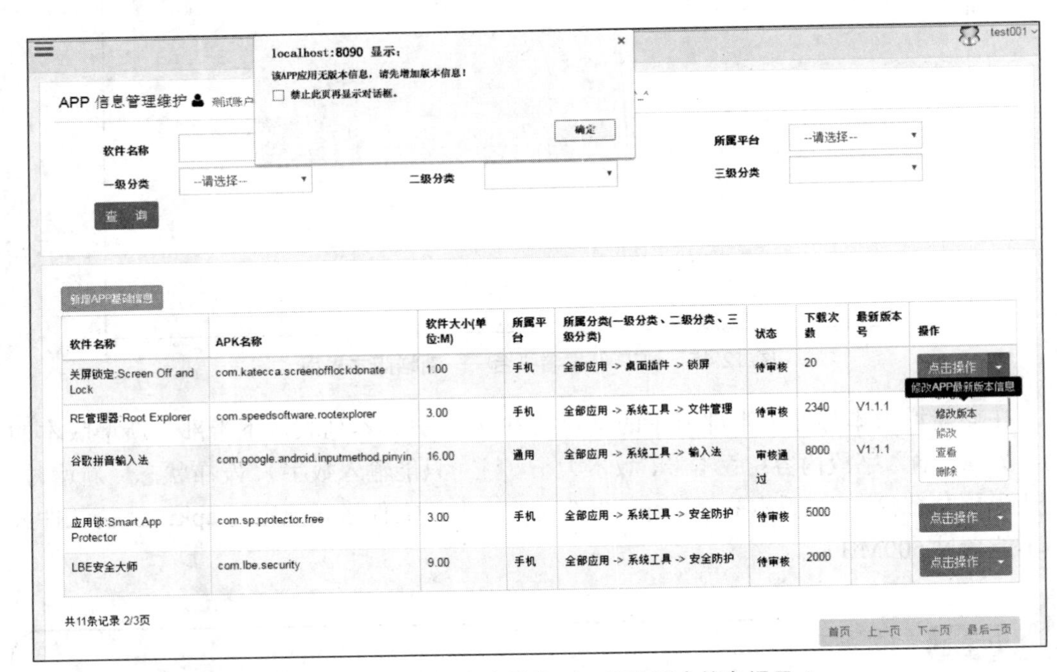

图 12.47　APP 开发者平台——修改版本信息提示 1

（2）由于只有在审核未通过或者待审核状态下，才可以进行 APP 最新版本信息的修改，故 APP 状态为“审核通过”“已上架”“已下架”时，会进行信息提示“不能修改”，界面效果如图 12.48 所示。

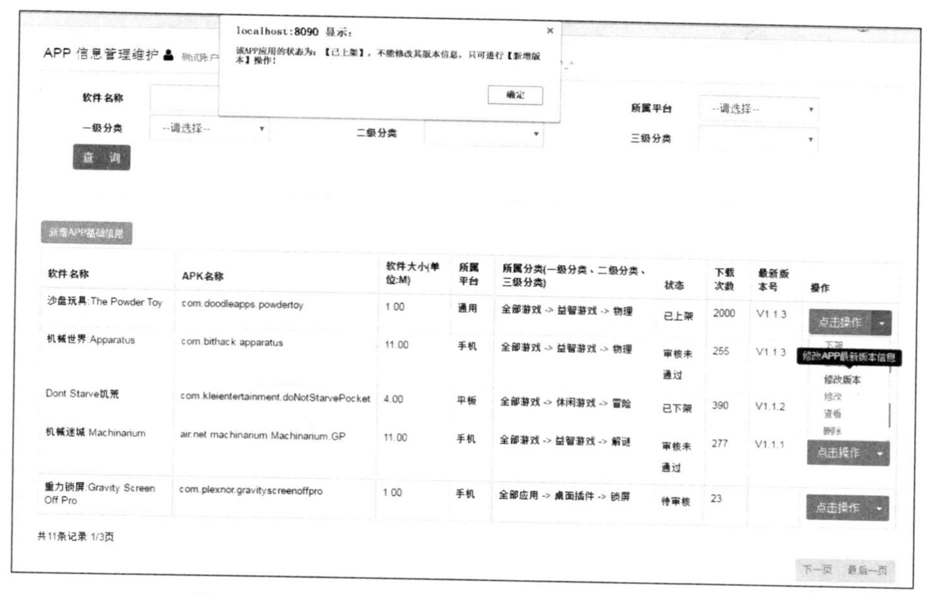

图 12.48　APP 开发者平台——修改版本信息提示 2

（3）选择待审核或者审核未通过状态数据，进入修改版本界面，如图 12.49 所示。

修改APP最新版本信息 测试账户001

历史版本列表

软件名称	版本号	版本大小(单位:M)	发布状态	APK文件下载	最新更新时间
机械世界:Apparatus	V1.1.3	11.00	预发布	com.bithack.apparatus-V1.1.3.apk	
机械世界:Apparatus	V1.1.2	11.00	预发布	com.bithack.apparatus-V1.1.2.apk	2016-08-22
机械世界:Apparatus	V1.1.1	11.00	预发布	com.bithack.apparatus-V1.1.1.apk	2016-08-22

修改最新版本信息

版本号 * V1.1.3
版本大小 * 11.00
发布状态 * 预发布
版本简介 * 简介
apk文件 * com.bithack.apparatus-V1.1.3.apk 下载 删除

保存 返回

图 12.49　APP 开发者平台——修改版本界面

单击“保存”按钮之后，返回 APP 列表页面，单击“查看”按钮，也可以看到修改的最新版本信息。

7．**用例 7：查看 APP 信息**

在 APP 查询列表页（见图 12.40），选择目标数据，单击“点击操作”按钮，选择“查看”选项，进入查看界面，可以查看 APP 基础信息以及所有的历史版本信息列表，如图 12.50 所示。

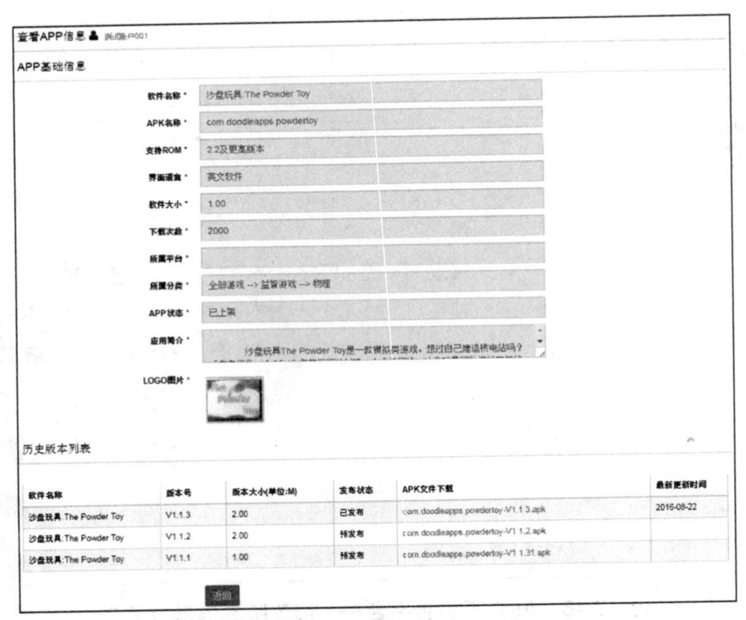

图 12.50　APP 开发者平台——查看 APP

8. **用例 8：删除 APP**

在 APP 查询列表页（见图 12.40），选择目标数据，单击“点击操作”按钮，选择“删除”选项，根据提示确定删除操作后，进行 APP 基础信息的删除以及该 APP 的所有历史版本的删除操作，如图 12.51 所示。

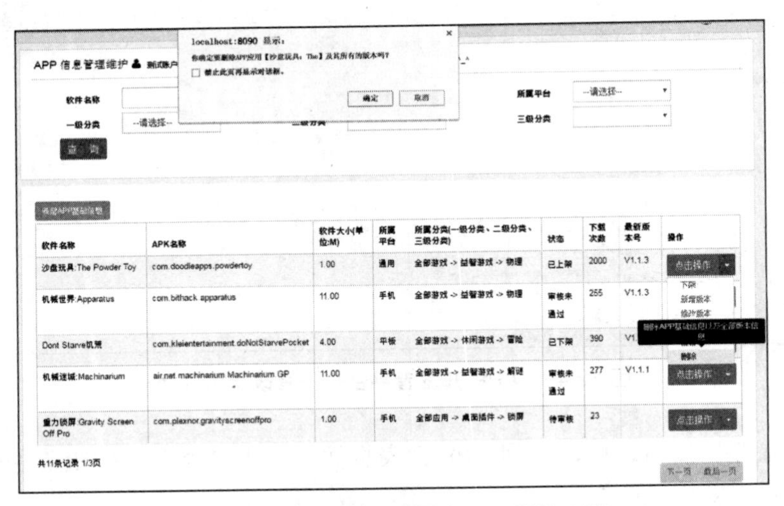

图 12.51　APP 开发者平台——删除 APP

9. **用例 9：APP 上 / 下架操作**

在 APP 查询列表页（见图 12.40），选择目标数据，分为以下两种情况：

（1）APP 状态为“审核通过”“已下架”，可进行上架操作，上架后的界面效果如

图 12.52 所示。

软件名称	APK名称	软件大小(单位:M)	所属平台	所属分类(一级分类、二级分类、三级分类)	状态	下载次数	最新版本号	操作
沙盘玩具:The Powder Toy	com.doodleapps.powdertoy	1.00	通用	全部游戏 -> 益智游戏 -> 物理	已上架	2000	V1.1.3	点击操作
机械世界:Apparatus	com.bithack.apparatus	11.00	手机	全部游戏 -> 益智游戏 -> 物理	审核未通过	255	V1.1.3	点击操作
Dont Starve饥荒	com.kleientertainment.doNotStarvePocket	4.00	平板	全部游戏 -> 休闲游戏 -> 冒险	已上架	390	V1.1.2	点击操作
机械迷城:Machinarium	air.net.machinarium.Machinarium.GP	11.00	手机	全部游戏 -> 益智游戏 -> 解谜	审核未通过	277	V1.1.1	点击操作
重力锁屏:Gravity Screen Off Pro	com.plexnor.gravityscreenoffpro	1.00	手机	全部应用 -> 桌面插件 -> 锁屏	待审核	23		点击操作

图 12.52 APP 开发者平台——上架 APP

（2）APP 状态为“已上架”，可进行下架操作，下架后的界面效果如图 12.53 所示。

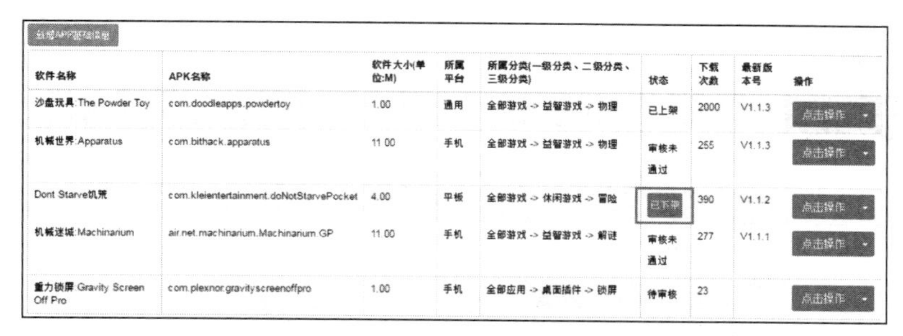

软件名称	APK名称	软件大小(单位:M)	所属平台	所属分类(一级分类、二级分类、三级分类)	状态	下载次数	最新版本号	操作
沙盘玩具:The Powder Toy	com.doodleapps.powdertoy	1.00	通用	全部游戏 -> 益智游戏 -> 物理	已上架	2000	V1.1.3	点击操作
机械世界:Apparatus	com.bithack.apparatus	11.00	手机	全部游戏 -> 益智游戏 -> 物理	审核未通过	255	V1.1.3	点击操作
Dont Starve饥荒	com.kleientertainment.doNotStarvePocket	4.00	平板	全部游戏 -> 休闲游戏 -> 冒险	已下架	390	V1.1.2	点击操作
机械迷城:Machinarium	air.net.machinarium.Machinarium.GP	11.00	手机	全部游戏 -> 益智游戏 -> 解谜	审核未通过	277	V1.1.1	点击操作
重力锁屏:Gravity Screen Off Pro	com.plexnor.gravityscreenoffpro	1.00	手机	全部应用 -> 桌面插件 -> 锁屏	待审核	23		点击操作

图 12.53 APP 开发者平台——下架 APP

12.4.3 后台管理系统

1. 用例 1：登录、注销

进入系统首页（见图 12.37），选择“后台管理系统入口”，进入后台管理系统的登录界面，如图 12.54 所示。

图 12.54 后台管理系统——登录界面

输入用户名和密码进行登录操作，进入“后台管理系统”首页，如图 12.55 所示。

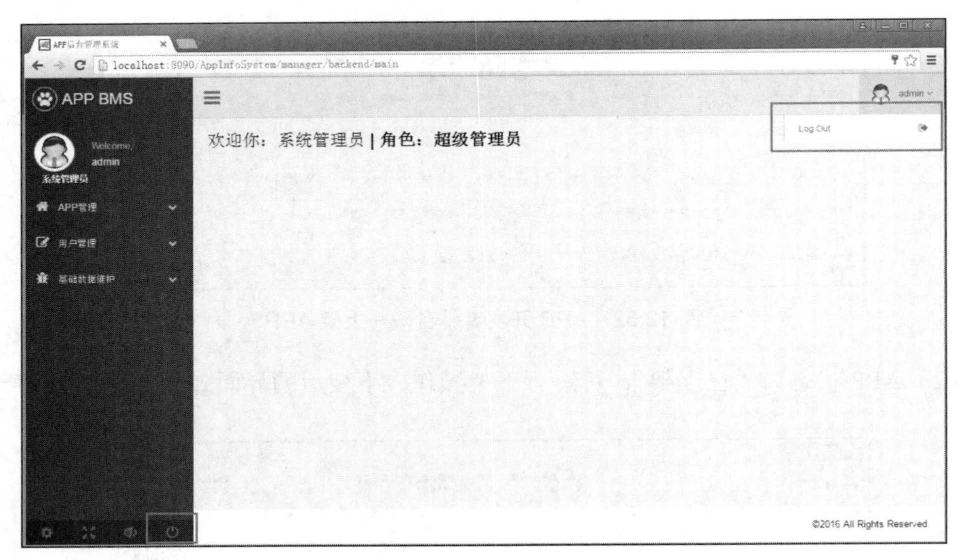

图 12.55　后台管理系统——首页

单击“Log Out”链接或者界面左下方的退出图标，进行注销操作，即可返回系统登录页。

2. **用例 2：根据条件查询待审核 APP 信息列表**

进入系统首页后，选择左侧菜单列表中“APP 管理→ APP 审核”，进入 APP 审核列表界面，如图 12.56 所示。

图 12.56　后台管理系统——APP 审核列表

查询条件：

➢ 软件名称：用户输入，进行模糊查询。
➢ 所属平台：动态获取下拉列表，列表数据来源于数据字典表（1 手机，2 平板，3 通用）
➢ 一级分类：动态获取下拉列表，列表数据来源于分类表。
➢ 二级分类：动态获取下拉列表，列表数据来源于分类表（注：二级分类列表将根据用户选择的一级分类进行联动查询显示）。
➢ 三级分类：动态获取下拉列表，列表数据来源于分类表（注：三级分类列表将根据用户选择的二级分类进行联动查询显示）。

列表显示字段：软件名称、APK 名称、软件大小（单位为 MB）、所属平台、所属分类（一级分类、二级分类、三级分类）、状态、下载次数、最新版本号。查询结果分页显示。

注意

APP 审核列表中的 APP 状态均为待审核。

3. 用例 3：审核 APP 操作

在 APP 待审核列表界面（见图 12.56），选择目标数据，单击“审核”按钮，若没有上传最新版本，则不能进行审核操作，并给出信息提示，如图 12.57 所示。

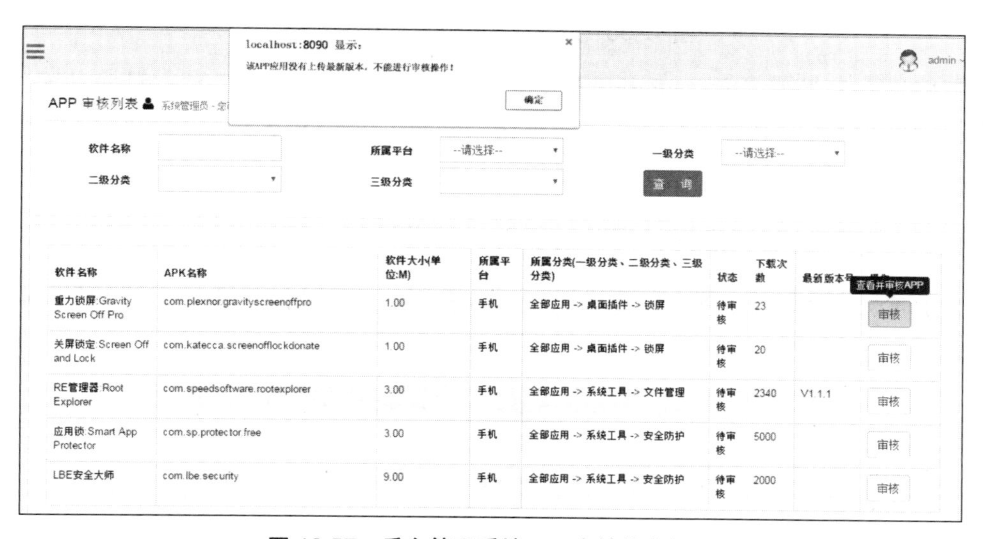

图 12.57　后台管理系统——审核信息提示

若已上传最新 APP 版本，则进入查看并审核 APP 信息界面，如图 12.58 所示。

查看并审核APP信息 系统管理员

APP基础信息

软件名称 *	RE管理器 Root Explorer
APK名称 *	com.speedsoftware.rootexplorer
支持ROM *	2.3及更高版本
界面语言 *	简体中文
软件大小 *	3.00
下载次数 *	2340
所属平台 *	手机
所属分类 *	全部应用 --> 系统工具 --> 文件管理
APP状态 *	待审核
应用简介 *	删除手机中自带的应用程序，如 GOOGLEMAP,CONTACTS,MARKET,GTALK 等等。
LOGO图片 *	

审核通过　审核不通过　返回

最新版本信息

版本号 *	V1.1.1
版本大小 *	3.00
发布状态 *	预发布
版本简介 *	V1.1.1简介
apk文件 *	com.speedsoftware.rootexplorer-V1.1.1.apk 下载

图 12.58　后台管理系统——审核界面

审核界面上半部显示 APP 基础信息，下半部显示最新版本信息，根据审核情况，单击“审核通过”或者“审核不通过”按钮，分别更改 APP 状态为“审核通过”“审核未通过”，并返回 APP 待审核列表页面。

12.4.4　使用系统拦截器进行 session 验证

出于系统安全性的考虑，需要设计 session 验证的自定义拦截器，以实现对当前用户身份的相关验证。若 session 过期或者用户非法访问，则跳转到 403 界面，如图 12.59 所示。

图 12.59　403 界面

本章总结

- 使用 Git 进行项目版本的控制。
- 使用 gentelella-master 实现 APP 信息管理平台前端的开发。
- 搭建 Spring MVC+Spring+MyBatis 框架，开发 APP 信息管理平台。

本章练习

1. 根据项目需求和设计要求，检查并完成本项目的各项功能。
2. 总结项目完成情况，记录项目开发过程中的得失，写一份项目总结。

随手笔记

SSM 框架常用注解

MyBatis 常用注解

注解	目标	描述
@Arg	方法	单独的构造方法参数，是@ConstructorArgs 集合的一部分
@CacheNamespace	类	为给定的命名空间（比如类）配置缓存
@CacheNamespaceRef	类	参照另外一个命名空间的缓存来使用
@Case	方法	单独实例的值和它对应的映射
@ConstructorArgs	方法	收集一组结果传递给对象构造方法
@Insert @Update @Delete	方法	这些注解中的每一个代表了执行的真实SQL。它们都使用字符串数组（或单独的字符串）。如果传递的是字符串数组，则它们由分隔它们的单独空间串联起来
@InsertProvider @UpdateProvider @DeleteProvider	方法	这些可选的SQL注解允许指定一个类名和一个方法在执行时返回运行的SQL。基于执行的映射语句，MyBatis会实例化这个类，然后执行由 provider指定的方法。这个方法可以选择性地接受参数对象作为它的唯一参数，但是必须只指定该参数或者没有参数
@Many	方法	复杂类型的集合属性映射
@One	方法	复杂类型的单独属性值映射
@Options	方法	这个注解提供访问交换和配置选项，通常在映射语句上作为属性出现，而不是将每条语句注解变复杂
@Param	参数	当映射器方法需要多个参数时，这个注解可以应用于映射器方法来给每个参数一个名字。否则，多参数将会以它们的顺序位置来命名。比如#{1}、#{2} 等，这是默认的。若使用@Param("person")，SQL中的参数应该被命名为#{person}
@Result	方法	在列和属性或字段之间的单独结果映射
@Results	方法	结果映射的列表，包含了一个特别结果列如何被映射到属性或字段的详情
@TypeDiscriminator	方法	一组实例值，用来决定结果映射的表现

Spring 和 Spring MVC 常用注解

注解	目标	描述
@After	方法	定义最终增强
@AfterReturning	方法	定义后置增强
@AfterThrowing	方法	定义异常抛出增强
@Around	方法	定义环绕增强
@Aspect	类	定义切面
@Autowired	属性或方法	实现Bean的装配，默认按类型装配
@Before	方法	定义前置增强
@Cacheable	方法	声明一个方法的返回值应该被缓存
@CacheFlush	方法	声明一个方法是清空缓存的触发器
@Component	类	被此注解标注的类都将由Spring容器进行管理，可以标注DAO、Service和Controller等类
@Controller	类	用于标注控制器类
@ControllerAdvice	类	能够将通用的@ExceptionHandler、@ InitBinder和@ModelAttributes方法收集到一个类中，并应用到所有控制器上
@DateTimeFormat	属性	可以用来格式化java.util.Date、java.util.Calendar和 java.util.Long类型
@ExceptionHandler	方法	配置在局部异常处理时定义异常处理
@InitBinder	方法	添加自定义编辑器
@ModelAttribute	参数或方法	用到参数上，表明此参数的值来源于模型中的某个属性；用到方法上，表明此方法会在此控制器的每个方法执行前被执行
@NumberFormat	属性	可以用来格式化任何数字类型（如int，long）或java.lang.Number的实例（如 BigDecimal，Integer）
@PathVariable	参数	可以将URL中的{xxx}占位符参数绑定到控制器处理方法的入参中
@Pointcut	方法	定义切入点表达式
@PostConstruct	方法	被此注解标注的方法会在Bean初始化之后被Spring容器执行
@PreDestroy	方法	被此注解标注的方法会在Bean销毁之前被Spring容器执行
@Qualifier	属性或方法	使用@Autowired 时，如果找到多个同一类型的Bean，则会抛出异常，此时可以使用 @Qualifier("beanName")明确指定Bean的名称进行注入
@Repository	类	用于标注DAO类
@RequestMapping	类或方法	定义控制器方法和URL的映射关系
@RequestParam	参数	指定被标注的方法入参和URL请求的参数的对应关系
@Required	方法	用于检查特定的属性是否设置，如果没有设置则抛出异常
@Resource	属性或方法	实现Bean的装配，默认按名称装配
@ResponseBody	方法	将标注该注解的处理方法的返回结果直接写入HTTP Response Body中

（续表）

注解	目标	描述
@Scope	类	定义一个类的作用范围
@Service	类	用于标注业务类
@SessionAttributes	类	使模型中的数据存储一份到session域中
@Transactional	类或方法	为类或方法添加事务处理